J. A. Smorodinskij

Was ist Temperatur?

Begriff, Geschichte, Labor und Kosmos

bearbeitet und erweitert von
P. Ziesche

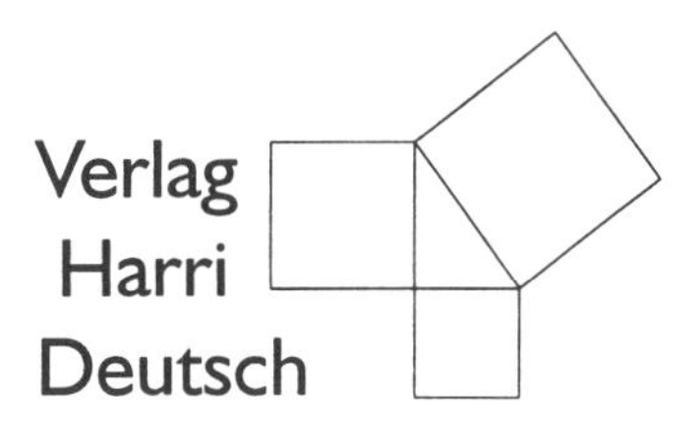

Die Deutsche Bibliothek - CIP-Einheitsaufnahme

Ein Titeldatensatz für diese Publikation ist bei
Der Deutschen Bibliothek erhältlich.
Zu recherchieren auch unter:
<http://www.ddb.de/online/index.htm>

ISBN 3-8171-1403-6

Dieses Werk ist urheberrechtlich geschützt.
Alle Rechte, auch die der Übersetzung, des Nachdrucks und der Vervielfältigung des Buches - oder von Teilen daraus - sind vorbehalten. Kein Teil des Werkes darf ohne schriftliche Genehmigung des Verlages in irgendeiner Form (Fotokopie, Mikrofilm oder ein anderes Verfahren), auch nicht für Zwecke der Unterrichtsgestaltung, reproduziert oder unter Verwendung elektronischer Systeme verarbeitet werden.
Zuwiderhandlungen unterliegen den Strafbestimmungen des Urheberrechtsgesetzes.
Der Inhalt des Werkes wurde sorgfältig erarbeitet. Dennoch übernehmen Autoren, Herausgeber und Verlag für die Richtigkeit von Angaben, Hinweisen und Ratschlägen sowie für eventuelle Druckfehler keine Haftung.

1. Auflage 2000
© Verlag Harri Deutsch, Thun und Frankfurt am Main, 2000
Druck: Präzis-Druck GmbH, Karlsruhe
Printed in Germany

Aus dem Vorwort des Autors zur russischen Ausgabe

Dieses populärwissenschaftliche Buch über die Entstehung und die Entwicklung des uns heute geläufigen präzisen Temperaturbegriffs aus dem Dunkel der Unwissenheit und des nur gefühlsmäßigen Erfassens von Naturerscheinungen trägt allerlei Wissenswertes zusammen, das über das normale Schulwissen hinausgeht. Leider ist es dabei nicht möglich, ganz ohne Mathematik auszukommen (wobei aber Differential- und Integralrechnung vermieden wird).

Die Wege zur Erkenntnis sind oft nicht leicht und bequem – um einen Gipfel zu erreichen, muß man Bergaufstiege und Pässe überwinden, mögen sie auch noch so sehr mit Anstrengungen verbunden sein. Dafür entschädigt dann das Glücksgefühl beim Blick von oben in die Bergwelt mit ihren Höhen und Tälern. Was die Schöpfer der Thermodynamik und Statistik im Laufe vieler Jahrzehnte unter Mühen in großen Sternstunden, aber auch in vielen kleinen Schritten und mit Verirrungen bewältigten, wird vom interessierten Leser verkürzt und vereinfacht nachvollzogen. Ein besonderes Erlebnis sollte sein, wie die mikroskopisch-statistische Deutung Licht in das anfängliche Dunkel der reinen Beschreibung der Wärmeerscheinungen bringt und wie sich dabei vieles durch die Quantenmechanik vereinfacht.

Vor Beginn einer Reise ist es nützlich, sich eine ungefähre Vorstellung von der Gegend zu machen, wo der Weg verläuft und wohin er führt. Die Gedankenreise dieses Buches zielt auf die Begriffe Wärme und Temperatur. Dabei will der Autor davon berichten, wie zum quantitativen Erfassen von Naturerscheinungen physikalische Begriffe durch Festlegung von Meßvorschrift und Maßeinheit entstehen, wie der Mensch Naturgesetze erkennt, indem er durch Befragung der Natur verschiedene, unabhängig voneinander definierte Größen miteinander in Beziehung setzt, und wie sich schließlich die Physik zu einer einheitlichen Wissenschaft entwickelt. Immer wieder zeigt sich: Wenn wir ein physikalisches Problem studieren, dringen wir unvermeidlich und nicht selten unerwartet in andere Teilgebiete der Physik ein. So offenbart uns die Physik ihre innerliche Vernetzung und die Natur die in ihr verborgene Ordnung.

Es ist lehrreich, etwas von den Mühen und Leistungen der Wissenschaftler vergangener Zeiten zu erfahren, auf welche Weise die Physik zu ihrer Strenge und Einheitlichkeit gekommen ist, wie es dabei gelang, Schwierigkeiten, Hindernisse und Paradoxien zu überwinden, wie Irrtümer aus dem Weg geräumt wurden und wie letztendlich die Wahrheit geboren wurde. Das läßt uns ahnen und schätzen, welche großen Leistungen die Schöpfer der Thermodynamik und Statistik vollbrachten.

Die erste Auflage dieses Buches erschien im Jahre 1981. Das Manuskript wurde von Akademiemitglied I. K. Kikoin und von Professor M. I. Kaganov durchgesehen. Ohne ihre Hilfe wäre das Buch nicht beendet worden.

In der neuen Auflage von 1987 wurden mehrere Korrekturen vorgenommen und neue Abschnitte hinzugefügt.

J. A. Smorodinskij — Moskau, 1987

Vorwort des Herausgebers zur deutschen Ausgabe

In dieser mehr allgemein gehaltenen Darstellung kommen einerseits neben der Physikgeschichte zum Temperaturbegriff (Anspruch auf Vollständigkeit wird nicht erhoben) nur die allerelementarsten Aussagen der Thermodynamik und Statistik zur Sprache (keine thermodynamischen Potentiale, keine Zustandssummen), andererseits wird die Rolle des Temperaturbegriffs in der Gesamtphysik und im modernen Weltbild durch Themen wie Plancksche Einheiten, Urknall und kosmische Evolution, Reliktstrahlung, Elementarteilchen und fundamentale Wechselwirkungen, Baryonenasymmetrie, Schwarze Löcher, negative absolute Temperaturen, exotische Kühlmethoden (magnetische und stochastische Kühlung, Laserkühlung), Brownsche Bewegung, Maxwellscher Dämon, Sinai-Billard, Teilchenbeschleuniger und Strahlfokussierung, Kernfusion u.a.m. deutlich. Eine solche Querschnittsbetrachtung sollte eine Lücke im Sachbuchangebot schließen. Sie stammt aus der Feder eines Schülers von L. D. Landau, Nobelpreisträger und Autor eines zehnbändigen, unter Physikern weltbekannten Lehrbuches der modernen Theoretischen Physik.

Die vorliegende Fassung ist aus einer (von D. Küchler redigierten) Rohübersetzung von V. I. Ilyustchenko hervorgegangen, die von mir stark überarbeitet wurde, was das Auszwicken minder reifer Beeren, aber auch Vertiefungen und Erweiterungen dort einschließt, wo sie mir notwendig und nützlich erschienen. Folgende Ergänzungen, die das Verständnis erleichtern sollen, und Aktualisierungen, die sich aus den Entwicklungen seit 1987 ergaben, wurden von mir vorgenommen (in Klammern die jeweiligen Abschnitte): Internationale Temperaturskala 1990 (21), Eckpfeiler des physikalischen Weltbildes (46), magnetische Kühlung (55), kosmische Evolution und Schwarze Löcher (61-68, 80), Elementarteilchen (67, 68, 74, 80), Kernfusion (80). Der zusätzliche Abschnitt 71 zur Laserkühlung wurde von W. John verfaßt. Weggelassen wurde ein Abschnitt über Hochtemperatursupraleitung. Für wertvolle Hinweise zu den betreffenden Themen danke ich
ITS-90: A. Gladun, E. Hegenbarth, M. Jäckel, J. Engert;
magnetische Kühlung: A. Gladun, W. John;
kosmische Evolution und Schwarze Löcher: G. Diener, E. Mrosan, M. Soffel;
Elementarteilchen: G. Diener, G. Plunien, G. Soff;
stochastische Kühlung: B. Spaan;
Trajektorien-Mischung: W. John;
Kernfusion: K. Seidel.
Für weitere Hinweise danke ich A. Bahr, H. Beck, P. Fulde, J. Hesse, W. John, K. Richter, J.-M. Rost. P. Fulde und dem MPI für Physik komplexer Systeme danke ich für die Unterstützung des gesamten Vorhabens. Dem Verlag danke ich für die gute Zusammenarbeit. Meiner Familie danke ich für die aufgebrachte Geduld.

P. Ziesche Dresden, Juni 2000

Über den Autor

Jakow Abramowitsch Smorodinskij (30.12.1917 - 16.10.1992) wurde nach seinem Physikstudium an der Leningrader Universität Aspirant bei dem berühmten L.D. Landau (1908-1968). Die zusammen mit Landau verfaßten *Vorlesungen zur Atomkerntheorie* waren seinerzeit ein wichtiges Handbuch für viele (sowjetische) Physiker und sind heute eine bibliographische Kostbarkeit.

Während des zweiten Weltkrieges befaßte er sich mit der praktischen Berechnung von Transporten über Eis. 1942 holte ihn I.W. Kurtschatow (1903 - 1960) nach Moskau, wo er sich mit Berechnungen zur Anreicherung von Isotopen (in Trennkaskaden) an der Entwicklung von Kernwaffen beteiligte. Charakteristisch für J.A. Smorodinskij ist sein breites wissenschaftliches Interesse von der Atomphysik bis zur Allgemeinen Relativitätstheorie. Besonders hatten es ihm theoretische und mathematische Fragen nichtlinearer dynamischer Systeme angetan. Hinzu kommt die Anwendung der Gruppentheorie in der Physik. Intensiv befaßte er sich mit solchen für die Physik bedeutsamen Gebieten der Mathematik wie Symmetrien, Darstellungstheorie, Topologie, algebraische Geometrie, Integralgeometrie und Funktionalanalysis. Wichtige Ergebnisse betreffen u.a. die Transformation von Funktionsräumen (z. B. die der Fourier-Transformation verwandte Radon-Transformation) und die harmonische Analyse von Gruppen und von orthogonalen Polynomen einer diskreten Variablen.

Viele seiner Ergebnisse finden sich inzwischen (allerdings „anonym“) in Lehrbüchern wieder. Mit umfangreicher Redaktions-, Herausgeber- und Rezensionstätigkeit war er in der Wissenschaftspublizistik wirksam. So gab er auch die gesammelten Werke von Einstein, Pauli und Heisenberg heraus.

Aus: Uspechi fisitscheskich nauk **163**, 109 (1993) in Russisch, Physics-Uspekhi **36**, 104 (1993) in Englisch.

Inhaltsverzeichnis

I Was ist Wärme, was ist Temperatur?

1 Einleitung

Was Wärme ist, weiß heute jeder fortgeschrittene Schüler. Aus Schulbüchern ist bekannt, daß sich die Teilchen (Atome oder Moleküle) in Gasen, Flüssigkeiten und Festkörpern andauernd und ungeordnet bewegen und daß diese Bewegung als Wärme aufgefaßt wird. Die Energie dieser ungeordneten Bewegung der Teilchen, gemittelt über ihre riesige Zahl, bestimmt die Temperatur.

Alles, was mit Wärme zusammenhängt, ist in den Lehrbüchern gewöhnlich so klar und einfach dargelegt, daß dieser Teil der Physik sogar langweilig erscheinen mag.

Aber die Wärmelehre entstand nicht sofort. Man konnte anfangs gar nicht verstehen, was Wärme oder was der Unterschied zwischen Temperatur und Wärme ist. Physik in ihrer modernen Form ist eine relativ junge Wissenschaft. Noch vor 200 Jahren sahen die Naturgesetze wie unabhängige Regeln aus, die aus Erfahrungen gewonnen wurden und innerlich kaum miteinander verbunden waren. Nur die Mechanik konnte mit ihrer Strenge und Absolutheit mit der Mathematik wetteifern. Nur in der Mechanik war es möglich, Formeln zu entwickeln, die es erlaubten, Maschinen genau zu berechnen. Mit ihrer Strenge kam die Optik der Mechanik nahe (jetzt wird dieser Zweig geometrische Optik genannt). Die übrigen Kenntnisse über die (unbelebte) Natur waren in zwei Wissenschaften, nämlich Physik und Chemie, vereinigt.

Die Physiker strebten (und streben) stets danach zu erkennen, was die verschiedenen Zweige der Naturwissenschaften innerlich zusammenhält. Einige meinten damals, daß alle Erscheinungen vom mechanischen Standpunkt aus zu erklären sind und daß alles in der Natur aus winzigsten Teilchen besteht: Atome, Monaden, Korpuskeln (so wurden diese Teilchen zu verschiedenen Zeiten genannt). Andere beharrten darauf, daß das Primäre in der Natur Flüssigkeiten sind und das Weltall mit einer alles durchdringenden Substanz – dem Äther – gefüllt ist. Auch die Wärme wurde als eine Art Flüssigkeit betrachtet, und die Idee eines solchen Kalorikums (einer flüssigkeitsartigen Wärmesubstanz) war lange Zeit ein sehr populärer Grundgedanke der Wärmelehre.

Viele Physiker haben schließlich das Phänomen Wärme mit der Bewegung von Molekülen in Verbindung gebracht. Aber es war nicht leicht, solche allgemeinen Überlegungen in eine exakte Theorie umzuwandeln. Lange Zeit schien nämlich der Begriff des Atoms für die Wärmelehre unnötig zu sein. Aber da geschah etwas Seltsames: Aus den naiven (und falschen) Vorstellungen über ein Kalorikum wurden richtige Ergebnisse abgeleitet, die strengen Begründungen und die Versöhnung mit der Lehre von den Atomen kamen später. Erst in der Mitte des 19. Jahrhunderts nahm die Wärmelehre ihre modernen Umrisse an.

Dieses Buch ist der Wärmelehre gewidmet. Um sich selbst zu begrenzen, hat der Autor als Thema den Begriff der Temperatur ausgewählt. Es wird darüber berichtet, wie er entstanden ist und wie sich sein Sinn verändert hat, indem die

Wissenschaftler immer besser verstanden, was geschieht, wenn wir einen Körper erwärmen oder abkühlen.

2 Die Temperatur und ihre Grade

Die Geschichte der Temperaturmessung ist sehr interessant und ungewöhnlich. Das Thermometer wurde nämlich erfunden lange bevor die Menschen verstanden, was sie damit überhaupt messen.

Bei Messungen von Winkeln am Himmel, von Längen auf der Erde oder sogar bei Messungen der Zeit, wußten die Menschen stets, was sie machten. Jedoch kann man dasselbe von der Temperatur nicht sagen. Die Temperatur ist mit sehr unbestimmten Begriffen wie Wärme und Kälte verknüpft, die sich irgendwie und irgendwo „neben" dem Geruch und Geschmack im menschlichen Bewußtsein „befinden". Aber Geruch und Geschmack werden eigentlich nicht gemessen (wenigstens nicht auf eine exakte Weise). Niemand fragt und versucht zu bestimmen, um wieviel ein Gericht besser schmeckt als das andere, oder wie sich der Heugeruch vom Rosengeruch unterscheidet. Demgegenüber kann man aber die warmen und kalten Körper immer in einer Reihe aufstellen und beim Befühlen feststellen, welcher von zwei Körpern wärmer ist.

Seit undenklichen Zeiten weiß der Mensch, daß sich immer dann, wenn sich zwei Körper dicht berühren, ein (wie man heute sagt) thermisches Gleichgewicht zwischen diesen Körpern herausbildet. Wenn man eine Hand ins Wasser hält, ist es möglich abzuschätzen, wie warm das Wasser ist.

Ein Ofen erwärmt die Luft im Zimmer. Ein Metallstab, der „nur" an einem Ende erhitzt wird, wird sich schließlich insgesamt erwärmen. Überall in der Natur gibt es Wärmeströme. Darin sehen die Naturforscher seit langem die Äußerung grundlegender Naturgesetze.

Darüber, was solche Wärmeströme, thermischen Gleichgewichte und Erwärmungen von Körpern „eigentlich" sind, gingen jedoch die Meinungen auseinander.

Antike Gelehrte und Scholastiker des Mittelalters verglichen Wärme und Kälte mit Anziehung und Abstoßung. Eine solche Auffassung konnte fast nichts erklären. Sie enthielt darüber hinaus einen tiefen Irrtum, nämlich daß Wärme und Kälte verschiedene Dinge seien. Es war nicht leicht zu verstehen, daß Kälte nur Mangel an Wärme bedeutet und nicht etwas anderes (eine andere Substanz) ist. Ähnliche Fehler wurden nicht nur einmal gemacht. So glaubte man an zwei Sorten elektrischer Flüssigkeiten – positive und negative, an zwei Sorten Magnetismus – entsprechend den magnetischen Polen (Nord und Süd), an zwei Arten von Strahlen – kalorische und frigorische (d. h. Strahlen der Wärme und der Kälte). Die Wissenschaft konnte sich lange nicht von solchen Irrtümern befreien.

In all diesen Begriffen spiegelte sich das damalige Verständnis des Zusammenhanges zwischen unseren Empfindungen und den Erscheinungen der uns umgebenden Welt. Ein Philosoph des 17. Jahrhunderts, Pater Pierre Gassendi (1592-1655) – er hatte seinerzeit die Atomtheorie in eine für die christliche Lehre akzeptable Form gebracht –, schrieb das folgende: „Die Kälte hat eine besondere und gut bekannte Wirkung auf unsere Sinnesorgane. Da Kälte und Wärme einander entgegengesetzt sind, sollen die das Kältegefühl hervorrufenden Atome ihrem Wesen nach denjenigen Atomen entgegengesetzt sein, die die Wärmeempfindung erzeugen. Wärme ist mit Ausdehnung verknüpft, wohingegen die Kälte gewöhnlich zusammenzieht. Die entsprechenden Atome müssen besondere Masse und Form besitzen, sie müssen sich auf eine besondere Weise bewegen und so das generieren, was wir Wärme nennen".

Gassendi konnte die Atombewegung nur ahnen und hatte keine Vorstellung von der kinetischen Energie der Atome, doch hatte er keinen Zweifel, daß Wärme durch die Bewegung von Teilchen, die noch niemand gesehen hatte, zu erklären war. Das war wirklich ein kühner Gedanke! In unserer Zeit erklären wir auch die Eigenschaften der Elementarteilchen mit Hilfe von Quarks, die im freien Zustand gar nicht existieren.

Wahrscheinlich waren die Ärzte die ersten, die eine vergleichbare und dabei ziemlich genaue Temperaturskala schufen, benötigten sie diese doch für die Bestimmung der Körperwärme. Seit langem hatten sie ja bemerkt, daß die Gesundheit eines Menschen irgendwie mit seiner Körperwärme zusammenhing und daß Arzneien diese Eigenschaft verändern konnten. Den Arzneien wurde je nachdem eine kühlende oder wärmende Wirkung zugeschrieben, und die Stärke dieser Wirkung wurde mit Graden bestimmt (im Lateinischen ist gradus eine Stufe). Kälte und Wärme sind aber nicht absolute Eigenschaften: Die Empfindungen, die Kälte und Wärme in uns hervorrufen, hängen z. B. von der Feuchtigkeit der Luft und unserer Haut ab; feuchte Kälte wird stärker empfunden als trockene, feuchte Haut kühlt bei Wärme.

Ein großer Arzt des Altertums – Galen, er lebte im 2. Jahrhundert (121-199) – lehrte, daß man die Wirkung der Arzneien mit einer Achtgradskala abschätzen muß: je vier Grade für Wärme und für Kälte. Die Arzneien muß man geeignet vermischen, damit sie das Fieber senken oder einen Menschen mit Schüttelfrost erwärmen. Die Vermischung der Flüssigkeiten spielte überhaupt eine große Rolle in der Galenschen Lehre. So behauptete der Gelehrte z. B., daß das Menschentemperament durch eine Vermischung von vier – auch schon von Hippokrates (5.-4. J.v.u.Z.) erwähnten – Flüssigkeiten zustande kommt.[1] Eine Vermischung in einem bestimmten Verhältnis wird im Lateinischen „Temperatur" genannt. Daher stammt dieses Fachwort, das so seinen Einzug in das Begriffssystem der modernen Wissenschaft hielt. Die Galenschen Gedanken von Flüssigkeiten und Graden waren nicht allzu logisch, doch die Idee war geäußert und die Fachworte Temperatur und Grad erschienen in der Wissenschaft. Danach wurden sie aber für lange Zeit nicht benutzt. Erst im 17. Jahrhundert begann man das Wort Temperatur auf die uns heute geläufige Weise zu benutzen, nachdem man gelernt hatte, die Erwärmung eines Körpers ihrer Stärke nach zu messen.

[1] Die vier Grundflüssigkeiten Blut, Schleim, schwarze Galle und gelbe Galle sollen Menschen zu Sanguinikern, Phlegmatikern, Melancholikern und Cholerikern machen, d.s. die vier Grundtemperamente.

Die Ärzte verstanden erst sehr spät, daß alle gesunden Menschen praktisch die gleiche Temperatur haben. Der Wärmegrad des menschlichen Körpers wurde nicht dem Zustand seiner Gesundheit, sondern seinem Temperament zugeschrieben. Die Ärzte verstanden lange nicht, daß eine hohe Temperatur – das Fieber – nur eine Äußerung einer Krankheit ist, aber keine Krankheit selbst.

Im Jahre 1578 gab Johannes Goslerus das Buch „Die Arztlogik" heraus, wo er sehr ausführlich solche Überlegungen beschrieb. Er schrieb, daß der vierte Wärmegrad für Äquatorbewohner als normal gilt, während der vierte Kältegrad normal für Polbewohner ist. Den Nullgrad schrieb er den Bewohnern des 40.-50. Breitengrades zu. Jeden Wärme- und Kältegrad teilte er in drei Teile, so daß er im Ergebnis 12 Wärmegrade und auch ebensoviele für Kälte hatte (d. h. ein Grad pro 10 Breitengrade). Auf diese Weise erhielt Goslerus eine 24-gradige Skala, aber wie er die Temperatur gemessen hatte, wissen wir nicht. Er glaubte jedoch, daß die normale Temperatur eines Bewohners von Antwerpen (51°28′ nördlicher Breite) dem ersten Kältegrad entsprach — und ein Arzt mußte von diesem Wert ausgehen, wenn er eine Arznei verschrieb. Auf solche Weise ist uns von den früheren Ärzten eine 24-gradige Skala der Wärmewirkung von Arzneien (obwohl schlecht definiert) bekannt.

Es ist interessant, daß die Fragen, die viele westliche Gelehrte bewegten, die chinesischen und japanischen Philosophen überhaupt nicht interessierten. Sie hatten keinerlei Instrumente, um zu bestimmen, wie warm oder kalt ein Körper ist.

Der Vergleich einer Erscheinung mit Skalen und Zahlen und die Beschreibung von Erscheinungen mit Hilfe von Formeln und Zahlen waren ihrem philosophischen System fremd. Ihr System hatte keinen Platz für die Temperatur: Die Gelehrten und Ärzte kamen ganz gut ohne diese Denkweise aus. In China erschien ein Thermometer erst im Jahre 1670, wohin es der Missionar Ferdinand Verbier gebracht hatte. Damals schrieb der japanische Mathematiker Takakazu Seki (1642/44-1708) Bücher, die den europäischen eigentlich nicht nachstanden, aber sie fanden keine Resonanz, das mathematisch-strenge Denken fand in diesem Kulturraum damals keinen fruchtbaren Boden und verschwand zunächst wieder.

Dennoch ist es interessant, daß sich Wissenschaft auf zwei verschiedenen Wegen entwickeln konnte, einem östlichen und einem westlichen, und daß erst im 20. Jahrhundert diese Wege zusammengefunden haben.

In unserer Zeit kommen von östlichen Philosophen Worte wie Farbe (engl. - colour) und Aroma (engl. - flavour) in die Physik, um Eigenschaften zu benennen, die Elementarteilchen innewohnen (die ihre inneren Symmetrien beschreiben). In chinesischen Büchern bezeichneten Farbe, Aroma und Schall die Formen der Aktivität von Materie.

Solche Beobachtungen führen zu interessanten Gedanken, aber es ist jetzt Zeit für uns, zu unserem Thema zurückzukehren.

Wenn wir „Das Wörterbuch für Kirchenslawisch und Russisch", herausgegeben in der Mitte des 19. Jahrhunderts, ansehen, so können wir dort lesen, daß Temperatur „. . . ein Maß der Verdichtung des Kalorikums, angezeigt in Graden mit einem Thermometer" ist.

Schauen wir also nach den Begriff „Kalorikum“: „Eine materielle Ursache von Glut, Wärme und Kälte; eine unbegreiflich dünne Flüssigkeit, aus der Sonne herausströmend und alle Körper der physikalischen Welt durchdringend, unsichtbar, unwägbar und nur mit dem Tastsinn fühlbar“.

So schrieb man zweihundert Jahre nach Galilei!

3 Von Galilei bis Celsius

Keiner der Zeitgenossen von Galilei konnte mit ihm in der Begabung wetteifern, Grundgesetze bei der Beobachtung gewöhnlicher Erscheinungen aufzuspüren. Bekannt ist, welche grundlegenden Entdeckungen er machte, als er sich mit Körpern befaßte, die auf die Erde fallen. Nicht so gut bekannt ist aber, daß er einer der ersten war, die sich über die mechanische Natur der Wärme äußerten; vielleicht war er sogar der erste. Sehr interessant ist der Grund, der Galilei zu solchen Betrachtungen angeregt hatte.

Im Herbst 1618 erschienen über Rom zwei Kometen. Solche Himmelsereignisse riefen immer Ängste oder Hoffnungen in den Menschenseelen hervor. Das Interesse an der Wissenschaft hatte damals ungewöhnlich zugenommen. Die Leute forderten Erklärungen und Prognosen.

Cesarini (ein Schüler von Galilei) schrieb aus Rom an seinen Lehrer im Dezember desselben Jahres: „Sogar Leute, die sonst keinerlei Interesse für irgendetwas zeigten, rüttelten sich wach und sogar die allerschlimmsten Faulenzer der ganzen Stadt sprangen aus ihren Betten; so können Sie sich vorstellen, welche Erregung die Erscheinung von zwei Kometen hervorbrachte und welche närrischen Erzählungen sie erzeugte“. Es entstand eine große Diskussion über die Natur von Kometen. Von seiten der Jesuiten hielt Orazio Grassi eine Rede, ihm erwiderte der Galilei-Schüler Marco Guiducci, der Konsul der Florentinischen Akademie. Beide Reden sind voller Überlegungen zu den allgemeinen Zwecken der Wissenschaft. Galilei nahm auch an diesem Streit teil. Er veröffentlichte ein Buch, betitelt „El saggiatore“ („Prüfer mit der Goldwaage“, 1623), wo er seine Meinungen über die Natur der physikalischen Erscheinungen sehr ausführlich darlegt. Dieses Buch gilt als ein Meisterwerk der italienischen Prosa und dient bis heute als ein unvergleichbares Muster der polemischen Literatur.

In diesem Buch spricht er insbesondere von der Erwärmung der festen Körper durch Reibung und er führt auch noch andere Beweise für die mechanische Natur der Wärme an. Er wußte aber nicht, daß man auf mechanische Weise nicht nur Festkörper, sondern auch Flüssigkeiten und sogar Gase erwärmen kann.

Zur Zeit von Galilei konnten die Naturforscher fast nichts messen. Sogar die einfachste Messung, nämlich die der Länge oder des Volumens stieß auf Schwierigkeiten, da es kein allgemein gültiges Eichmaß (kein Urmeter oder étalon) für die Länge gab. Die Längenmaße waren an verschiedenen Orten verschieden, und ihr Vergleich war eine mühevolle Sache. Die Zeitmessung war noch komplizierter. Es waren natürlich Uhren im Gebrauch – Sonnenuhr, Wasseruhr, Sanduhr – , aber sie alle eigneten sich gar nicht für eine einigermaßen exakte Messung kleiner Zeitabstände. Die Gesetze der Mechanik konnten nur darum von Galilei entdeckt werden, da er als einer der ersten verstand, wie wichtig es ist, exakte Messungen zu machen.

Zur Untersuchung der Wärmeerscheinungen ging Galilei von demselben Standpunkt aus; vor allem beschäftigte er sich damit, wie man die Temperatur der Körper messen könnte.

Die von Galilei etwa 1597 gebauten Thermometer bestanden aus einer luftgefüllten Glaskugel *D*; vom unteren Teil der Kugel ging eine Röhre ab, teilweise wassergefüllt, die in einem gleichfalls wassergefüllten Gefäß *A* endete (Abb. 3.1).

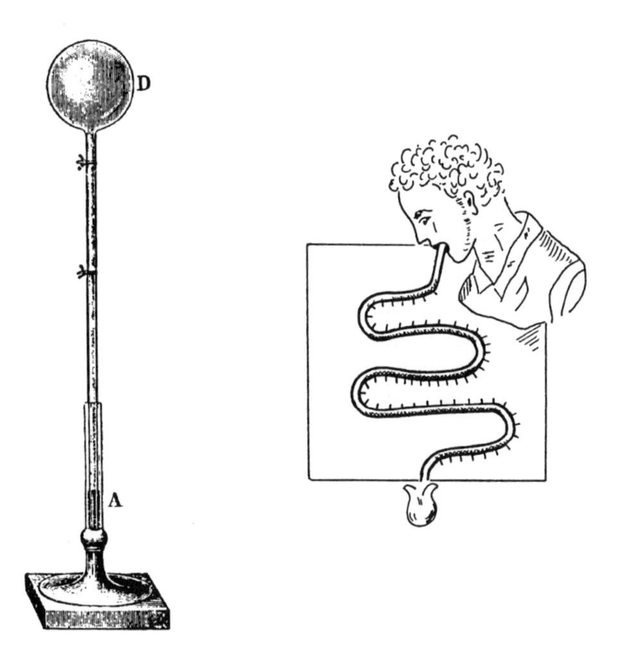

Abb. 3.1: Thermometer von Galilei (1597)

Abb. 3.2: Temperaturmessung nach Santorio (1625)

Wenn sich die Luft in der Kugel ausdehnte oder zusammenzog, veränderte sich das Wasserniveau in der Glasröhre, was auf die Temperatur z. B. der Hand, die die Kugel berührte, hinwies. Die Höhe der Wassersäule hing aber nicht nur von der Temperatur, sondern auch vom Luftdruck ab, und so konnte man mit Hilfe eines solchen Thermometers keine exakten Ergebnisse erhalten. Das Barometer war aber zur Zeit von Galilei noch unbekannt. Erst dem Galilei-Schüler Evangelista Torricelli (1608-1647) gelang es, den Zusammenhang zwischen der Höhe der Quecksilbersäule und dem Luftdruck zu erkennen. Zur Zeit von Galilei schien selbst nur die Idee, daß die Luft auf die Erde drücken könnte, unannehmbar. Das Galileische Thermometer gab einen recht unbestimmten Wert, aber es erlaubte doch eine Temperatur mit einer anderen zur selben Zeit und an derselben Stelle wenigstens qualitativ zu vergleichen.

Das Galileische Thermometer hatte aber noch keine Skala, darum war es nicht möglich, seine Anzeige mit einer Zahl auszudrücken. Man konnte deswegen die Anzeigen verschiedener Thermometer oder eines Gerätes zu verschiedenen Zeiten nicht exakt miteinander vergleichen. Zu Anfang des 17. Jahrhunderts begann der Arzt und Anatom Santorio von der Universität Padua mit Hilfe eines recht komplizierten Thermometers (versehen mit einer Skala) die Temperatur des menschlichen Körpers zu messen, indem er ein Ende der gebogenen Röhre in den Mund gab (Abb. 3.2).

Santorio untersuchte eigentlich nicht die Temperatur selbst, sondern die Geschwindigkeit ihrer Erhöhung in der Zeit von zehn Pendelschwingungen. Seiner Meinung nach gab die Dynamik besser den Zustand der Gesundheit eines Kranken wieder als die stationäre Temperatur. Im Jahre 1612 gab er in Venedig das Buch „Ein Kommentar zur Galenschen Medizinkunst" (Galen's Autorität währte mehr als 150 Jahre) heraus, in welchem er beschrieb, wie man „... die warme und kalte Lufttemperatur an verschiedenen Stellen und Teilen des Körpers ..." mißt. Man kann Galilei und Santorio für die ersten halten, die die Vorteile einer genauen Messung der Temperatur verstanden.

Man muß beachten, daß wegen der Unvollkommenheit des Thermometers die Temperaturmessung des menschlichen Körpers keine einfache Sache war und eine ziemlich lange Zeit, eine halbe Stunde oder mehr, in Anspruch nahm.

Es gab (daher) kein Vertrauen der Ärzte zu solchen Prozeduren, und so blieb der Vorschlag ohne Unterstützung. Erst zum Ende des 17. Jahrhunderts begannen in Holland Borgaf und seine Schüler, die Temperatur des menschlichen Körpers systematisch zu untersuchen.

Besonders in Italien entwickelte sich die Kunst der Thermometerherstellung, und zwar in der Toscana, wo die Mitglieder der Florentinischen Akademie den Druck, die Feuchtigkeit und die Temperatur der Luft zum erstenmal systematisch zu messen begannen. Die Thermometer waren zugelötet, sie wurden nicht mit Wasser, sondern mit Spiritus gefüllt, und man konnte diese Thermometer sogar benutzen, wenn das Wasser gefroren war. Die florentinischen Meister waren sehr kunstfertig. Sie stellten Glasthermometer mit aufgetragenen Teilstrichen her, um die Temperatur mit der Genauigkeit von etwa einem Grad (nach unserer heutigen Skala) zu messen. Es gab in der Akademie sogar Thermometer, die mit Quecksilber gefüllt waren, aber sie gefielen den Wissenschaftlern nicht.

Die Thermometer der florentinischen Meister (Abb. 3.3) waren sehr schöne Geräte, beinahe Kunstwerke. Aber nach ihnen bildete sich die Kunst der Thermometerherstellung stark zurück. (Daß Einsichten oder Fertigkeiten in der Wissenschaftsgeschichte zeitweilig wieder verloren gehen oder in Vergessenheit geraten, ist ja öfters vorgekommen.) Die florentinischen Wissenschaftler nannten ihre Einrichtung „Akademie des Experimentes". Sie wurde im Jahre 1657 in Florenz begründet, aber schon 1638 hatte Gaspar Ens das Buch „Der mathematische Wun-

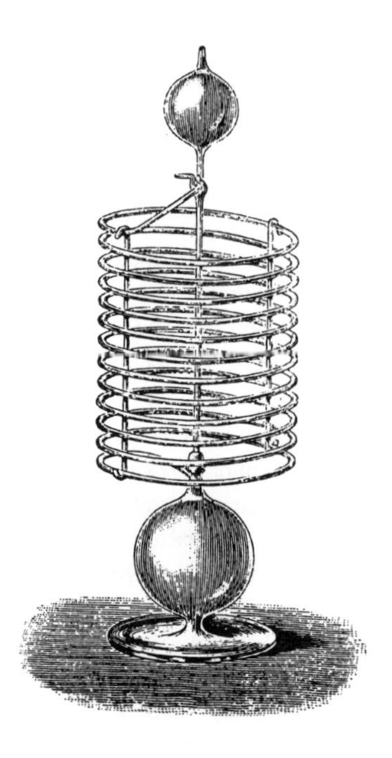

Abb. 3.3: Thermometer der florentinischen Meister

Abb. 3.4: Drabblesches Instrument

dertäter" veröffentlicht; darin gibt es ein Kapitel mit der Überschrift „Über ein Thermometer oder das Drabblesche Instrument, mit dem man die Wärme oder Kälte der Luft ihrer Stärke nach ermitteln kann".

Bedeutsam an dem Buch von Ens ist, daß in ihm eine 8-Grad-Temperaturskala beschrieben wurde und das Wort „Thermometer" auftaucht.

Das Wort „Temperatur" erschien vereinzelt auch schon früher. Zum Beispiel kann man es in dem Buch von Leurechon „Mathematische Zerstreuungen", herausgegeben im Jahre 1624, finden; möglicherweise übernahm es Ens daraus.

Was jedoch das „Drabblesche Instrument" betrifft, so meint man damit ein Thermometer, das von dem Landsmann Galileis, Kornelius Drabble, der sich mit der Ausdehnung heißer Gase beschäftigte, hergestellt wurde (Abb. 3.4).

Es kann sehr wohl sein, daß Drabble selbst dieses Thermometer erfunden hat. Er beschäftigte sich viel mit der Ausdehnung von festen Körpern und erfand sogar eine Maschine, die auf der Ausdehnung einer Flüssigkeit beruhte. Er nannte sie „perpetuum mobile", weil sie ohne menschliche Hilfe funktionierte. Der damals berühmte Robert Fludd (1574-1637) – Arzt, Philosoph und Mystiker (welch eigenartige Kombinationen der Berufe gab es im 17. Jahrhundert!) – leistete auch seinen Beitrag zur Erfindung des Thermometers. Anfang dieses 17. Jahrhunderts beschrieb er eine ganze Reihe von Geräten, darunter auch ein 12-Grad-Thermometer.

Die Geschichte des Thermometers wurde von einem der erstaunlichsten Menschen des 17. Jahrhunderts – Otto von Guericke (1602 - 1686) – stark geprägt. Nicht nur, daß er Bürgermeister von Magdeburg war und häufig mit diplomatischen Aufträgen in verschiedene europäische Städte reiste, er hinterließ auch tiefe Spuren in der Wissenschaft. Sein Versuch mit den Magdeburger Halbkugeln, die 16 Pferde nicht auseinanderreißen konnten, ging in die Geschichte der Physik ein. Um die Luft aus den Halbkugeln abzupumpen, hatte Guericke die erste Vakuumpumpe gebaut. Er stellte auch das erste, dem Galileischen Gerät ähnliche Barometer her, aber mit einer sehr langen Röhre. Guericke war der erste, der den Luftdruck systematisch gemessen hatte und den Zusammenhang zwischen Druckänderungen und dem Wetter festzustellen versuchte.

Es ist nicht erstaunlich, daß Guericke ein verhältnismäßig gutes Thermometer gebaut hat. Es bestand aus einer Messingkugel, gefüllt mit Luft und einer U-förmig gebogenen Röhre mit Spiritus. In dem Thermometer nach Guericke, wie auch in seinem Barometer, zeigte die Temperatur ein hölzerner Homunkulus, der mit Hilfe einer Schnur und einer Rolle mit einem am geöffneten Ende des Thermometers schwimmenden Messingbehälter verbunden war. Ein solches Thermometer ist auf dem Stich von Abb. 3.5 dargestellt.

Abb. 3.5: Schema des Guerickeschen Thermometers

Das Guerickesche Thermometer hing an der Wand seines Hauses. Guericke mußte die Lufttemperatur in irgendwelchen absoluten Einheiten messen, um sie an verschiedenen Stellen vergleichen zu können. Zu diesem Zweck befand sich in der Mitte seines Thermometers ein Punkt, wo der Zeiger bei den ersten Frühfrösten stehenblieb – diesen Punkt wählte Guericke als seinen Skalenanfang. Eine solche Wahl ist natürlich naiv, jedoch machte Guericke so den ersten Schritt zur Einführung einer Temperaturskala.

Auf die Möglichkeit, den Siedepunkt des Wassers und den Schmelzpunkt des Eises als Stützpunkte für das Thermometer zu wählen, hat C. Huygens (1629 - 1695) 1655 hingewiesen. Er hatte auch vorgeschlagen, diese Punkte als 100 Grad (100°) und 0 Grad (0°) zu bezeichnen. Er sagte direkt, daß es bei einer solchen Festlegung möglich wird, die Temperatur (er nannte sie „gemessene Stärke der Wärme, Wärmemaß") an verschiedenen Stellen zu vergleichen, ohne daß ein- und dasselbe Thermometer von einer Stelle zu einer anderen hätte getragen werden müssen.

Wir möchten noch Newton's Buch „Über eine Skala vom Wärme- und Kältemaß" erwähnen, das im Jahre 1701 veröffentlicht wurde und die Beschreibung einer 12-Grad-Skala enthielt. Der Nullpunkt war an derselben Stelle wie heutzutage angebracht, beim Gefrierpunkt des Wassers, während 12° der Temperatur eines gesunden Menschen entsprachen. Auch Newton hatte auf diese Weise schon ganz deutlich eine Temperaturskala vor Augen; offensichtlich waren damals auch andere Physiker ganz nahe an einer solchen Idee. Jedoch war das Thermometer damit immer noch kein wirklich funktionierendes physikalisches Meßinstrument geworden!

Mit der Zeit wurde der Gedanke von Fixpunkten auf der Temperaturskala Allgemeingut. Im Jahre 1703, in dem Guillaume Amontons (1663-1705) die Arbeiten von Newton kommentierte, beschrieb er in den Ergebnissen (man sagte damals Memoiren) der Pariser Akademie ein neues Thermometer. Man maß mit diesem Thermometer nicht die Vergrößerung des Luftvolumens durch die Erwärmung, sondern die Veränderung des Luftdruckes, wozu die Luft durch eine Quecksilbersäule eingesperrt wurde. An diesem neuen Thermometer führte Amontons Fixpunkte ein – den Siedepunkt des Wassers (er wußte noch nicht, daß diese Temperatur vom Druck abhängt) und als Nullpunkt wählte er merkwürdigerweise „...jenen besonderen Kältegrad ..." aus, bei dem die Luft ihre ganze Elastizität verliert. Diesen absoluten Nullpunkt wählte er mit einem beträchtlichen Fehler aus, indem er ihn auf der heutigen Skala bei $-240°$ annahm; dennoch war diese Idee eine nicht geringe Errungenschaft. Zum Ende seiner wissenschaftlichen Tätigkeit baute Amontons auch ein vollkommen zugelötetes Thermometer, womit er es ganz unabhängig vom Luftdruck gemacht hatte.

Viel Interessantes bewirkte in der Thermometerevolution ein Zeitgenosse von Newton, R. Hooke (1635-1703). Er vervollkommnete das Florentinische Thermometer, indem er es mit einer unterteilten Skala versah, und schuf so das erste Eichthermometer, mit dem andere Thermometer geeicht werden konnten.

Das erste moderne Thermometer wurde von einem Instrumentenbaumeister aus Holland, Daniel Fahrenheit (1686-1736), beschrieben. Die Zeitgenossen waren erstaunt, daß die von Fahrenheit hergestellten Thermometer so gut miteinander übereinstimmten. Das „Geheimnis" von Fahrenheit lag einfach darin, daß er die Teilstriche auf seiner Skala sehr genau aufgetragen hatte und dafür mehrere Fixpunkte benutzte.

Im Jahre 1709, als der Winter in England besonders hart war, hatte Daniel Fahrenheit ein Spiritusthermometer hergestellt, wobei der Nullpunkt die niedrigste Temperatur jenes Winters bezeichnete.[1] Im Jahre 1714 ersetzte Fahrenheit Spiritus durch Quecksilber, das sich stärker als Spiritus ausdehnte und zusammenzog. Außer dem „Winterpunkt" wählte Fahrenheit einen zweiten Punkt aus, indem er das Gerät in eine Mischung von tauendem Eis, Kochsalz und Salmiakgeist eintauchte. Den Abstand zwischen diesen zwei Punkten teilte Fahrenheit in 32 Teile ein. Mit dieser neuen Skala maß er die Temperatur des menschlichen Körpers. Sie lag jetzt bei 96°. Es erschien später ein vierter Fixpunkt – der Siedepunkt des Wassers. Dieser Punkt lag bei 212°. Nach Fahrenheit sollte ein gesunder Mensch eine Temperatur von 96° haben, während wir 36,6° nach Celsius für normal halten (36,6°C), d. h. 98° Fahrenheit (98°F). Die damalige Temperaturmessung war keine leichte und schnelle Sache. Man konnte nicht einfach ein Florentinisches Thermometer unter den Arm klemmen, vielmehr sank die Thermometersäule schnell und erwärmte sich aber nur langsam, wenn man das eine Ende der langen Röhre in den Mund gegeben hatte, wie das Santorio beschrieb. Wahrscheinlich maß Fahrenheit die Temperatur eines leicht erreichbaren Körperteils, und so konnte die Temperatur etwas niedriger sein. Selbst heute gibt es verschiedene Zahlenangaben für eine normale Körpertemperatur, je nachdem wo man mißt: So ist ja die Temperatur im Mund etwas höher als unter der Achsel.

Die verschiedenen Fahrenheit-Thermometer konnte man gegenseitig kontrollieren, indem man ihre Angaben an verschiedenen Stützpunkten der Skalen verglich. Deswegen waren sie für ihre Präzision berühmt.

In Frankreich kam die Reaumur-Skala etwa 1740 in Gebrauch, aufbauend auf dem Gefrierpunkt des Wassers (0°) und dessen Siedepunkt (80°). R. A. Reaumur (1683-1757) ermittelte aus seinen Messungen, daß sich Wasser zwischen diesen zwei Punkten um 80 Tausendstel seines Volumens ausdehnt.[2]

Die moderne Celsius-Skala wurde im Jahre 1742 vorgeschlagen. Die negativen Temperaturen gefielen dem schwedischen Botaniker nicht, und er (wie auch Delisle) hielt es für angebracht, die alte Skala umzukehren, den Nullpunkt beim Siedepunkt des Wassers anzugeben und 100° bei dessen Gefrierpunkt. Diese „umgekehrte Skala" fand aber keine Resonanz und wurde bald nocheinmal „umgekehrt".

Im Jahre 1727 wurde in Petersburg und zwar im Gebäude der berühmten Kunstkammer auf der Wassiliewski-Insel (diese Raritätensammlung geht auf Peter den Großen zurück, sie war das erste staatliche Museum Rußlands) ein astronomisches Observatorium eröffnet. Unter den Geräten befanden sich auch die damaligen Thermometer mit ihren verschiedenen Skalen: von Fahrenheit, Reaumur und Delisle, dem Gründer des Observatoriums. Das Thermometer von Delisle zeigte – wie schon gesagt – 0°, wenn Wasser siedete, und 150° (bei einigen Thermome-

[1] In Kältemischungen z. B. aus Eis und Kochsalz kommt die Temperaturerniedrigung dadurch zustande, daß bei der Mischung beide Stoffe in den flüssigen Zustand übergehen und daß die dazu erforderliche Wärme dem Gemisch entzogen wird.

[2] Der richtige Wert ist 84/1000.

tern 120°), wenn Eis taute; auf diese Weise wollte er die negativen Temperaturen vermeiden.

Man kann noch einiges über das Delisle-Thermometer sagen. Die Quecksilberthermometer des Petersburger Wissenschaftlers Delisle waren sehr populär im Rußland der ersten Hälfte des 18. Jahrhunderts. Ein wundervoll gestaltetes Delisle-Thermometer ist erhalten geblieben, das sich in einem vergoldeten Rahmen befindet, der im Jahre 1739 von dem Holzschneider und Mechaniker Ivan Schorin gebaut wurde. In seinem Unterteil ist ein Hygrometer befestigt. Die Skala dieses Thermometers war in 150 Teile aufgeteilt. Alle diese Thermometer waren gut gemacht, hielten sich aber nicht mehr lange, nachdem die Reaumur-Thermometer das Feld eroberten.

Die Reaumur-Skala wurde in Rußland bis zur Revolution (von 1917) verwendet – die Reaumur-Thermometer hingen in den Straßen und in allen Häusern. Erst in den dreißiger Jahren wurden sie vom Celsius-Thermometer verdrängt. In England und den USA ist bis jetzt das Fahrenheit-Thermometer verbreitet und, wenn man englische Bücher liest, soll man nicht staunen, daß man Fleisch bei einer Temperatur von 350 - 400 Grad braten muß und die Körpertemperatur eines Kindes von 98 Grad keine mütterliche Unruhe erregt.

Die Thermometergeschichte muß noch mit zweien Daten ergänzt werden. Das Maximalthermometer, d. h. ein Thermometer, dessen Quecksilbersäule nicht fällt, wenn es vom Patienten weggenommen wird, wurde im Jahre 1852 von Eitken in die Praxis umgesetzt, aber das moderne Äußere hat das medizinische Thermometer erst im Jahre 1870 bekommen, als es von Clifford Albat hergestellt wurde.

Nach Celsius war die Frage der Auswahl der Fixpunkte und der Größe eines Grades für mehrere Jahre gelöst. Der Celsius-Grad, festgelegt als 1/100 des Abstandes zwischen Siedepunkt und Gefrierpunkt des Wassers, fand seinen Einzug in die Praxis. Physik und Technik begannen aber bald genauere Messungen von Temperaturen zu fordern, und dafür mußte man festlegen, auf welche Weise man die Bedingungen reproduzieren kann, unter denen Eis taut und Wasser siedet. Zu Zeiten von Galilei erregte die Physiker die Tatsache nicht besonders, daß der Vorgang des Wassersiedens vom Druck abhängt. Und sogar bei demselben Luftdruck geschieht das Wassersieden bei verschiedenen Temperaturen, je nach Art und Menge der Zusätze. Heutzutage ist der Celsius-Grad nicht mehr als 1/100 des Abstandes „Eistauen – Wassersieden“ definiert. Vielmehr ist er jetzt durch den Abstand zwischen 0 K und 0°C als 273,15 K festgelegt. Falls man diesen (neuen) Celsius-Grad auf der Temperaturskala hundertmal vom Schmelzpunkt des Eises an abträgt, „überspringt “ man den Siedepunkt des Wassers um wenige zehntel Prozent.

Es stellte sich heraus, daß es keine einfache Sache ist, eine Skala in eine bestimmte Zahl gleicher Teile aufzuteilen. Würde sich die die Thermometerröhre füllende Flüssigkeit gleichmäßig ausdehnen, wäre die Aufgabe einfacher. Der Ausdehnungskoeffizient hängt aber selbst von der Temperatur ab, und, um diese Abhängigkeit zu verifizieren, muß man ein exaktes Thermometer haben. Um aus diesem Zustand einen Ausweg zu finden, mußte man Zwischenstützpunkte, d. h. Punkte mit einer Temperatur, die durch Schmelzen oder Sieden (oder Tripelpunkte) irgendwelcher anderen Substanzen fixiert sind, einführen. Die Probleme der Temperaturskala und des Celsius-Grades wurden Gegenstand eines neuen Wissenschaftszweigs – der Thermometrie als Teil der Metrologie. Dabei entstanden neue praktische Probleme, die für die Pioniere der Herstellung von Thermometern unbekannt waren.

Die moderne Industrie benutzt ein sehr breites Temperaturintervall. Ein noch größeres Intervall wird für wissenschaftliche Forschungen benutzt: Vom Tausendstel eines Kelvin-Grads beim Studium der sehr feinen Quanteneigenschaften der Materie bis zu Millionen Kelvin-Grad in den Anlagen für thermonukleare Fusion. Man muß diese Temperaturen nicht nur herstellen, sondern auch exakt messen können.

Um aus dem einfachen Lehrbuchwort Celsius-Grad (oder Kelvin-Grad) eine präzis definierte und praktikable Maßeinheit zu machen, benötigte man mehrere Jahrzehnte hartnäckiger Arbeit.

4 Temperatur und Wärme

Nach der Schaffung des Thermometers haben sich die Physiker nicht sofort damit befaßt, wie die verschiedenen Materieeigenschaften von der Temperatur abhängen. Nur für die Wärmeausdehnung selbst interessierten sie sich zunächst. Aber für diese Aufgabe waren sie andererseits nicht (genügend) vorbereitet. Eine Thermometerskala wurde ja festgelegt, indem der Abschnitt zwischen zwei Fixpunkten einfach in gleiche Teile unterteilt wurde. Ist es denn aber nicht möglich, daß sich ein Grad in der Nähe von 0 °C von einem Grad in der Nähe von 100 °C unterscheidet? Wie ist es möglich, Grade bei verschiedenen Temperaturen miteinander zu vergleichen? Solche Fragen kamen erst im 19. Jahrhundert zum Vorschein. Obwohl man den Zusammenhang zwischen Gasdruck und Gasvolumen schon in der Mitte des 17. Jahrhunderts untersuchte, wurde die Abhängigkeit dieser Größen von der Temperatur erst nach Überschreiten der Schwelle zum 19. Jahrhunderts entdeckt.

Zu Beginn des 19. Jahrhunderts wurde das Thermometer zu einem ganz alltäglichen Instrument. Trotzdem gab es lange Zeit keine einheitliche Meinung darüber, was das Thermometer eigentlich mißt.

Zu dieser Zeit wurden Eigenschaften von Gasen gründlich untersucht. Der Zusammenhang zwischen Gasdruck p und Gasvolumen V wurde schon im Jahre 1662 beschrieben. Das berühmte Boyle-Mariottesche Gesetz $pV = \text{const}$ war in Wirklichkeit von Townley entdeckt worden, einem der Schüler von Boyle, dem es in den Sinn kam, die Ziffernreihen im Laborbuch seines Lehrers miteinander zu vergleichen. E. Mariotte (1620-1684) hatte kaum eine Beziehung zu diesem Gesetz, er beschäftigte sich mit Luftballons, und erst 15 Jahre später (1679) konnte man sagen, er nutze bewußt die Boylesche Entdeckung aus.

Übrigens kommen solche Fälle in der Wissenschaftsgeschichte öfters vor. Derjenige, der einen Vorteil einer Entdeckung erkennt und ihn auf effektive Weise nutzt, wird oft neben den eigentlichen Entdecker gestellt.

Ein zweites Gasgesetz wurde erst ein Vierteljahrhundert danach entdeckt: Im Jahre 1702 maßen J. Dalton (1766-1844) und J. L. Gay-Lussac (1778-1850) die Abhängigkeit des Gasvolumens von der Temperatur. Eine sorgfältige Formulierung dieses Gesetzes war nicht so leicht zu verwirklichen, da man dafür die Temperatur exakt messen mußte. Deshalb hatte der Ausdehnungskoeffizient α im Gay-Lussacschen Gesetz

$$V = (1 + \alpha \cdot t) \cdot V_0, \qquad (V_0 \quad \text{ist das Volumen bei } t = 0\,^\circ\mathrm{C})$$

lange Zeit einen Fehler.[1] Gay-Lussac hielt ihn für 1/266, N. L. S. Carnot (1796-1832) nahm ihn als 1/267 an und D. I. Mendelejew (1834-1907) benutzte den fast exakten Wert 1/273. Übrigens hat sich Jaques Alexandre César Charles (1746-1823) teils vor, teils parallel zu Gay-Lussac mit der Wärmeausdehnung von Gasen befaßt. Deshalb findet sich auch die Bezeichnung Charlessches Gesetz.

Generell kamen aber zu dieser Zeit die Physiker nicht genügend voran mit dem Verständnis, was Wärme eigentlich ist. Sogar in der Mechanik verwechselte man verschiedene Begriffe: Kraft, Energie, Impuls. Die „Mechaniker" des 18. Jahrhunderts stritten darüber, was ein Bewegungsmaß ist – die kinetische Energie (Bewegungsenergie) oder der Impuls (die Bewegungsgröße). Die streitenden Seiten hatten Schwierigkeiten, den Zusammenhang zwischen der Wirkung einer Kraft, gemessen durch eine Änderung der Bewegungsgröße pro Zeiteinheit, und deren Wirkung, gemessen durch eine Änderung der Bewegungsenergie pro Längeneinheit, zu erkennen.

Die kinetische Energie wurde lange Zeit „lebendige Kraft" genannt – im Gegensatz zur „toten Kraft" (wir sagen heute potentielle Energie) z. B. einer zusammengedrückten Feder. Die Unvollkommenheiten der Sprache verzögerten die Entwicklung der Wissenschaft.

Die Begriffe „Wärme" und „Temperatur" zu trennen war eine noch schwierigere Sache. Wenn ein Körper erwärmt wird, so erhöht sich seine Temperatur. Wenn Wärme von einem Körper zum anderen übergeht, sinkt die Temperatur des ersten Körpers und die des zweiten steigt.

Die Wärme verhält sich in vielen Fällen wie ein Bach, der vom Berg ins Tal strömt. Die Analogie zwischen Wärme und Flüssigkeit wurde sogar noch naheliegender nach der Entdeckung der elektrischen Erscheinungen. Elektrischer Strom fließt ja auch durch Leitungen wie ein Fluß, wobei er die elektrischen Potentiale zwischen zwei geladenen Körper ausgleicht.

Im Jahre 1893 schrieb der französische Physiker M. Brillouin (1854-1948) folgendes: „Was mich betrifft, so bleibe ich bei meiner Überzeugung, daß die Definition einer Körpertemperatur als einer Art Energie, potentieller oder kinetischer, totaler oder partieller, für die gewöhnliche Materie fehlerhaft ist. Eine so definierte Temperatur ist zwar recht einfach mit thermodynamischen Eigenschaften verbunden, hat aber offensichtlich keinen Zusammenhang mit den Gleichgewichtsbedin-

[1] Die Temperatur nach der Celsius-Skala wird mit t bezeichnet, während das weiter unten verwendete T die Temperatur nach der Kelvin-Skala bedeutet.

gungen für die Ausstrahlung in einen materiefreien Raum. In diesem Falle (Ausstrahlung ins Vakuum) führte die unvermeidliche Einbeziehung des Äthers Herrn Boussinesque zu einer anderen Temperaturdefinition – zu einer Definition, die zwar sehr wenig bekannt ist, welche mir aber passender und fruchtbringender erscheint ...". Es ist interessant zu sehen, was das für eine Temperaturdefinition war, die Brillouin so sehr gefallen hat.

In dem Artikel „Die Untersuchung der Grundlagen der Mechanik, von dem molekularen Aufbau der Körper und von einer neuen Theorie der idealen Gase", der im Jahre 1773 erschien und danach in Vergessenheit geriet, definierte Boussinesque die Temperatur auf folgende Weise: „Man kann als absolute Temperatur eines kleinen Äthervolumens die Hälfte der lebendigen Kraft bezeichnen, die es pro Masseneinheit besitzt, oder eine Größe, die proportional zu dieser Kraft ist". Heute fällt es schwer, den Sinn dieser Definition zu erfassen, und wir zitieren sie nur, um zu betonen, wie manche Dinge, die zu verstehen anfangs schwer fielen, sich später als einfach entpuppten.

Dennoch läßt sich verstehen, woraus die für uns so unverständlichen Äußerungen entstanden. Es ging nämlich darum, daß es außer den Gasen, die man sich als ein Ensemble von Atomen oder Molekülen leicht vorstellen konnte (wenigstens dachte am Ende des 19. Jahrhunderts die Mehrzahl der Wissenschaftler so[2]), noch die Strahlung gibt, die Energie überträgt und deren Strahlungsintensität (oder die Energieverteilung pro Wellenlänge des Spektrums) durch die Temperatur des strahlenden Körpers bestimmt wird. Im Unterschied zu den aus Atomen oder Molekülen bestehenden Gasen schien sich die Strahlung nicht auf irgendwelche Teilchen zurückführen zu lassen. Es war sehr schwierig, ihre Natur zu verstehen.

Schwierig war es auch, die spektrale Energieverteilung zu bestimmen. Damals bemühten sich die besten Physiker, diese Aufgabe zu lösen. Darauf werden wir noch zurückkommen. Jetzt wollen wir nur ein Gefühl dafür vermitteln, wie schwierig es war, zu erklären, wohin die Energie geht, die ein heißer oder gar glühender Körper als Strahlung abgibt. Die elektromagnetischen Wellen galten damals als Schwingungen eines allgemeinen Weltmediums – des Äthers, der den ganzen Raum lückenlos ausfüllt und der auch der (Über-)Träger der Wärmeenergie und der Temperatur sein sollte.

Die Entwicklung der Wissenschaft ist ein ungewöhnlich interessanter und komplizierter Prozeß. Man kann von der Schönheit des gewählten Weges entzückt sein, wenn man sich an dessen Ende befindet. Am Anfang erscheint der wissenschaftliche Erkenntnisprozeß eher als ein verworrenes Labyrinth, wo fast alle Wege in Sackgassen enden. Leider werden die Lehren der Wissenschaftsgeschichte oft nicht beherzigt: Immer wieder begeben sich neue Forscher mit derselben Überzeugung (nämlich, keine Fehler zu machen) auch wieder auf falsche Wege, und den richtigen Weg finden nur diejenigen, denen es gelingt, den Konservatismus des wissenschaftlichen Denkens überwinden.

[2]Es gab jedoch auch Ausnahmen! Ernst Mach (1838-1916) pflegte zu fragen: „Haben Sie schon einmal ein Atom gesehen?"

Zu den Problemen mit der Strahlung kam noch etwas anderes. So konnte Kelvin gar nicht verstehen, welcher Teil der Energie eines Gases auf die Translation (Geradeausbewegung) der Moleküle fällt und welcher Teil auf deren (innere) Schwingungen. Ein Molekül stellte man sich als eine sehr kleine elastische Kugel vor, ähnlich einem kompliziert verknüpften Knäuel aus Federn, von denen jede eine gewisse Menge Energie enthält. Andererseits stand ein solches Modell im offenbaren Widerspruch zum Experiment. Die Wärmemenge, die man für eine bestimmte Erwärmung eines Gases brauchte (also seine Wärmekapazität), konnte man sich nämlich allein mit der schnelleren Translationsbewegung der Moleküle erklären; für die Schwingungen blieb praktisch nichts übrig. Kelvin war darüber sehr erstaunt und er dachte sogar, daß das betreffende Theorem (der sogenannte Gleichverteilungssatz, siehe Abschnitt 26) der von Maxwell entwickelten kinetischen Gastheorie ungültig wären. (Daß Schwingungsfreiheitsgrade infolge der Quantentheorie „einfrieren" können, konnte Kelvin natürlich nicht ahnen.)

Wir werden uns der kinetischen Gastheorie noch eingehend widmen (Abschnitte 22-31). Hier wollen wir nur betonen, daß es nicht leicht war, sich an die für uns heute einfache Vorstellung von sich bewegenden Atomen zu gewöhnen. Das eine Hindernis waren die genannten Probleme mit der Wärmekapazität, das andere war die Strahlung, die keinerlei Ähnlichkeit mit einem Ensemble von Atomen oder Molekülen zu haben und stattdessen etwas Kontinuierliches (Feldhaftes, Wellenartiges) zu sein schien.

Die Wärmestrahlung besaß eine paradoxe Eigenschaft, die sich schon am Ende des 18. Jahrhunderts offenbart hatte. Wenn in den Brennpunkt eines Hohlspiegels ein Eisstück gebracht wurde, zeigte ein Thermometer im Brennpunkt eines anderen Hohlspiegels eine Temperaturerniedrigung. Es war unverständlich, was im Zwischenraum geschieht, wenn er nicht nur als Leiter von Wärme, sondern auch von Kälte diente – denn es wurde ja eine Zeit lang angenommen, daß Wärme und Kälte verschiedene „Substanzen" wären. Man sprach auch von zwei Strahlungstypen – kalorische und frigorische, aber das entfernte die Physiker nur noch mehr von der Wahrheit.

Die genannten mit der Strahlung und der Wärmekapazität der Moleküle zusammenhängenden Paradoxien schienen eine Falle zu sein, listig vorbereitet von der Natur. Ein Physiker, der ohne Abstriche an die klassische Physik glaubte, konnte aus dieser Falle nicht herausfinden. Kelvin versuchte mit der Annahme einen Ausweg zu finden, daß die Temperatur mit den Schwingungen der Moleküle (aus irgendwelchen Gründen) nichts zu tun hat und nur durch die Translationsbewegung der Moleküle bestimmt wird. Kelvin glaubte, „endgültig" beweisen zu können, daß Maxwells kinetische Ideen falsch sind. Aber es gab auch noch andere Gelehrte, Vorgänger von Kelvin, die umgekehrt glaubten, daß man nur die Schwingungen der Moleküle in Betracht ziehen sollte. Nur mühsam brach sich die kinetische Gastheorie ihre Bahn, da sie in der Physik zu Paradoxien führte.

Wie konnte Kelvin wissen, daß die aufgetauchten Paradoxien im Rahmen der klassischen Physik nicht beseitigt werden konnten? Eine Lösung der Probleme kam erst mit der Planckschen Quantenhypothese zum Vorschein.

Richtig ging Hermann Walther Nernst (1864-1941) noch vor der Planckschen Entdeckung vor. Er war der erste, der feststellte, daß einige Bewegungsarten (z. B. innere Schwingungen von Molekülen) an der Energieverteilung nicht gleichberechtigt teilnehmen, daß sie vielmehr bei niedrigen Temperaturen „eingefroren“ sind und nur bei hohen Temperaturen ins Spiel kommen. Diese tiefsinnigen Ideen erlaubten Nernst, die Gesetze von Erscheinungen in der Nähe des absoluten Nullpunktes zu erraten, obgleich ihre wirkliche Bedeutung erst viel später klar wurde – in der Quantentheorie.

Planck und Nernst gehören zu denjenigen Physikern der alten Generation, die den neuen Ideen des 20. Jahrhunderts mit Enthusiasmus begegneten. Sie waren zugleich diejenigen, die Einstein damals in den Kreis der bedeutenden Physiker eingeführt haben. Beide erlebten die Zeit, wo ihre Ideen fester Bestandteil des großen Gedankengebäudes der Quantenphysik wurden.

5 Was ist thermisches Gleichgewicht?

Der Begriff „thermisches Gleichgewicht“ wird in der Wärmelehre sehr häufig benutzt. Wir wollen dazu erst einmal einiges sagen, bevor wir uns weiter den Begriffen Wärme und Temperatur und deren Messung widmen. Man kann am leichtesten im Falle eines einatomigen Gases verstehen, was thermisches Gleichgewicht ist. Wenn ein Gas in einem Gefäß in allen Punkten des Gasvolumens ein und dieselbe Temperatur hat, so ist es normal, daß die Temperatur der Gefäßwände auch dieselbe ist – dann befindet sich dieses Gas im thermischen Gleichgewicht. In einem solchen Gas geht keine Wärme von einem Gefäßteil zum anderen, weder der Druck noch die chemische Zusammensetzung ändern sich und überhaupt vom Standpunkt der klassischen Wärmeerscheinungen (phänomenologische Thermodynamik) „geschieht gar nichts mehr“ in dem Gas.

Ein grundlegendes Naturgesetz ist die Beobachtung, daß Wärme immer von einem heißen Körper zu einem kalten übergeht, d. h., die Temperatur der einander berührenden Körper ist bestrebt, sich auszugleichen. In der Mechanik können die Prozesse auf verschiedene Weise ablaufen: Ein Pendel kann in verschiedenen Ebenen schwingen, man kann ein Rad nach einer beliebiger Seite drehen. Anders verhält es sich mit der Wärme: Ein heißer Teekessel kühlt sich im Zimmer von selbst ab, aber er kann sich nicht von selbst erwärmen; um einen Kühlschrank abzukühlen, muß man eine Arbeit leisten. Es ist möglich, ein Zimmer mit einem Kamin zu heizen, aber es ist unmöglich, nur auf Kosten einer Zimmerkühlung einen Kamin zu erwärmen.

Wärme fließt immer so, daß die Temperatur ausgeglichen wird und das System so in einen Zustand des thermischen Gleichgewichts übergeht. Dieser Übergang kann ein komplizierter und relativ langer Prozeß sein.

Ein Gefäß ist thermoisoliert, wenn der Wärmestrom bis zu einem Minimum reduziert ist (so ist eine Thermosflasche aufgebaut). Es existieren auch kompliziertere Fälle. Die Elektronentemperatur in einem erwärmten Plasma kann sich von der Ionentemperatur unterschieden (das sieht so wie eine Mischung von Gasen mit verschiedenen Temperaturen aus) und die Temperatur gleicht sich zwischen ihnen relativ langsam aus. Im Plasma kann man also an einer Stelle zwei verschiedene Temperaturen finden. Jedes der beiden Teilsysteme – Elektronen und Ionen – befindet sich im eigenen thermischen Gleichgewicht; die Elektronen untereinander und die Ionen untereinander. Der Wärmestrom zwischen den Ionen und den Elektronen ist sehr gering, und deswegen gleichen sich die Ionen- und Elektronentemperaturen nur langsam aus. Wir werden solche Ströme auch antreffen, wenn wir – weiter unten – über das Weltall (Abschnitte 61-67, 80) oder über die magnetische Kühlung von Kristallen (Abschnitt 55) sprechen werden.

Wir wollen jetzt noch einmal betonen: In der Natur streben sich berührende Körper immer danach, ihre Temperaturen auszugleichen. Wenn einem System von außen keine Energie in Form von Wärme oder in anderer Form zugeführt wird, dann geht es (von allein) schließlich in das thermisches Gleichgewicht über, wo es dann keinerlei Wärmeströme mehr gibt.

Wenn sich thermisches Gleichgewicht einstellt, dann „vergißt" das System seine Vorgeschichte. Wenn wir siedendes Wasser in ein mit kaltem Wasser gefülltes Glas gießen, verlieren wir die Möglichkeit (ohne Zusatzinformationen) zu erfahren, welche Temperatur im Glas vorher herrschte und welche Menge des Kochwassers hinzugefügt wurde. Nachdem wir Zucker in einem Glas Wasser durch Umrühren mit einem Löffel aufgelöst haben, können wir den Zucker nicht zwingen, sich wieder auszuscheiden, indem wir etwa den Löffel rückwärts bewegen. Das sind einfache Beispiele für irreversible (unumkehrbare) Prozesse.

6 Wärme und Kälte

Es existierten verschiedene Meinungen darüber, was Wärme eigentlich ist. Francis Bacon (1561-1626) systematisierte die Angaben über Wärme- und Kältequellen und sammelte sie in Tabellen. Man konnte in diesen Tabellen Blitze und Wetterleuchten, Flammen und Sumpffeuer finden. Darunter waren auch aromatische Gräser, die beim inneren Gebrauch eine Wärmeempfindung hervorrufen. Bacon zieht daraus auf irgendeine Weise den Schluß, daß Wärme „eine ausdehnende Bewegung" ist. Im Jahre 1658 wurden die Arbeiten von Pierre Gassendi veröffentlicht. Seiner Meinung nach sind Wärme und Kälte zwei verschiedene Substanzen. Die Kälteatome sind scharf (sie haben eine Tetraederform) und, indem sie in eine Flüssigkeit eindringen, verfestigen sie diese.

Die Vorstellungen der kinetischen Wärmelehre drangen nur unter Schwierigkeiten in die Physik ein. Verständlicher schien die auf Joseph Black (1728-1799)[1] zurückgehende Hypothese eines Kalorikums zu sein. Diese Hypothese schrieb der Wärme die Eigenschaften einer Flüssigkeit zu, die weder erzeugt noch vernichtet

[1] Auf Black gehen auch die Entdeckungen und Begriffe thermisches Gleichgewicht, Wärmekapazität und Umwandlungswärme (oder latente Wärme) zurück. Um 1760 bestimmte er die Schmelzwärme des Eises und die Verdampfungswärme des Wassers.

werden und nur von einem Körper zu einem anderen überfließen kann. Das Kalorikum hatte Verwandtschaft mit dem Phlogiston, einer anderen hypothetischen, mit Feuer verbundenen Substanz – man hatte sie manchmal sogar verwechselt. Das Kalorikum schien die Wärmeeigenschaften schön zu erklären. Chemiker erklärten das Verbrennen und die Oxidation durch das Ausscheiden von Kalorikum. Die Lehre vom Kalorikum erhielt eine besonders breite Anerkennung im letzten Viertel des 18. Jahrhunderts. Das wiederum hat zur Formulierung der ersten Erhaltungsgesetze beigetragen. Nicht ohne Grund glaubte auch Antoine Laurent Lavoisier (1743-1794) an das Kalorikum, gleichzeitig kommt ihm das Verdienst zu, die Phlogistonlehre widerlegt zu haben, die einen anderen Irrweg im naturwissenschaftlichen Erkenntnisprozeß darstellt. Die Erhaltung des Kalorikums bei Wärmeprozessen schien so natürlich wie die Erhaltung der Materie. Einer der Naturwissenschaftler schrieb damals: „...dem Licht hatte man zwei Eigenschaften zugeschrieben: die Fähigkeit zu leuchten und die Fähigkeit zu erwärmen. Diejenigen, die Licht für eine Ätherschwingung hielten, glaubten, daß Wärme durch ähnliche Schwingungen und Bewegungen, die vom Äther in den Körperteilchen induziert werden, hervorgerufen wird. In neuester Zeit aber ist die Wärme vom Licht abgetrennt und ist keine unmittelbare Folge des letzteren".

Die Kalorikumslehre (wir würden heute sagen: das Kalorikumsmodell) erklärt sehr viele Tatsachen. Auch die Carnotsche Theorie der Wärmekraftmaschinen (kurz Kraftmaschinen) wurde mit dem Kalorikumsmodell begründet. Aber das Modell selbst war ein Weg in eine Sackgasse.

Wäre Wärme wirklich irgendeine Art Flüssigkeit, dann müßte sie beim Fließen erhalten bleiben: Ihre Menge dürfte sich nicht ändern. Ganz plausibel war: Ein Wärmespender gibt soviel Wärme ab, wie ein zugehöriger Kühler aufnimmt. Konkretes Beispiel: Ein Teekessel kühlt sich ab, die umgebende Luft erwärmt sich. Nicht selten versagt jedoch diese einfache Vorstellung vom erhalten bleibenden, lediglich fließenden Kalorikum.

Der erste Physiker, der seine Aufmerksamkeit auf Erscheinungen richtete, die dem Kalorikumsmodell widersprechen, war Benjamin Thompson (1753-1814), der später Graf Rumford hieß. 1798 ließ er Kanonenrohre ausbohren und brachte durch die dabei erzeugte Reibungswärme Wasser demonstrativ zum Sieden. Früher hatte niemand ernsthaft darüber nachgedacht, warum sich das Kanonenrohr beim Bohren erwärmte. Rumford stellte sich zwar diese Frage, aber er fand keine Antwort. Die einzige Lösung schien in der Annahme zu bestehen, daß ein Metallspan weniger Kalorikum (pro Masseneinheit) enthielt als ein ganzes Gußstück, und daß der Überschuß des Kalorikums beim Bohren ausschied. Dann wären aber Metallspäne leichter zu erwärmen als dieselbe Menge des kompakten Metalls, Metallspäne müßten also eine geringere spezifische Wärmekapazität haben als das kompakte Metallstück. Das aber steht im krassen Widerspruch zu den Beobachtungen.

Eine noch größere Unannehmlichkeit bestand darin, daß die stumpfen Bohrer mehr Wärme „erzeugten" als die gut geschärften. Aus (damals) unverständlichen Gründen ließ sich beim Bohren offenbar eine unbegrenzte Wärmemenge gewinnen. Alles zusammen hatte in dem einfachen Modell vom (lediglich) hin und her fließendem Kalorikum, das weder erzeugt noch vernichtet werden kann, keinen Platz. Die Waagschale der Gedanken neigte sich also dahin, die Wärme ihrem Wesen nach irgendwie mit mechanischen Bewegungen in Verbindung zu bringen. Die Präzision der Versuche im 18. Jahrhundert war aber leider noch sehr gering, und obwohl Rumford von H. Davy (1778-1829) und T. Young (1779-1829) unterstützt wurde, die das Phänomen Wärme mit den Drehbewegungen (Rotationen) und den Schwingungen (Oszillationen) der Moleküle eines beliebigen Stoffes in Zusammenhang brachten, überzeugten diese Gedankenansätze nur wenige.

Tatsächlich bleibt in der Physik eine Hypothese solange unfruchtbar, wie sie nur in allgemeinen Worten existiert und ihr Inhalt nicht in die Sprache von Zahlen und Formeln übersetzt wird. James Prescott Joule (1818-1889) war es, der 1843 in einem Versuch die quantitative Beziehung zwischen Arbeit und Wärme fand. Indem er eine Flüssigkeit mit einem Rührholz umrührte und sie auf diese Weise erwärmte, zeigte er, daß man für jede Kilokalorie (= kcal = 10^3 cal), die der Flüssigkeit zugeführt wird, 4508 J an mechanischer Arbeit aufwenden mußte.[2] Etwas früher berechnete Robert Mayer (1814-1878) dieselbe Größe (mechanisches Wärmeäquivalent), aber mit einer geringeren Präzision (3580 J/kcal), indem er die Gay-Lussacschen Ergebnisse zur Gasausdehnung ins Vakuum (Überströmungsversuch) benutzte. Bei weiteren Experimenten erhielt Joule den besseren Wert 4145 J/kcal, der sich von dem heutigen richtigen Wert 4186,8 J/kcal nicht viel unterscheidet.

Das Modell eines weder erzeugbaren noch vernichtbaren, lediglich fließenden Kalorikums wurde jetzt zu einer Störung für die weitere Entwicklung der Theorie und es verließ schnell die Bühne der Wissenschaft. Es gab sogar noch eine weitere Schwierigkeit, die vom Kalorikumsmodell verursacht wurde. Wenn das Kalorikum eine Flüssigkeit wäre, die während des Fließens von einem höheren Niveau (von einer höheren Temperatur) zu einem niedrigeren eine Arbeit leistet, dann konnte man nicht verstehen, was in einem ungleichmäßig erwärmtem Körper beim Prozeß des Temperaturausgleichs geschieht. Wohin verschwindet die Arbeit, die beim Überströmen des Kalorikums doch eigentlich geleistet werden sollte?

Die Wärmeleitung stellte man sich wie eine Art Wellenbewegung innerhalb eines Körpers vor, die auch von einem Körper zum anderen übergehen konnte.

Selbst wenn man „das Verschwinden" von Arbeit in Kauf nimmt, konnte dieses Kalorikumsmodell doch solche Erscheinungen nicht erklären wie die Übertragung von Wärme durch das Vakuum – z. B. von der Sonne zur Erde. Man sprach dann zwar von Schwingungen des Äthers, aber aus solchen nebelhaften Vorstellungen konnte man keine überzeugende Theorie gewinnen. Die Kalorikumslehre erlitt eine Niederlage nach der anderen.

---

[2] 1 cal (Kalorie) ist die Wärmemenge, die nötig ist, um 1 g Wasser bei 14,5 °C um ein Grad zu erwärmen; heute ist die Kalorie eine veraltete Einheit außerhalb der Normen des Internationalen Einheitensystems (Systeme International d'Unites = SI). Im SI ist 1 J (Joule) die Arbeit, die eine Kraft von 1 N (Newton) = 1 mkgs^{-2} längs eines Weges von 1 m verrichtet: 1 J = 1 Nm = 1 $\mathrm{m^2kgs^{-2}}$. Es gilt auch 1 Nm = 1 Ws (Wattsekunde).

Viele Naturforscher gingen davon aus, daß Wärme irgendwie mit mechanischen Bewegungen zusammenhängt. Der englische Physiker Robert Hooke (1635-1703), einer der herausragenden Gelehrten des 17. Jahrhunderts, ist besonderes erwähnenswert. Als Schüler von Robert Boyle (1627-1691) übte er durch seine Ideen auf seinen Lehrer einen großen Einfluß aus. Hooke erkannte wahrscheinlich unabhängig von Newton das Gravitationsgesetz (wie auch deren Zeitgenosse Christopher Wren (1632-1723)). Bekannt wurde er durch das Hookesche Gesetz (elastische Dehnung proportional zur wirkenden Kraft). Er beschäftigte sich auch viel mit optischen Erscheinungen. Und er wies deutlich auf einen möglichen Zusammenhang zwischen Wärme und mechanischen Bewegungen hin, nämlich den Schwingungen der Teilchen in einem erwärmten Körper. Es gelang ihm aber nicht, diese goldrichtige Hypothese zu präzisieren und mathematisch zu formulieren. So wurde zwar die Entdeckung des Gravitationsgesetzes eine Großtat Newtons, aber der Name Hooke wird unter den Begründern der Wärmetheorie nur selten erwähnt.

Solche im Prinzip richtigen Ideen hat auch M. W. Lomonossow (1711-1765) geäußert. Auch viele Philosophen, so F. Bacon (1561-1626), T. Hobbes (1588-1679) und J. Locke (1632-1704), haben von der Wärme als einer Form der Bewegung gesprochen. Locke war (um 1700) wahrscheinlich der erste, der einen maximalen Kältegrad (wir sagen heute „den absoluten Nullpunkt") erwähnte, der „... das Aufhören der Bewegung von nicht (direkt) wahrnehmbaren Teilchen bedeutet ...". Die Philosophen konnten aber ihre unbestimmten Äußerungen nicht in eine physikalische Theorie umwandeln, die man in Versuchen hätte überprüfen können. Erste quantitative Formulierungen gehen auf J. Hermann (1678-1733), L. Euler (1707-1783), D. Bernoulli (1700-1782), J. Herapath (1790-1868) zurück. 1837 äußerte F. Mohr, daß Wärme eine Form der Bewegung ist.

Weiter als alle anderen kam James Clerk Maxwell (1831-1879) voran. Die von Maxwell geschaffene kinetische Gastheorie erlaubte, Wärmeerscheinungen (von Gasen) auf Grund der klassischen Mechanik zu begreifen. In einer Arbeit von Maxwell erschien eine Formel für die Geschwindigkeitsverteilung der sich bewegenden (Gas-)Teilchen; diese Formel erlaubte es auch, solche Materialeigenschaften wie Wärmeleitfähigkeit und Zähigkeit zu berechnen und deren Temperaturabhängigkeit zu bestimmen.

So wie Newton die Grundlagen der Himmelsmechanik geschaffen hat, hat Maxwell für die Statistische Physik (oder, wie man sie im 19. Jahrhundert genannt hatte, die kinetische Gastheorie) den Grundstein gelegt.

Aber auch Maxwell hatte wie schon erwähnt Vorgänger. Schon Euler schätzte die Geschwindigkeit der Gasteilchen auf 477 m/s^2. Die erste Formel der neuen Wärmetheorie wurde lange vor Maxwell von D. Bernoulli gewonnen. Sie geriet aber in Vergessenheit und erst 100 Jahre später leitete sie John James Waterston (1811-1883) nocheinmal her. Letzterer war unter den Naturforschern ein Amateur. Aber wie es häufig mit „vorzeitigen" Entdeckungen geschieht, auch seine Formel wurde kaum beachtet. Weiter unten werden wir noch auf die Arbeiten von Waterston zurückkommen. Jetzt wollen wir aber wieder zu den Themen Thermometer und Temperaturskala zurückkehren.

7 Die Temperaturskala und ihre Probleme

Mit allen im 17. Jahrhundert erfundenen Geräten erfolgte die Temperaturmessung durch die Bestimmung der Länge einer Säule von Wasser, Spiritus oder Quecksilber. So konnte man zwei gleiche Thermometer herstellen und erreichen, daß ihre Angaben immer gleich waren. Die Thermometer funktionierten aber nur in einem begrenzten Temperaturintervall. Die eingefüllten Stoffe konnten einfrieren oder sieden, und so konnte man mit diesen Thermometern sehr niedrige oder hohe Temperaturen nicht messen. Ein anderes Problem war, was ein Grad an verschiedenen Stellen einer Temperaturskala eigentlich bedeutet. Zur Klärung dieser Frage genügt die Messung der Wärmemengen nicht, die für die Erwärmung eines Stoffes um ein Grad bei verschiedenen Temperaturen (z. B. bei Zimmertemperatur und bei 1000 Grad) erforderlich sind. Zwei Probleme standen also vor der sich entwickelnden Thermometrie. Es war nötig, erstens Fixpunkte festzulegen (also physikalische Bedingungen für bestimmte Punkte der Thermometerskala, insbesondere für den jeweiligen Nullpunkt) und zweitens eine solche Definition des Grades auszudenken, die von einem konkreten Thermometer unabhängig ist und für die Herstellung einer Skala an einem beliebigen Punkt der Erde zu jeder Zeit benutzt werden kann.

Die Celsius-Skala legt genau die Lage von zwei Punkten – nämlich 0 und 100 Grad – fest, dazwischen wurde der Abstand in gleiche Teile unterteilt. Die Rolle jedes Teilstriches aber blieb unbestimmt. Es war einfach unklar, was in einem Körper geschieht, wenn sich die Quecksilbersäule im Thermometer (das mit diesem Körper Wärmekontakt hat) um ein Grad erhöht. Eine wichtige Größe ist die Wärmekapazität, das ist die Wärmemenge, die einem Körper zugeführt werden muß, um seine Temperatur um ein Grad zu erhöhen. Dividiert durch die Körpermasse ergibt sich die spezifische Wärmekapazität. Wovon hängt diese Größe ab? Ist sie unabhängig von der Temperatur und unabhängig vom jeweiligen Stoff?

Aus Experimenten ist gut bekannt, daß die spezifische Wärmekapazität verschiedener Stoffe verschieden ist und daß sie sich für denselben Stoff mit der Temperatur verändert – an verschiedenen Punkten der Skala muß man verschiedene Wärmemengen zuführen, um den Körper um ein Grad zu erwärmen. Darum sind gewöhnliche Stoffe für eine physikalisch saubere Graddefinition nicht geeignet.

Eine Ausnahme bilden Gase: Je geringer ihre Dichte ist, um so „idealer“ sind sie. Der Druck solcher idealen Gase ändert sich bei konstantem Volumen linear mit der Temperatur. Obwohl reale Gase davon um so mehr abweichen, je dichter sie sind, werden Gasthermometer bei fast allen im Labor erreichbaren Temperaturen zum Eichen benutzt.

Wie kann man aber die Temperatur noch strenger definieren?

Ist die Temperatur eine physikalische Größe, dann sollte ihre Definition prinzipiell vom Arbeitsstoff des Thermometers unabhängig sein. Man konnte sich diesem Thema aber erst widmen, nachdem die Thermodynamik mit ihren Hauptsätzen entstanden war.

Die Antwort wurde von Clausius im Jahre 1848 auf Grund der Carnotschen Lehre von der „Bewegung durch Wärme“ gefunden.

8 Nicolas Leonard Sadi Carnot

Die Theorie der „Bewegung durch Wärme" hat ein Geburtsjahr. Im Jahre 1824 erschien in Paris ein Buch des 28jährigen Ingenieurs Sadi Carnot „Gedanken über die bewegende Kraft des Feuers und über Maschinen, die diese Kraft ausnutzen können". Anfangs bemerkte praktisch niemand dieses wirklich revolutionäre Werk. Kein einziger bedeutender Gelehrte nahm es zur Kenntnis, niemand beachtete den fundamentalen Gedanken: „... um das Prinzip der Erzeugung von Bewegung aus Wärme in der ganzen Vollkommenheit zu behandeln, muß man ... Überlegungen durchführen, die nicht nur auf Dampfmaschinen, sondern auch auf alle anderen denkbaren Kraftmaschinen anwendbar sind, ungeachtet was für ein Arbeitsstoff verwendet und welchen Einwirkungen dieser Stoff unterworfen wird".

Das so formulierte Programm war außerordentlich kühn. Nur die Entdeckung des Gesetzes der Trägheit war vielleicht vergleichbar mit dem, was Sadi Carnot entdeckte.

Carnot starb im Jahre 1832, ohne einen Widerhall erlebt zu haben. Die Naturforscher des 19. Jahrhunderts waren manchmal erstaunlich taub, wenn es sich um neue Ideen handelte.

Im Jahre 1834 wurde die Arbeit von Carnot oder, wie man damals sagte, das Memoire, von Benoit Paul Emil Clapeyron (1799-1864) umgearbeitet und in der Zeitschrift der Polytechnischen Schule Paris veröffentlicht. Clapeyron benutzte in seiner Darlegung, die einen strengeren mathematischen Charakter hatte, graphische Darstellungen der Wärmeprozesse. Die heute sehr populären Kurven – Isothermen, Isobaren, Isochoren, Adiabaten (oder Isentropen) – haben ihren Ursprung in der Arbeit von Clapeyron.

Das Carnotsche Memoire wurde von der Redaktion der damals bedeutendsten Fachzeitschrift „Annalen der Physik", deren Redakteur J. C. Poggendorff (1796 - 1877) war, (zunächst) abgelehnt. Jedoch war Poggendorff von dem Clapeyronschen Artikel so beeindruckt, daß er ihn selbst ins Deutsche übersetzte und im Jahre 1843 in seiner Zeitschrift veröffentlichte.

Die englische Übersetzung wurde im Jahre 1847 in einer Londoner Zeitschrift, wo die interessantesten Artikel erschienen, veröffentlicht. Aber auch danach fand dieser Artikel keine genügend aufmerksamen Leser. Erst am Ende der 50er Jahre, nach mehr als einem Vierteljahrhundert, brach endlich die Zeit für das Verständnis der Carnotschen Idee an. Nachdem diese Idee mit der Mayerschen Idee der Energieerhaltung (veröffentlicht im Jahre 1845) in Verbindung gebracht worden war und daraus zwei Grundgesetze der Thermodynamik hervorgingen (der Erste und der Zweite Hauptsatz), war der Ausgangspunkt für die Untersuchungen von William Thomson (1824-1907) und Rudolf Julius Emanuel Clausius (1822-1888) gegeben.

Man sieht deutlich aus den Tagebuchnotizen, die nach dem Tod Sadi Carnots von seinem Bruder Hippolyte Carnot (1801-1888) veröffentlicht wurden, daß S. Carnot den Satz von der Energieerhaltung praktisch kannte. In diesen Notizen gibt S. Carnot auch eine Berechnung des Wärmewertes der mechanischen Arbeit (mechanisches Wärmeäquivalent, siehe Abschnitt 6) an, mit der er einen Wert von 3.6 J/cal erhielt (der korrekte Wert ist 4.1868 J/cal).

Hippolyte Carnot würdigte leider nicht die Bedeutung der Notizen seines Bruders, wenn er sie überhaupt gelesen hat. Diese Notizen wurden erst im Jahre 1878 in einem Anhang zur 2. Auflage von „Gedanken über die bewegende Kraft des Feuers...“ veröffentlicht.

Zu dieser Zeit war die Thermodynamik bereits eine anerkannte Wissenschaft geworden und die Carnotschen Notizen konnten keinen Einfluß mehr auf ihre Entwicklung ausüben. Es wurde in diesen Notizen unter anderem geschrieben: „Wärme ist einfach eine bewegende Kraft oder, richtiger, eine Bewegung, die ihre Form verändert hat. Wenn die bewegende Kraft vernichtet wird, dann muß gleichzeitig Wärme in einer Quantität, die zu der Quantität der vernichteten bewegenden Kraft exakt proportional ist, entstehen“. Die bewegende Kraft, wie Carnot schrieb „... ändert ihre Form, wird aber niemals vernichtet“. Der Sache nach ist das der Satz von der Energieerhaltung.

Hätte Carnot seine Notizen zur richtigen Zeit herausgeben, hätte der Satz von der Energieerhaltung fast 20 Jahre vor den Mayerschen und Jouleschen Arbeiten, über die wir noch sprechen werden, erkannt werden können. Ja, seine Hauptarbeit wäre noch verständlicher gewesen, hätte er darin den Energieerhaltungssatz explizit formuliert.

Tatsächlich schreibt S. Carnot aber in seinem Memoire nichts über die Äquivalenz von Wärme und Arbeit. Indem er die Idee, daß Wärmeerscheinungen mit dem Fließen oder Strömen von Kalorikum verbunden sind, benutzte, baute er alle seine Überlegungen auf einer falschen Basis auf. Aber es gelang ihm trotzdem, richtige Ergebnisse zu erhalten. Das Carnotsche Werk stellt ein ganz wunderbares Beispiel der physikalischen Intuition dar. Nach 1824 hat sich Carnot (wie auch P. S. Laplace (1749-1827)) den Vorstellungen einer kinetischen Theorie der Wärme als Alternative zum Kalorikumsmodell angenähert. Nach dieser von L. Euler (1707-1783), D. Bernoulli (1700-1782) und M. W. Lomonossow (1711-1765) vertretenen Theorie sollten Wärmererscheinungen auf den Bewegungen kleinster Teilchen beruhen.

Wir werden die Carnotschen Ideen etwas ausführlicher nachvollziehen. S. Carnot stellte sich die Fragen: Auf welche Weise entsteht Arbeit in einer Kraftmaschine, und was begrenzt die Menge dieser Arbeit? Verschiedene Kraftmaschinen funktionieren auf verschiedene Weise: Die eine erzeugt einen großen Effekt, man kann mit ihrer Hilfe viel Arbeit verrichten, die andere funktioniert schlechter. Kann man eine Maschine unbegrenzt verbessern oder nicht?

9 Lazare Nicolas Carnot

Ein Vorgänger von Sadi Carnot war sein Vater, Militäringenieur Lazare Carnot (1753-1823), der als Grand Carnot in die Geschichte Frankreichs einging. Seine Berühmtheit verdankt er seiner aktiven Teilname an der Französischen Revolution. Er war nämlich Mitglied des Komitees für die Rettung der Gesellschaft unter Robespierre, einer der fünf Mitglieder des Direktoriums, Kriegsminister und Innenminister unter Napoleon. Nach 1815 lebte er als Verbannter in Magdeburg (wo sich auch sein Sohn von 1821 an aufhielt). L. Carnot starb ein Jahr vor der Veröffentlichung der Arbeit seines Sohnes. Noch vor dem Beginn seiner politischen Karriere überlegte Lazare Carnot, wie das Arbeitsregime einer Maschine sein sollte, damit man ihre maximale Effektivität erreicht. Seine im Jahre 1783 entwickelte Theorie betraf die mechanischen Maschinen, deren Arbeit sich durch die Newtonschen Gleichungen beschreiben ließ. Die Hauptrolle spielten in dieser Theorie die Begriffe mechanische Arbeit und kinetische Energie (damals lebendige Kraft genannt). Ausgedrückt in unserer modernen Sprache, meinte Lazare Carnot, daß eine Maschine dann höchsteffektiv funktionieren kann, wenn das Gesetz von der Erhaltung der mechanischen Energie erfüllt wird. Dabei, schrieb Carnot, muß man starke Änderungen in der Maschinenarbeit vermeiden, da im entgegengesetzten Falle „... die den Maschinenrhythmus störende Kraft einen Verlust von Arbeit (Energie) bewirkt, der die Effektivität der Maschine unweigerlich verringert". Der Zusammenhang der sehr langsamen (adiabatischen) Arbeit beliebiger Maschinen mit ihrer Effektivität wurde ein wichtiger Ansatzpunkt für die (technische) Physik. Dieses Prinzip, „geerbt" vom Vater, wurde von Sadi Carnot erfolgreich benutzt, indem er es auf beliebige Kraftmaschinen verallgemeinerte. Dabei führte er den neuen Begriff des reversiblen Zyklus (des umkehrbaren Kreisprozesses) ein, eine der bemerkenswerten Konzeptionen des 19. Jahrhunderts.

10 Der ideale Carnot-Zyklus

Die Antwort auf die gestellte Frage erforderte, viele Begriffe zu präzisieren. Man mußte zuerst verstehen, daß ein erwärmter Körper von selbst keine Arbeit verrichten kann. Um eine Kraftmaschine (also ein Gerät, das Wärme in mechanische Arbeit umwandelt) aufzubauen, muß man außer einem erwärmten Körper (Wärmespender) noch einen zweiten Körper mit einer niedrigeren Temperatur (Kühler) haben.

In einer gewöhnlichen Dampfmaschine ist der Wärmespender ein Kessel, wo Wasser in Dampf verwandelt wird, und der Kühler ist ein Kondensator, wo der Dampf, nachdem er Arbeit verrichtet hat, kondensiert, sich also wieder in Wasser verwandelt. Außer Wärmespender und Kühler muß ein Arbeitsstoff existieren (eine Flüssigkeit oder ein Gas), der die Wärme vom Wärmespender zum Kühler überträgt und dabei „unterwegs" mechanische Arbeit verrichtet.

Carnot erklärt das Verrichten von Arbeit durch ein Überströmen des Kalorikums vom Wärmespender zum Kühler. Man kann den Kalorikumsstrom mit einem Wasserstrom vergleichen, der durch einen Damm fließt und dabei das Turbinenlaufrad eines Kraftwerkes rotieren läßt. Die Kalorikumsmenge bleibt erhalten (so wie ja auch die Wassermenge), es ändert sich nur das durch die Temperatur festgelegte „Kalorikumsniveau". Nach Carnot strömt also das Kalorikum vom Wärmespender zum Kühler und leistet dabei eine Arbeit. Wenn wir aber die Analogie zwischen Kalorikum und Wasser fortsetzen, geraten wir schnell in Verlegenheit. Dieser Analogie folgend, ist es doch nur natürlich anzunehmen, daß die durch das „Herabfallen des Kalorikums" geleistete Arbeit zu einer Temperaturdifferenz (einer „Höhendifferenz") proportional ist. Eine solche Schlußfolgerung kann uns aber nicht befriedigen. Wäre es in Wirklichkeit so, wäre die Dampfmaschine eigentlich sinnlos. Nachdem der Dampf sich ausgedehnt und eine Arbeit geleistet hat und dann wieder kondensiert ist (oder sich nur abgekühlt hat), müßten wir ihn wieder erwärmen und wieder arbeiten lassen. Man müßte für die Erwärmung ebensoviel Arbeit aufwenden, wie wir bei der Abkühlung gewonnen haben – und das wäre nur in dem Falle so, wenn alle unsere Anlagen verlustlos arbeiten würden.

Stellen wir uns vor, daß jemand auf die Idee kommt, ein Wasserkraftwerk am Ufer eines Bergsees aufzubauen, in den man Wasser durch eine Turbine in ein Reservoir, z. B. in einen anderen, tiefer liegenden See abläßt. Um das sinkende Niveau des oberen Sees zu vermeiden, pumpen wir das Wasser wieder nach oben. Eine solche Arbeit ist gewiß widersinnig: Die für das Pumpen notwendige Arbeit wird durchaus nicht kleiner sein als die durch die Turbine geleistete. Ein Teil der Arbeit wird sogar durch Turbinenreibung, Wasserverdampfung und aus verschiedenen anderen Gründen verlorengehen. Wie wir auch die Pumpen aufbauen, sie gleichzeitig oder nacheinander einschalten, das Gesetz der Energieerhaltung erlaubt es nicht, eine Anlage zu realisieren, bei der solche Maßnahmen einen Nutzen brächten.

Warum leisten trotzdem im Falle einer Kraftmaschine Gasexpansionen und Gaskompressionen eine Nutzarbeit? Worin besteht der Unterschied zwischen der Arbeit eines Wasserkraftwerkes und der Arbeit einer Kraftmaschine?

Die Überlegungen hierzu führen uns auf die schon gestellte Frage zurück, ob die Grade an verschiedenen Stellen der Temperaturskala gleichwertig sind. Es ist gleichgültig für das Wasser, das in einem Bergfluß um einen Meter Höhe fällt, wo dieser Meter sich befindet, in einem Tale oder hoch im Gebirge – die Arbeit, die man durch das Fallen eines Liters Wasser bekommen kann, ist in beiden Fällen dieselbe. Dieses einleuchtende Ergebnis kann man auch anders formulieren: Wenn wir nur die beim Fallen des Wassers abgegebene Energie messen, wird diese nur durch die Fallhöhe (1 m) bestimmt; allein daraus die Stelle, wo das geschah (Tal oder Gebirge), bestimmen zu wollen, ist unmöglich.

Mit heißem Dampf und dessen Abkühlung verhält es sich aber ganz anders, und das war das erste, was Carnot bemerkte. Die Arbeit, die der sich von 100 auf 99 °C abkühlende Dampf leistet, ist nicht gleich der Arbeit, die von derselben sich von 50 auf 49 °C abgekühlenden Dampfmenge geleistet wird. Der Grund liegt darin, daß der Dampfdruck in beiden Fällen verschieden ist.

Außer Wärmespender und Kühler existiert aber noch ein Arbeitsstoff– welche Rolle spielen dessen Eigenschaften? Carnot hatte mit dem Problem zu kämpfen, daß in dieser Aufgabe zu viele unbekannte Größen enthalten waren.

Er fand einen glänzenden Ausweg, indem er einen „Kreisprozeß" betrachtete – einen Zyklus, in dem ein Arbeitsstoff zunächst Arbeit leistet und dann zum Ausgangszustand zurückkehrt (wobei er einen Teil der geleisteten Arbeit wieder benutzt). Am Anfang und am Ende des Zyklus sind alle Teile der Kraftmaschine (wie auch der Arbeitsstoff) wieder in demselben Zustand, und darum genügt es, nach nur einem einzigen Zyklus „Bilanz zu ziehen" , weil der nächste Zyklus dem vorigen in allem identisch ist.

Indem sich Carnot einen solchen Zyklus ausdachte, betrachtete er eine ideale Maschine, von der man nur zu wissen brauchte, daß sie eine Anlage ähnlich einem Zylinder mit einem Kolben (oder ähnlich einer Turbine) ist, der durch den sich ausdehnenden Arbeitsstoff, z. B. durch ein Gas, bewegt wird. Die Temperatur dieses Arbeitsgases kann sich ändern: Der Wärmespender kann das Arbeitsgas erwärmen und der Kühler kann es abkühlen. Schließlich wird angenommen (und darin besteht „die Idealität der Maschine"), daß weder Wärme noch Arbeit verlorengeht: Wärme soll nicht ausgestrahlt werden, und Arbeit soll nicht für die Überwindung von Reibung benötigt werden.

In dem Arbeitsgas sind verschiedene Prozesse möglich. Verändert sich die Gastemperatur T nicht, so nennt man einen solchen Prozeß isotherm. Wenn der Druck p nicht verändert wird, dann nennt man den Prozeß isobar. Wenn das Volumen V nicht verändert wird, dann heißt der Prozeß isochor. Es ist klar, daß man beliebig viele Prozesse erfinden kann, bei denen alle drei Größen p, V, T irgendwie verändert werden. Im Carnot-Zyklus kommen auch adiabatische Prozesse vor. Das sind Prozesse, bei denen das Gas wärmeisoliert ist, es gibt keine Wärme nach außen ab und erhält keine Wärme von außen; dabei bleibt keine der Größen p, V, T konstant.[1]

Die Veränderungen des Gaszustandes beim Carnot-Zyklus wollen wir in einem Diagramm illustrieren, wo an den Koordinatenachsen Gasdruck und Gasvolumen aufgetragen sind: p-V-Diagramm. Wenn wir einfachheitshalber ein ideales Gas (siehe Abschnitt 7) betrachten, können wir dieses Diagramm leicht angeben. Es gelten ja dann das Boyle-Mariottesche Gesetz $pV = \text{const}$ für $T = \text{const}$ und das Gay-Lussacsche Gesetz $V/T = \text{const}$ für $p = \text{const}$. Deren Zusammenfassung ergibt die thermische Zustandsgleichung für ideale Gase[2] :

$$pV = RT.$$

Dabei sind $T/K = t/^{\circ}C + 273,15$ die Temperatur nach der Kelvin-Skala, t die Temperatur nach der Celsius-Skala, $R = 8,314510$ J/(mol·Grad) die universelle Gaskonstante pro Mol und V das Volumen pro Mol. Im SI ist 1 mol (= Mol) die Einheit der Stoffmenge, die genauso viele (ca. $6 \cdot 10^{23}$) Teilchen enthält wie 0,012 kg Kohlenstoff ^{12}C. Generell nennt man $p = p(V,T)$ thermische Zustandsgleichung im Unterschied zur kalorischen Zustandsgleichung, die die Abhängigkeit der inneren

[1] In der Physik wird „adiabatisch" auch verwendet für „sehr langsam" (quasistatisch), siehe Abschnitt 9.

[2] Diese Zusammenfassung scheint auf der Hand zu liegen. Dennoch erfolgte sie aber nur in Etappen durch B. P. E. Clapeyron (1799-1864) und schließlich 1874 durch D. I. Mendelejew (1834-1907) mit der Einführung der thermodynamischen Temperaturskala durch Lord Kelvin 1848 als wichtigem Zwischenschritt.

Energie U, siehe Abschnitt 15, von V und T angibt, also $U = U(V,T)$. Beide Zustandsgleichungen sind von Substanz zu Substanz verschieden. Nur für verdünnte (also ideale) Gase gilt universell $pV = RT$ und $U = U(T)$. Letzteres besagt, daß die Energie eines idealen Gases nicht vom Volumen abhängt. Wie U von T abhängt, ist wieder von Gas zu Gas verschieden.

Wir merken noch an, daß die Kurvensegmente in der graphischen Darstellung Isotherme ($T =$ const), Isobare ($p =$ const) oder Isochore ($V =$ const) genannt werden. Ein Kurvensegment, das einen adiabatischen Prozeß beschreibt, nennt man Adiabate. Es sei auch noch darauf hingewiesen, daß Kurven in solchen Diagrammen bedeuten: Zu jedem Zeitpunkt befindet sich das Gas in einem durch p, V und T charakterisierten thermodynamischen Gleichgewicht. Damit Abweichungen vom Gleichgewicht möglichst klein gehalten werden, müssen Änderungen der Gleichgewichtszustände möglichst langsam vor sich gehen (quasistatische Prozeßführung).

Um den Carnot-Zyklus zu beschreiben, wollen wir ein Gedankenexperiment durchführen. Wir versehen einen mit Gas gefüllten Zylinder mit einem beweglichen Kolben. Einfachheitshalber lassen wir den Atmosphärendruck außer acht. Wir nehmen an, daß dieser im Vergleich zum Gasdruck unter dem Kolben gering ist oder daß alles im Vakuum geschieht. Unter diesen Bedingungen, wenn man den Kolben frei beweglich läßt (ihn nicht arretiert), wird sich das Gas ausdehnen und den Kolben verschieben.

Möge das Gas anfangs eine Temperatur T_1 haben. Wir führen nun einen Kreisprozeß durch, der aus den folgenden vier Etappen 1, 2, 3, 4 besteht:

1. Wir tauchen den Zylinder in siedendes Wasser (das als Wärmebad 1 mit der Temperatur T_1 dafür sorgt, daß die Etappe 1 isotherm verläuft, zugleich ist es Wärmespender) und geben dem Gas die Gelegenheit zu expandieren. Wir warten ab, bis es eine Arbeit, bezeichnet mit W_1, verrichtet hat. Weil die Arbeit im gegebenen Falle bei einer konstanten Temperatur verrichtet wird, wird diese Etappe im Diagramm durch die Isotherme *ab* (Abb. 10.1) dargestellt. Bei der Expansion nimmt das Gas Wärme vom Wärmespender (Wärmebad 1) auf. Wir bezeichnen sie mit Q_1.

2. Nun tun wir unser Gerät in ein Thermosgefäß und lassen das Gas weiter expandieren. Dabei verrichtet es die weitere Arbeit W_1'. Da dem in dem Thermosgefäß befindlichen Gas keine Wärme zugeführt wird, kühlt es sich ab, während es diese Arbeit W_1' leistet, und zwar bis zur Temperatur T_2 (das ist die Temperatur des Wärmebades 2, das als Kühler wirkt). Im Diagramm wird dieser Prozeß in Form einer Kurve – der Adiabate *bc*, die steiler als die Isotherme *ab* ist, dargestellt (Abb. 10.2, in dieser Abbildung ist anstelle eines Thermosgefäßes vereinfachend ein Tisch zu sehen, auf dem der Zylinder weder erwärmt noch abgekühlt wird).

3. Nachdem so die Gastemperatur die Temperatur des Kühlers erreicht hat, bringen wir unser Gerät in den Kühler, der wieder als Wärmebad dafür

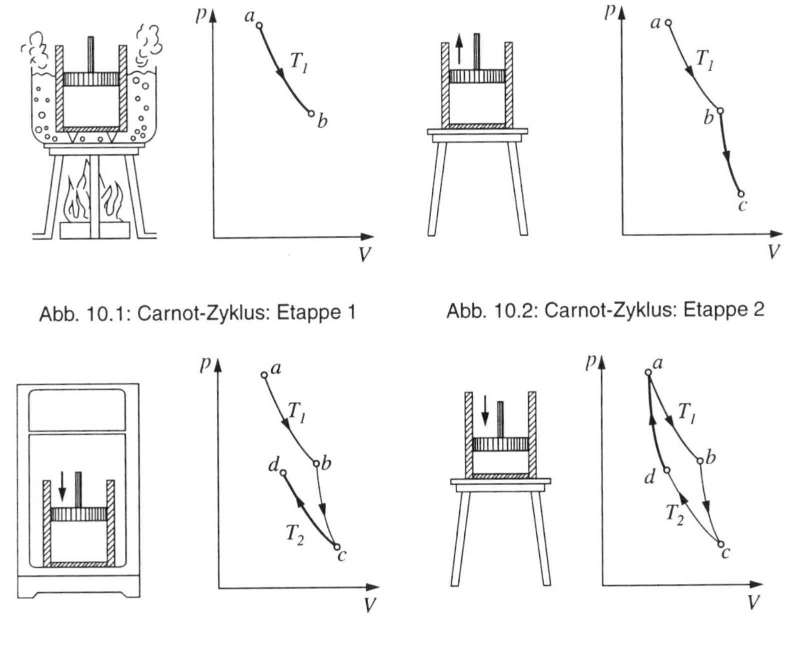

Abb. 10.1: Carnot-Zyklus: Etappe 1

Abb. 10.2: Carnot-Zyklus: Etappe 2

Abb. 10.3: Carnot-Zyklus: Etappe 3

Abb. 10.4: Carnot-Zyklus: Etappe 4

sorgt, daß beim anschließenden Verdichten die Temperatur des Gases konstant (gleich T_2) bleibt. Dabei müssen wir die Arbeit W_2 aufwenden, während das Arbeitsgas die Wärme Q_2 an den Kühler abgibt. Wir hören mit der Kompression (längs der Isothermen *cd*) auf, sobald Gasdruck und Gasvolumen dem vierten Eckpunkt (*d*) des krummlinigen Vierecks (Abb. 10.3) entsprechen. Wie dieser Punkt ausgewählt wird, sehen wir in Etappe 4.

4. Wir bringen jetzt das Gerät zurück in das Thermosgefäß, komprimieren das Gas weiter und sorgen dafür, daß es zum Ausgangszustand zurückkehrt, d. h., daß sein Druck und seine Temperatur dieselben Werte annehmen, die es am Anfang der Etappe 1 hatte (Abb. 10.4). Zu diesem Zweck muß man natürlich die Werte des Drucks und des Volumens am Ende der Etappe 3 (Punkt *d*) richtig auswählen, sonst kann man nicht zum Startpunkt zurückgelangen. Da wir die Gesetze des idealen Gases kennen (Zustandsgleichung siehe oben, Adiabatengleichung siehe Abschnitt 16), ist es nicht schwierig, diese Größen im voraus zu berechnen. Bei dem adiabatischen Prozeß von *d* zurück nach *a* haben wir schließlich noch die Arbeit W_2' aufzuwenden.

So hat der Arbeitsstoff nach den vier Etappen 1 bis 4 seinen Zustand nicht geändert. Dabei hat der Wärmespender die Wärmemenge Q_1 abgegeben und dem Kühler wurde die Wärme Q_2 zugeführt. Die Wärmemenge $Q_1 - Q_2$ ist für die insgesamt geleistete Arbeit verwendet worden (mit dem Energieerhaltungsgesetz, das aber von Carnot gar nicht benutzt wurde, ergibt sich $Q_1 - Q_2 = (W_1 + W_1') - (W_2 + W_2'))$.

Ein Ergebnis des bisher Gesagten ist, daß eine Kraftmaschine nicht die gesamte, vom Wärmespender erhaltene Wärme Q_1 nutzen kann, vielmehr den Teil Q_2 an den Kühler abgeben muß.

Diese Schlußfolgerung ist für uns heute nichts Besonderes, damals war sie aber keineswegs so offensichtlich. Wesentlicher ist eine andere Sache. Carnot bewies nämlich, daß der beschriebene Prozeß bereits optimal ist und das Verhältnis von Nutzen zu Aufwand, also $(Q_1 - Q_2)/Q_1$, nur von den Temperaturen T_1 und T_2 abhängt und von anderen Faktoren, insbesondere von den Eigenschaften des Arbeitsstoffs unabhängig ist.

Diese Erkenntnis scheint dem gesunden Menschenverstand zu widersprechen. Es wäre doch eigentlich natürlicher zu glauben, daß man die Arbeitseffektivität einer Maschine durch Veränderungen des Prozeßverlaufes oder bessere Arbeitsstoffe weiter erhöhen kann. Doch dem ist nicht so, die Natur setzt uns hier wieder einmal eine Grenze.

Das Carnot-Theorem und sein Beweis gehören zu den schönsten Errungenschaften in der Physik. Mit diesem Theorem wurde die Wärmelehre damals zu einer exakten Wissenschaft wie Mechanik und Optik.

Merkwürdig an der Entdeckung Carnots war, daß er, als er sein Memoire schrieb, das Gesetz von der Erhaltung der Energie gar nicht benötigte. Wärmeübertragung war für ihn ein „Fallen des Kalorikums“. Indem er berücksichtigte, wie die Wärmekapazität eines Gases von der Temperatur abhängt, gelangte er zu dem Schluß, daß „... das Fallen des Kalorikums bei niedrigeren Graden eine größere bewegende Kraft erzeugt, als bei höheren ...“. Carnot bezeichnete als „bewegende Kraft“ die Arbeit, die eine Maschine pro Zyklus leistet. Daher stammt auch der Titel seines Memoires („Von der bewegenden Kraft des Feuers ...“). Aus kurz vor seinem Tode gemachten Aufzeichnungen geht hervor, daß er die kinetische Theorie bereits als mögliche Alternative zum Kalorikumsmodell erkannt hatte.

11 Das fundamentale Theorem von Carnot – der Zweite Hauptsatz

Wir wollen die Überlegungen zum Carnot-Zyklus noch weiter präzisieren. Wenn wir alle genannten Prozeßschritte (Etappen 1 bis 4) nicht nur in Gedanken, sondern tasächlich ausführen, entdecken wir, daß ein Teil der Wärme durch die Erwärmung der Zylinderwände, durch die ungleichmäßige Bewegung des Kolbens usw. verlorengeht. Diese Verluste sind um so höher, je größer die Temperaturdifferenz zwischen Gas und Außenmedium ist und je schneller sich der Kolben bewegt. Um diese Verluste möglichst klein zu halten, nehmen wir an, daß sich der Kolben so langsam bewegt, daß die dabei auftretenden Temperaturdifferenzen, z. B. zwischen Gas und Wärmespender, sehr gering bleiben (quasistatische Prozeßführung). Das ist in einer realen Maschine natürlich nicht der Fall, da sie sonst unendlich langsam arbeiten müßte und ihre Leistung (= Arbeit pro Zeiteinheit) daher streng genommen gleich Null wäre.

Wir wollen aber trotzdem den idealisierenden Gedanken von Carnot weiter folgen, um herauszufinden, wieviel Arbeit aus Wärme bei einem Carnot-Zyklus mit einem beliebigen Arbeitsstoff und zwischen zwei Wärmebädern (mit den Temperaturen T_1 und T_2) maximal gewonnen werden kann. Es darf uns dabei nicht stören, daß diese Arbeit von einer Anlage mit der Leistung Null erbracht wird.

Es ist nicht schwer zu verstehen, daß, weil es in einem solchen Kreisprozeß keine Verluste gibt, alle vier Etappen auch in umgekehrter Richtung („rückwärts") durchlaufen werden können: Quasistatische Prozesse sind reversibel (umkehrbar). Wenn wir die vier Etappen mit den Buchstaben α (Isotherme *ab*), β (Adiabate *bc*), γ (Isotherme *cd*), δ (Adiabate *da*) bezeichnen, können wir den gesamten Carnot-Zyklus (den „Direktprozeß") kurz durch $C = \delta\gamma\beta\alpha$ beschreiben (man muß diese Formel von rechts nach links lesen).

Die Umkehrprozesse bezeichnen wir mit den Buchstaben α^{-1}, β^{-1}, γ^{-1} und δ^{-1}. Der Prozeß α entspricht demnach der „Bewegung" entlang der Isotherme vom Punkt a zum Punkt b und α^{-1} der umgekehrten „Bewegung" von b nach a. Wenn wir die Prozesse α und α^{-1} nacheinander durchführen, bringen wir das Gas offensichtlich in den Ausgangszustand a zurück. Das kommt durch $\alpha^{-1}\alpha = 1$ zum Ausdruck.

Somit können wir in dem hier angenommenen idealen Fall den gesamten Zyklus C auch rückwärts durchlaufen. Dieser rückwärts durchlaufene Zyklus (man spricht auch von einem linkslaufenden Prozeß im Unterschied zum Direktprozeß, der rechtslaufend ist) wird durch $C^{-1} = \alpha^{-1}\beta^{-1}\gamma^{-1}\delta^{-1}$ (wieder von rechts nach links zu lesen) beschrieben. Es ist ganz klar, daß

$$C^{-1}C = \alpha^{-1}\beta^{-1}\gamma^{-1}\delta^{-1}\delta\gamma\beta\alpha = 1$$

gilt. Indem wir also erst den Direktprozeß C und danach den Umkehrprozeß C^{-1} durchführen, kehren wir wieder in den Ausgangszustand zurück: Das Wärmebad 1 erhält die Wärmemenge Q_1 zurück, dem Wärmebad 2 wird die Wärmemenge Q_2 entzogen[1] und dafür wird die gesamte, im Direktprozeß C zunächst gewonnene Arbeit wieder verbraucht.

Dabei muß der Umkehrprozeß C^{-1} gar nicht unbedingt aus denselben (nur eben rückwärts durchlaufenen) Etappen wie der Direktprozeß C bestehen. Er hat nur das System vom Endzustand zum Ausgangszustand zurückzubringen.

Wir wollen jetzt beweisen, daß es keine (verlustfrei arbeitende) Wärmemaschine gibt, die weniger vorteilhaft wäre (für die gleiche Arbeit mehr Wärme braucht) als eine den Carnot-Zyklus benutzende Maschine.

Nehmen wir an, daß jemand eine solche Maschine erfunden hat. Dann würde diese beim Direktprozeß (jeweils im Vergleich zur Carnot-Maschine) vom Wärmebad 1 mehr Wärme aufnehmen und an das Wärmebad 2 mehr Wärme abgeben.

[1] Man beachte, daß das Wärmebad 1 beim Direktprozeß Wärme abgibt (als Wärmespender wirkt), aber beim Umkehrprozeß Wärme aufnimmt (als Kühler wirkt). Für das Wärmebad 2 gilt das Umgekehrte.

Nun schalten wir beide Maschinen so zusammen, daß wir die gesamte Arbeit, die die Carnot-Maschine beim Direktprozeß erbringt, beim Umkehrprozeß, der mit der zweiten Maschine durchgeführt wird, einsetzen. Beim Umkehrprozeß entziehen wir dem Wärmebad 2 mehr Wärme und übertragen dem Wärmebad 1 mehr Wärme als von der Carnot-Maschine beim Direktprozeß jeweils übertragen bzw. entnommen wurde. So entnehmen diese beiden Kreisprozesse summa summarum dem Wärmebad 2 Wärme und führen diese dem (heißeren) Wärmebad 1 zu. Da es sich um Kreisprozesse handelt, kehrt jeder Arbeitsstoff unverändert zu seinem Ausgangszustand zurück. Mithin ergäbe sich insgesamt eine „kostenlose" Wärmeübertragung vom Wärmebad 2 zum (heißeren) Wärmebad 1. Solche Prozesse kommen in der Natur nicht vor. Also ist die oben angenommene Erfindung nicht möglich. Daraus folgt auch umgekehrt, daß es zwischen zwei Wärmebädern 1 und 2 mit $T_1 > T_2$ keinen Kreisprozeß geben kann, der effektiver ist (für die gleiche Arbeit weniger Wärme braucht) als der Carnot-Zyklus.

Wir wollen diese Betrachtungen mit Hilfe einer Figur (siehe Abb. 11.1a) veranschaulichend wiederholen.

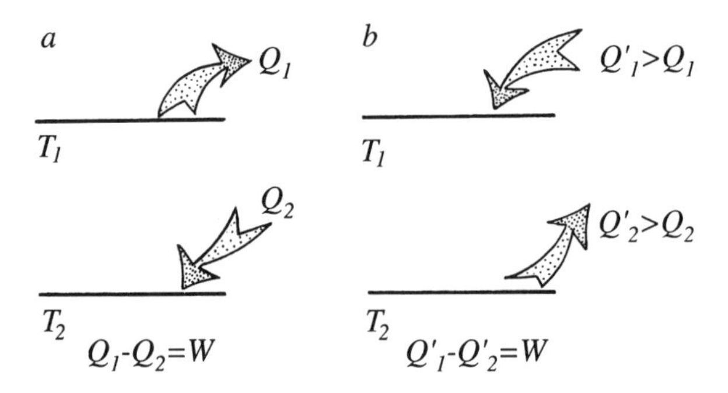

Abb. 11.1: Wärmemengen bei einem Carnot-Zyklus (a) und bei einem Umkehrzyklus (b)

Der obere Strich soll das Wärmebad 1 andeuten, der untere das Wärmebad 2. Die Pfeile besagen, daß dem Wärmebad 1 die Wärme Q_1 entnommen und dem Wärmebad 2 die Wärme Q_2 zugeführt wird. Nach dem Gesetz von der Energieerhaltung ist die Differenz $Q_1 - Q_2$ die Arbeit W, die ein vollständiger Carnot-Zyklus erbringt. Bei vorgegebener Arbeit W ist also auch die Differenz $Q_1 - Q_2$ vorgegeben, was natürlich die einzelnen Größen Q_1 und Q_2 nicht festlegt. Für verschiedene Maschinen könnte die betreffende Wärmemenge Q'_1 entweder größer oder kleiner als die Wärmemenge Q_1 sein, die beim Carnot-Zyklus vom Wärmebad 1 entnommen wird. Wie wir gesehen haben, bringt uns aber sowohl $Q'_1 > Q_1$ als auch $Q'_1 < Q_1$ zum Widerspruch mit den Beobachtungen.

Nehmen wir einmal $Q'_1 > Q_1$ an. Damit sich die Differenz der Wärmemengen (also die gewonnene Arbeit) nicht ändert, muß auch $Q'_2 > Q_2$ sein. Ein solcher Zyklus C' würde weniger effektiv als der Carnot-Zyklus sein. Aus $Q'_1 > Q_1$ folgt nämlich für den Quotienten „Nutzen (= gewonnene Arbeit) durch Aufwand (= bei der höheren Temperatur aufgewendete Wärme)"

$$\frac{Q'_1 - Q'_2}{Q'_1} < \frac{Q_1 - Q_2}{Q_1},$$

da die Zähler der beiden Brüche wegen des Energieerhaltungsgesetzes gleich sind.

Mit Hilfe des neuen Zyklus C' könnte man wie oben beschrieben beim Umkehrprozeß C'^{-1} (siehe Abb. 11.1b) vom Wärmebad 2 mehr Wärme entnehmen ($Q'_2 > Q_2$) und zum Wärmebad 1 übertragen, als im Direktprozeß C vom Wärmebad 1 entnommen wurde ($Q_1 < Q'_1$). Wegen $Q'_1 = Q'_2 + W$ und $Q'_2 > Q_2$ und $Q_2 + W = Q_1$ gilt $Q'_1 > Q_1$. Wir würden also insgesamt ohne Aufwand die Wärme $Q'_1 - Q_1$ vom Wärmebad 2 zum (heißeren) Wärmebad 1 übertragen. Das ist nicht möglich, so etwas gibt es nicht, einen Zyklus C' mit $Q'_1 > Q_1$ kann es daher nicht geben.

Ebenso unmöglich ist es, daß der Zyklus C' mit $Q'_1 < Q_1$ effektiver als der Zyklus C ist. Der Beweis wiederholt einfach den vorigen, man muß nur die beiden Prozesse vertauschen, also den Zyklus C' als Direktprozeß und den Zyklus C^{-1} als Umkehrprozeß nehmen. Im Umkehrprozeß C^{-1} könnte man mehr Wärme dem Wärmebad 2 entnehmen (Q_1) und zum Wärmebad 1 übertragen, als im Direktprozeß C' dem Wärmebad 1 entnommen wurde (Q'_1). Wieder würde etwas unmögliches passieren: Ohne Aufwand würde vom Wärmebad 2 zum (heißeren) Wärmebad 1 die Wärme $Q_1 - Q'_1$ übertragen.

Bei der Behandlung benutzten wir die Reversibilität der Zyklen: Wenn im Direktprozeß bei der Arbeitsabgabe eine bestimmte Wärmemenge übertragen wird, dann wendet man im Umkehrprozeß bei der Rückübertragung exakt derselben Wärmemenge exakt dieselbe Arbeit auf. Dabei ist es wichtig, daß die Zyklen ideal sind, weil die Verluste in einem Direktprozeß natürlich in einem Rückprozeß nicht kompensiert werden!

Nach dem Ersten Hauptsatz haben die Wärmemengen Q_1 und Q_2 der Bedingung $Q_1 - Q_2 = W$ zu genügen. Diese allein würde bei gegebener Arbeit W zunächst verschiedene Werte Q_1 zulassen. Aber die Annahme, daß es verschiedene reversible Zyklen mit verschiedenen Werten Q_1 geben könnte, führt uns zur Übertretung eines unumstößlichen Prinzips, das Zweiter Hauptsatz der Thermodynamik genannt wird.

Es ist unmöglich, einen Prozeß zu realisieren, der Wärme von einem Körper mit niedriger Temperatur auf einen solchen mit höherer Temperatur ohne Energieaufwand überträgt.

Der Zweite Hauptsatz der Thermodynamik gehört zusammen mit dem Ersten Hauptsatz – dem Gesetz der Erhaltung und Umwandlung von Energie – zu den fundamentalen Naturgesetzen.

Die Größen Q_1 und Q_2 sind also nicht frei verfügbar, sondern durch den Ersten und Zweiten Hauptsatz festgelegt. Um aus dem Zweiten Hauptsatz eine quantitative Aussage über Q_1 und Q_2 zu erhalten, muß man genau untersuchen, was in einem Carnot-Zyklus geschieht. Das gelang Carnot selbst nicht, und darum konnte er nicht zu dem wichtigen Schluß kommen, daß das Verhältnis der Wärmemengen Q_1/Q_2 gleich dem Verhältnis der Temperaturen T_1/T_2 ist, sodaß durch die vorgegebene zu leistende Arbeit W und die gegebenen Temperaturen der beiden Wärmebäder T_1 und T_2 die beiden Wärmemengen Q_1 und Q_2 und damit auch der Wirkungsgrad eindeutig bestimmt sind. Wir wollen an dieser Stelle wiederholen, daß bei nicht-idealen, also irreversibel arbeitenden Maschinen die Situation nur verschlimmert wird, weil Verluste auftreten.

Carnot hat also festgestellt, daß ein theoretischer Grenzwert der von einer Kraftmaschine verrichteten Arbeit (pro aufgewendeter Wärme) existiert. Allerdings konnte er die Formel für diesen Wirkungsgrad (also $W/Q_1 = (Q_1 - Q_2)/Q_1 = 1 - T_1/T_2$) nicht angeben, deswegen blieb sein Werk unvollendet.

Wir wollen unsere Darstellung über Carnot mit den Worten beenden, mit denen er sein Gesetz formuliert hat: „Die bewegende Kraft der Wärme ist unabhängig von dem für ihre Freisetzung benutzten Arbeitsstoff; ihre Quantität wird ausschließlich durch die Temperaturen der Körper definiert, zwischen denen letztlich die Wärmeübertragung stattfindet.“

12 Trotz Irrtum zur Wahrheit – Carnot's verschlungene Gedankengänge

Carnot konnte über Kraftmaschinen nicht auf die gleiche Weise nachdenken, wie wir es heute können. Er konnte nicht den Zweiten Hauptsatz der Thermodynamik benutzen, um die Universalität des Wirkungsgrades der Kraftmaschine zu beweisen. Der Zweite Hauptsatz der Thermodynamik war noch nicht entdeckt. Wie sich die Dinge uns heute darstellen, verfügte Carnot auch nicht über die Voraussetzungen, diese Entdeckung zu machen. Carnot benutzte nicht das Gesetz der Energieerhaltung (obwohl er seine Existenz vermutete). Er glaubte vielmehr an das Kalorikum und dessen Erhaltung (es sollte weder erzeugt noch vernichtet werden können) und eine Arbeit sollte beim „Fallen“ einer Kalorikumsmenge vom Niveau der höheren Temperatur T_1 auf das Niveau der niedrigeren Temperatur T_2 geleistet werden. Daß Carnot die oben genannten zwei grundlegenden Naturgesetze nicht kannte, half ihm glücklicherweise, seine große Entdeckung zu machen, obwohl er doch dabei von falschen Vorstellungen ausging. Carnot überlegte ungefähr so: Mag η der Wirkungsgrad einer Kraftmaschine, die mit einem reversiblen Carnot-Zyklus arbeitet, sein. Das bedeutet, wenn die Maschine eine Kalorikumsmenge Q vom Wärmespender entnimmt, leistet sie die Arbeit

$$W = \eta Q.$$

Die entnommene Kalorikumsmenge (man hat kein Kalorikumströpfchen verloren!) geht zum Kühler über.

Haben wir nun eine andere, ebenfalls reversibel arbeitende Maschine mit dem geringeren Wirkungsgrad $\eta' < \eta$, dann müssen wir, um Kalorikum vom Kühler wieder zum Wärmespender zurück zu transportieren, nur die Arbeit

$$W' = \eta' Q$$

aufwenden. (Es gilt dieselbe Formel, da es ein reversibler Kreisprozeß ist.) Da $\eta' < \eta$, ist auch $W' < W$. Also könnten wir mit Hilfe von zwei Maschinen ein Wunder vollbringen: Wir könnten die Arbeit $W - W' > 0$ ohne jeglichen Aufwand gewinnen, weil die gesamte Kalorikumsmenge an ihren Ausgangsplatz im Wärmespender zurückkehrt. Das ließ Carnot stutzig werden und weiter über den Wirkungsgrad nachdenken.

Offenkundig führt nämlich auch die umgekehrte Annahme $\eta' > \eta$, d. h., wenn es einen noch effektiveren Kreisprozeß als den Carnot-Zyklus gäbe, zu demselben Widerspruch. Auf diese Weise kam Carnot zu dem richtigen Schluß, daß der Wirkungsgrad einer mit zwei Temperaturen T_1 und T_2 arbeitenden Kraftmaschine gleich ist dem Wirkungsgrad des entsprechenden Carnot-Zyklus und nur von den Temperaturen abhängt. Diese Schlußfolgerung gelang ihm, obwohl er von der falschen Hypothese eines Kalorikums und dessen Erhaltung ausging.

13 Wasserkraftwerk und Wärmekraftmaschine

Es ist nützlich, noch einmal die Arbeit einer Wärmekraftmaschine (kurz Kraftmaschine) mit der eines Wasserkraftwerks zu vergleichen.

Falls wir die Verluste, die bei der Arbeit der Turbine entstehen, vernachlässigen (sie sind groß für eine reale Turbine), ist die von einer Wassermasse M geleistete Arbeit gleich Mgh, wobei h die Höhendifferenz der Wasserniveaus und g die Fallbeschleunigung ist. Diese Größe gibt zugleich die kinetische Energie an, die eine Masse M bekommt, wenn sie aus einer Höhe h auf die Erde fällt.

Die Arbeit einer (idealen) Turbine ist wie die eines idealen Carnot-Zyklus umkehrbar: Um das gesamte Wasser wieder auf das Ausgangsniveau zurückzupumpen (Umkehrprozeß), muß man exakt diejenige Arbeitsmenge aufwenden, die die Turbine beim Fallen des Wassers (Direktprozeß) erzeugt hat. Und das alles wird streng vom Gesetz der Energieerhaltung kontrolliert.

Wir wollen uns vorstellen, daß wir die Fallbeschleunigung verändern könnten. Dann könnten wir „gratis“ Arbeit gewinnen, wenn beim Umkehrprozeß die Größe g verkleinert werden könnte. Wenn wir so vorgehen, kommen wir in Widerspruch zum Gesetz von der Energieerhaltung und wir müssen daraus schließen, daß, egal was wir auch versuchen, die Größe g auf keine Weise veränderbar ist. Man könnte eventuell widersprechen unter Hinweis auf andere Himmelskörper, wo die Beschleunigung der Schwerkraft entweder größer (z. B. auf dem Jupiter) oder kleiner (z. B. auf Asteroiden) als auf der Erde ist. Aber das hilft natürlich auch nicht. Die Arbeit, die man für den Übergang zu einem kleineren Planeten, für das (dann natürlich leichtere) Heben des Wassers und schließlich für die Rückkehr zur Erde aufwenden muß, macht nämlich den erhofften Gewinn vollständig wieder zunichte.

Zur Zeit von Carnot schien es, daß das Kalorikum dem Wasser und die Kraftmaschine dem Wasserrad einer Mühle ähnlich sind. Man stellte sich damals vor, das Kalorikum leistet Arbeit, indem es vom höheren Niveau (Wärmespender) zum niedrigeren Niveau (Kühler) fließt. Den Begriff der potentiellen Energie gab es damals noch nicht und die geleistete Arbeit ließ sich nur aus Messungen bestimmen. Dagegen war der Satz von der Massenerhaltung, entdeckt von A. L. Lavoisier (1743-1794) und M. W. Lomonossow (1711-1765), schon sehr populär. Darum war es natürlich, das Kalorikum als eine Art Flüssigkeit zu betrachten, die weder erzeugt noch vernichtet werden kann (also erhalten bleibt). Aber diese Analogie war falsch und Carnot hätte sein Theorem nicht beweisen können, wäre seine Intuition auch falsch gewesen. Wie es häufig in der Geschichte großer Entdeckungen vorkommt, ahnte er das Ergebnis, obwohl er keinen richtigen Beweis finden konnte. Um das Carnotsche Theorem zu beweisen, mußte man den richtigen Zusammenhang zwischen der von der Maschine benutzten Wärmemenge und der von ihr geleisteten Arbeit finden und letztere berechnen können.

Wir wollen unsere Darlegungen kurz unterbrechen und über ein Ereignis berichten, wie das Unverständnis einfacher Zusammenhänge zu einer komischen Situation führte.

Eine Firma, die Wohnhäuser mit Elektroenergie versorgt, agitierte ihre Kunden, nachts die Heizung nirgends auszuschalten. Ihr Argument schien genügend überzeugend zu sein. Ein Zimmer, das sich nachts abkühlt, muß am anderen Morgen wieder geheizt werden. Dazu wäre dieselbe Energiemenge nötig, die man nachts durch Abschalten einspart. Die Heizung auszuschalten wäre deswegen sinnlos. Es ist schwer zu sagen, wie viele Kunden die Firma überreden konnte, aber man kann einfach zeigen, daß dieses Argument absolut fehlerhaft ist. Dafür braucht man nur zu fragen, wohin die Wärme verschwindet. Die Firma hätte nur dann recht, wenn die Zimmerwände, die zur Straße oder zu den Nachbarn hin gelegen sind, absolut wärmeisoliert wären und die Wärme das Zimmer nicht verlassen könnte. In diesem Fall brauchte man es aber überhaupt nicht zu heizen. In Wirklichkeit geht nämlich die Wärme durch die Wände hindurch nach außen und man muß diese Verluste kompensieren, indem man die Heizung einschaltet.

Der Wärmestrom Φ, d. h. die von den Zimmerwänden pro Zeiteinheit abgegebene Wärme, folgt aus der Formel

$$\Phi = \frac{T_1 - T_2}{R_{\text{th}}},$$

wobei $T_1 - T_2$ die Temperaturdifferenz zwischen dem Zimmer und der Straße (oder einem Nachbarzimmer) ist und R_{th} der thermische Widerstand oder Wärmewiderstand, der durch die Wärmeleitfähigkeit der Wand und der ihr angrenzenden Luftschicht und die Wanddicke und -fläche bestimmt wird.[1] Der Wärmeverlust kommt nur durch den Wärmestrom Φ zustande. Die gesamten Verluste sind umso größer, je größer das Zeitintervall ist, in dem die Temperaturdifferenz besteht. Der einzi-

[1] Das ist das Wärmeanalogon zum Ohmschen Gesetz der elektrischen Leitung, $I = U/R$.

ge Faktor, der die Verluste bestimmt, ist der Mittelwert von $T_1 - T_2$ pro Tag und Nacht. Es ist klar, daß, wenn wir die Heizung zeitweilig ausschalten, wir die Differenz $T_1 - T_2$ reduzieren und infolgedessen den Wärmestrom verringern, d. h., wir sparen Energie entgegen den Behauptungen der Firma, die entweder einfach einen Fehler machte oder gar versuchte, die Kunden zu überreden, mehr Energie als nötig zu verbrauchen (um so dann auch mehr Geld von ihnen zu kassieren).

Dasselbe läßt sich von einem Kühlschrank oder einer Klimaanlage sagen. Man muß sich bemühen, die Temperaturdifferenz, die von diesen Geräten erzeugt wird, möglichst klein zu halten.

Diese Geschichte wurde von dem amerikanischen Physiklehrer Bartlett bei der Überreichung der Millikan-Medaille im Jahre 1981 erzählt, die ihm für seine hervorragende pädagogische Tätigkeit verliehen wurde.

14 Was nicht möglich ist

Mit dem fundamentalen Theorem von Carnot wurden Alltagserfahrungen zum erkannten Naturgesetz erhoben. Obwohl vielen diese Erfahrungen geläufig waren, wurde doch ihre grundlegende Bedeutung nicht erfaßt: *Wärme fließt von einem heißen Körper zu einem kalten über und fließt niemals (ohne Energieaufwand) zurück.* Noch heute sagen wir: Wärme fließt, Wärme fließt über, obwohl wir wissen, daß es kein Kalorikum (welches fließen kann) gibt. Die Umgangssprache hat eine gewisse Trägheit, sie „erinnert sich" häufig an inzwischen verworfene Vorstellungen, indem sie weiterhin deren eigentlich überholte Worte oder Begriffe verwendet.

Könnte man tatsächlich Wärme wie Wasser fließen lassen und ihre Menge an einer Stelle vergrößern, indem man ihre Menge an einer anderen verringert, so könnte man durch die Abkühlung einer Straße ein Zimmer heizen oder durch Gefrieren von Wasser mit der dabei freiwerdenden Energie Suppe kochen oder ein Beefsteak braten (und außerdem sogar noch Speiseeis gewinnen).

In der Sprache des Zweiten Hauptsatzes der Thermodynamik wäre dies ein perpetuum mobile zweiter Art (PM II), das im Einklang mit dem Ersten Hauptsatz wäre, also dem Gesetz der Energieerhaltung nicht widersprechen würde. Der heutige Leser weiß, daß es solche PM II nicht gibt. Dennoch tauchen immer wieder Leute auf, die sich davon mit keinerlei Argumenten überzeugen lassen, und Zeitschriften und Institute erhalten öfters vermeintliche Widerlegungen des Zweiten Hauptsatzes wie auch Vorschläge zum Gewinnen von Energie durch Abkühlen kalter Körper. Es kommt sogar manchmal vor, daß sich die Erfinder Sorgen darüber machen, wie man gar zu starken Frost neben einer solchen Anlage vermeiden kann (eine solche Frage wurde dem Autor von einem jungen Erfinder gestellt). Natürlich ist es schade, daß man solcherart Hoffnungen aufgeben muß!

15 Der Satz von der Erhaltung der Energie – der Erste Hauptsatz

Gäbe es das bei Wärmeprozessen erhalten bleibende Kalorikum, könnte Arbeit durch das „Herunterfallen" des Kalorikums von einem hohen Niveau auf ein niedrigeres geleistet werden. Die Temperatur würde dabei die Rolle der potentiellen Energie spielen und, hätten die Physiker die Mechanik verstanden, hätten sie sich darüber beunruhigen müssen, daß das Kalorikum gar nichts besitzt, was der kinetischen Energie ähnlich ist!

Die Vorstellungen von der Wärme waren zusätzlich dadurch verwickelt, daß die Physiker auch noch nicht recht verstanden, was Energie selbst ist. Der Begriff „Energie" erschien erst am Anfang des 19. Jahrhunderts; er wurde in die Mechanik von T. Young (1773-1829) eingeführt. Man sollte sich daher vielleicht nicht darüber so sehr wundern, daß die Umwandlungen der Energie und ihre Erhaltung nicht von einem Physiker, sondern von einem Arzt, J. R. Mayer (1814-1878), entdeckt wurden.

Im Jahre 1840 fuhr Mayer als Schiffsarzt zur Insel Java. In seinem Tagebuch, das er sehr sorgfältig führte, gibt es zwei Notizen. In der einen notierte er ein Gespräch mit dem Steuermann, der ihm erzählte, daß sich bei einem Sturm das Wasser im Ozean erwärmt. Das war vielleicht der erste Schritt zur Entdeckung. Die zweite Notiz bezog sich darauf, was er bemerkte, als er die Matrosen, die an Pneumonie erkrankt waren, zur Ader ließ (wie es in der damaligen Medizin üblich war). Mayer beobachtete etwas, was die dortigen Ärzte längst wußten und worüber sie sich nicht wunderten. Das Venenblut der Matrosen war nicht dunkel, wie es der europäische Arzt zu sehen gewöhnt war – das Blut war hellrot. Mayer dachte sich dafür eine unerwartete Erklärung aus, nämlich: Der Mensch ist einem Ofen ähnlich. Die Wärme, die sich in seinem Körper entwickelt, entsteht durch die Verbrennung der Nahrung. Die Körperwärme (von Mensch und Tier) unterscheidet sich eigentlich gar nicht von jeder anderen Wärme: Ihre Erzeugung erfordert einen Brennstoff. Die verbrannten Überreste – hier das Kohlensäuregas – bringt das Blut zurück in die Lungen. Wenn das Blut dieses Kohlensäuregas aufnimmt, wird es dunkel. Im heißen Klima braucht man nur wenig Wärme, es wird weniger Brennstoff verbraucht, das Verbrennen geschieht nicht so intensiv, es entsteht weniger Kohlensäuregas, daher wird das Blut nicht so dunkel.

Die Hauptsache an diesem Bild war eine Annahme, daß Wärme aus der Energie einer chemischen Reaktion entsteht. Der Gedanke ist für uns heute ganz einfach, aber für die damaligen Gelehrten kam er sehr unerwartet. Sogar die Mayersche Erklärung der Beobachtung, daß sich bei einem Sturm das Wasser erwärmt, wurde von den Professoren in Tübingen, an die er sich um Rat und Unterstützung wandte, nicht akzeptiert.

Der Artikel, den er im Juli 1841 an die Poggendorffsche Zeitschrift (diese erwähnten wir bereits, siehe Abschnitt 8) sandte, wurde von dem Redakteur überhaupt nicht beachtet. Nicht einmal eine Benachrichtigung über deren Erhalt wurde für nötig befunden. Der Artikel war ja auch wirklich nebelhaft geschrieben – von irgendeinem Arzt, der sich doch eigentlich mit Physik nicht beschäftigte. Der Titel des Artikels war: „Über eine quantitative und qualitative Definition der Kraft. Eine Arbeit von Dr. J. R. Mayer, Doktor der Medizin und Chirurgie, einem praktischen Arzt in Heilbronn".

Ein Jahr später veröffentlichte Mayer in einer chemischen Zeitschrift eine neue Arbeit („Über die Kräfte der unbelebten Natur"), in der seine qualitativen Überlegungen mit Berechnungen untermauert wurden. Diesmal hat ihm der berühmte Chemiker J. von Liebig (1803-1873) geholfen.

Aber erst im Jahre 1845 gelang es Mayer, die ausführliche Arbeit „Die organische Bewegung in ihrer Verbindung mit dem Stoffwechsel" (der Titel war, wie wir sehen, auch nicht sehr anziehend für Physiker) zu veröffentlichen.

Während dieser Zeit hatte Mayer nicht nur verstanden, daß sich Energie aus einer Form in eine andere umwandeln kann (wobei Wärme eine dieser Formen ist), sondern er fand auch mit Hilfe der Gay-Lussacschen Versuche das mechanische Wärmeäquivalent, nämlich 3580 J/kcal (der durch verbesserte Meßgenauigkeit heute gültige Wert ist 4186,8 J/kcal).

Auch für Biologen waren die Mayerschen Schlußfolgerungen sonderbar. Viele Biologen (sie wurden Vitalisten genannt) hielten eine gewisse spezifische Lebenskraft für die Antriebsquelle des lebendigen Organismus. Das moderne Verständnis des tiefen Zusammenhangs zwischen Biologie und Physik geht letztlich auf die Mayersche Entdeckung zurück. Sein Schicksal war aber sehr hart. Nicht nur, daß ihm die verdiente Anerkennung verweigert und später seine Priorität bezweifelt wurde, er wurde sogar von vielen Seiten verspottet und mußte sich gegen geässige Angriffe zur Wehr setzen, auch seine Nächsten verstanden ihn nicht. Zehn Jahre verbrachte er im Irrenhaus. Nur in den letzten Jahren vor seinem Tod (1878) erfuhr er Anerkennung.

In denselben Jahren, als Mayer vergeblich die Gelehrtenwelt von der Richtigkeit seiner Idee von der Energieumwandlung zu überzeugen versuchte, entwickelte in England J. Joule (1818-1889) ähnliche Ideen.

Der erste Artikel von Joule erschien im Jahre 1841. Er befaßte sich mit der Wärme, die von stromdurchflossenen Leitern erzeugt wird, also mit der wie man heute sagt Jouleschen Wärme. Es ist interessant, daß in demselben Jahr Mayer zum erstenmal das mechanische Wärmeäquivalent berechnete, worüber er in einem Brief an seinen Freund Baur berichtet. Aber er hat seine Ergebnisse erst später veröffentlicht.

Joule schloß aus seinen Versuchen, daß die Erwärmung stromdurchflossener Leiter letztlich aus den in der Batterie ablaufenden Reaktionen resultiert. Das von Joule gefundene Gesetz besagt: Fließt in einem Draht mit dem Widerstand R ein Strom I, so wird pro Zeiteinheit die Joulesche Wärme RI^2 erzeugt.[1]

[1] Auch H. F. E. Lenz (1804-1865) hat dazu analoge Experimente angestellt und entsprechende Beobachtungen gemacht.

Seine Überzeugungen von der Natur der Wärme bekräftigte Joule mit Experimenten und, ebenso wie Mayer, ermittelte er das mechanische Wärmeäquivalent. Solche Experimente führte Joule im Laufe von vielen Jahren durch. Alle Experimente bewiesen, daß Wärme nur infolge eines entsprechenden Arbeitsaufwandes entsteht. Damit wurde schließlich gezeigt, daß die Theorie des weder erzeugbaren noch vernichtbaren Kalorikums falsch war und vergessen werden sollte.

Die Anerkennung seiner Zeitgenossen fand auch Joule bei weitem nicht sofort. Zu stark war der Einfluß der alten Theorien, die sich auf Glauben und Autoritäten beriefen, um die neuen Vorstellungen über die Äquivalenz von Wärme und Arbeit annehmen zu können.

Aber immer neue Versuche bestätigten diese Ideen unter den verschiedensten Bedingungen. Liebig vergaß darüber nicht, was er von Mayer erfahren hatte, und in dem Artikel „Über Tierwärme" verteidigte er 1842 entschieden den Schluß, daß die ganze, im lebendigen Organismus entstehende Wärme und die zu seinen Bewegungen notwendige Energie durch die Verbrennung der Nahrung erzeugt wird: Nahrungsaufnahme und Atmung bedingen sich gegenseitig. Damals maßen die Chemiker Verbrennungswärmen und andere Reaktionswärmen und erkannten, daß sie vom Wege der Umsetzung unabhängig waren. R. Mayer, F. Mohr und J. Liebig wußten um die Äquivalenz von chemischer Energie, Wärme und Arbeit.

Die Ideen von der Energieerhaltung (man sagte „Krafterhaltung") wurden im Jahre 1847 in einer Arbeit von H. L. F. Helmholtz (1821-1894) (der seinerzeit die Mayerschen Verdienste auch zunächst übersehen hatte) entwickelt.

So wurde in den 40er Jahren des 19. Jahrhunderts durch die Bemühungen vieler Naturwissenschaftler eines der wichtigsten Naturgesetze – das Gesetz von der Energieerhaltung – formuliert, das auch, bei der Anwendung auf Wärmeprozesse, der Erste Hauptsatz der Thermodynamik genannt wird.

Es ist interessant, daß man auf dem Weg zur allgemeinen Anerkennung dieses Gesetzes noch einer Schwierigkeit begegnete. Man konnte schließlich an die Behauptungen glauben, daß Energie nicht aus dem Nichts entstehen kann, also ein perpetuum mobile erster Art (PM I) nicht möglich ist. Es war aber schwierig zu verstehen, daß Energie nicht verschwinden kann. Die Arbeit eines Pferdes geht wegen der Reibung an den Wagenrädern verloren, die Wärme eines geheizten Ofens wird unwiederbringlich im Zimmer und dessen Umgebung verteilt. Auf Schritt und Tritt sehen wir, wie Energie scheinbar verschwindet, wie Arbeit wirkungslos verlorengeht, aber nichtsdestoweniger sagen wir, daß die Energie erhalten bleibt. Das Paradoxon wurde erst dann aufgelöst, als man verstand, daß Wärme mit der ungeordneten Bewegung von Molekülen verbunden ist und daß sich die „verschwundene Energie" in der Energie dieser Molekülbewegungen wiederfindet.

Es ist an der Zeit, zu Carnot zurückkehren. Weder Mayer noch Joule erinnerten sich an ihn. Die Formulierung des Gesetzes von der Energieerhaltung und des Carnotschen Prinzips wurde erst von Clausius vollendet. Seine Arbeit wurde im Jahre 1850 von Poggendorff in der Zeitschrift, wo die Mayersche Arbeit keinen Platz finden konnte, veröffentlicht. Clausius bezeichnete als erster die Äquivalenz von Wärme und Arbeit als den Ersten Hauptsatz der Wärmetheorie und er gab (als

Zweiten Hauptsatz) die Gleichung an, die Carnot damals noch fehlte (Wirkungsgrad des Carnot-Zyklus ausgedrückt durch die Temperaturen). Beiden Hauptsätzen ist gemeinsam, daß sie sich in die Form von Existenzbehauptungen bringen lassen. Es wird dabei jeweils die Existenz einer Zustandsgröße behauptet, d.i. eine Größe, die nur vom jeweiligen Zustand des betrachteten thermodynamischen Systems (Körpers) abhängt und nicht von dem Prozeß, der zu diesem Zustand geführt hat, also nicht von der Vorgeschichte des Zustandes. So existiert für jeden Körper nach dem Ersten Hauptsatz die Zustandsgröße innere Energie U und nach dem Zweiten Hauptsatz die Zustandsgröße Entropie S. Für den Ersten Hauptsatz bedeutet das im einzelnen: *Jeder Körper hat im thermischen Gleichgewicht eine innere Energie U, die man auf zwei verschiedenen Wegen vergrößern kann – indem man an dem Körper eine Arbeit W verrichtet oder ihm eine Wärme Q zuführt.* Der Sinn dieser Behauptung ist in der Konjunktion „oder" enthalten. Das Gesagte kann man kurz mit der Formel

$$\Delta U = W + Q$$

ausdrücken.

In dieser einfachen Formel ist ein tiefer Sinn enthalten. In der Mechanik nimmt die Körperenergie zu, wenn irgendwelche äußeren Kräfte an diesem Körper eine Arbeit verrichten. Diese Aussage läßt sich in der Form $\Delta U = W$ aufschreiben, wenn man z. B. unter W die Arbeit zum Zusammendrücken einer Feder und unter ΔU die Zunahme der potentiellen Energie dieser Feder versteht. Aber die Federenergie vergrößert sich nicht nur beim Zusammendrücken. Sie nimmt auch bei Erwärmung zu. Indem wir irgendeinem System Wärme zuführen, vergrößern wir auch seine innere Energie. Dann gilt $\Delta U = Q$.

Es ist sehr wichtig zu verstehen, daß man aus dem Endzustand eines Systems auf keine Weise schließen kann, woher das System seine Energie bekam: auf Kosten von Wärme oder von Arbeit. Clausius selbst nannte U „die im Körper enthaltene Wärme", wobei er ihr Q – „die dem Körper zugeführte Wärme" – gegenüberstellte. Jetzt nennt man U die innere Energie (oder einfach Energie) und ΔU ist ihre Änderung.

Wie wir bereits gesagt haben, läßt sich die Körperenergie U sowohl durch eine Arbeitsleistung als auch durch eine Wärmezufuhr verändern, aber diese Beiträge verlieren sozusagen ihre Individualität, indem sie sich in eine physikalische Größe – die Energie U [2] – transformieren. Es existiert keine Größe, die man Körperwärme Q nennen könnte, ebenso gibt es in einem Körper keine Größe, die man Arbeit W nennen könnte. Arbeit und Wärme sind Prozeßgrößen, keine Zustandsgrößen (wie V, p und T sowie U und S). Es ist möglich, zu einem Zustand mit derselben Energie U auf verschiedene Weise zu kommen, indem man die zuzuführenden Mengen

[2] Clausius hatte in der Wärmelehre den Begriff Energie (genauer gesagt innere Energie) festgelegt. Er entnahm ihn der Mechanik: „Was die Benennungen betrifft, scheint mir als besonders passend das von Thompson benutzte Wort „Energie", weil die Größe, von der wir hier sprechen, ganz der Größe entspricht, die mit diesem Begriff in der Mechanik bezeichnet wird ...". Andere Physiker schlugen andere Benennungen vor: „innere Wärme", „innere Arbeit", „Wirkungsfunktion ".

von Arbeit und Wärme zwar auf verschiedene Weisen auswählt, aber ihre Summe dabei gleich sein läßt. Das – nämlich daß es in der Thermodynamik ganz verschiedene Größen, Prozeßgrößen und Zustandsgrößen gibt – das war die Hürde im thermodynamischen Erkenntnisprozeß .

Jetzt können wir den Bericht über den Carnot-Zyklus vollenden und die endgültige Formel für den Wirkungsgrad einer Wärmemaschine entwickeln. Dazu brauchen wir aber noch die Formel für die Kompressions- oder Expansionsarbeit eines Gases (die Formel für das ideale Gas genügt, weil der Wirkungsgrad eines Carnot-Zyklus nicht vom verwendeten Arbeitsstoff abhängt).

Die Arbeit, die man aufwenden muß, um ein Mol (das ist die Einheit der Stoffmenge, sie enthält ca. $6 \cdot 10^{23}$ Teilchen) eines idealen Gases vom Volumen V_0 auf das Volumen V bei konstanter Temperatur zu verdichten, ist

$$W = RT \ln \frac{V_0}{V}$$

(ln ist der Nepersche oder natürliche Logarithmus. Ist $y = \ln x$, so ist $x = e^y$, $\lg x = \lg e \cdot \ln x \approx 0{,}43 \cdot \ln x$).

Ist $V < V_0$ (das Gas wird zusammengedrückt: Kompression), dann ist $W > 0$ – am Gas wird Arbeit verrichtet. Ist $V > V_0$ (das Gas dehnt sich aus: Expansion), dann ist $W < 0$ – vom Gas wird Arbeit verrichtet.

Die Formel für W wird auf folgende Weise erhalten. Der Zustand eines idealen Gases wird, wie wir wissen, durch die thermische Zustandsgleichung

$$pV = RT$$

beschrieben (wir wollen annehmen, daß wir genau ein Mol des Gases vorliegen haben).

Möge sich das Gas in einem Gefäß mit einem Kolben befinden. Wir wollen auf den Kolben einen Druck p ausüben. Der Kolben wird das Gas verdichten, wobei er eine Arbeit W verrichtet. Ist die Fläche des Kolbens σ, so wirkt auf den Kolben die Kraft $p\sigma$. Ist diese Kraft konstant, wird die Kraft, wenn der Kolben um die kleine Strecke Δl verschoben wird, eine Arbeit $W = p\sigma\Delta l$ verrichten. Es ist leicht einzusehen, daß der Ausdruck $-\sigma\Delta l$ nichts anderes ist als die Abnahme des Gasvolumens, also $\Delta V = -\sigma\Delta l$. Folglich ist

$$W = -p\Delta V \quad (W > 0, \quad \text{wenn} \quad \Delta V < 0 \quad \text{ist})$$

die am Gas verrichtete Arbeit (schraffierte Fläche in Abb. 15.1). Mit Hilfe der Zustandsgleichung des idealen Gases können wir den Druck ersetzen:

$$W = -\frac{RT}{V}\Delta V$$

oder

$$-\frac{\Delta V}{W} = \frac{V}{RT}.$$

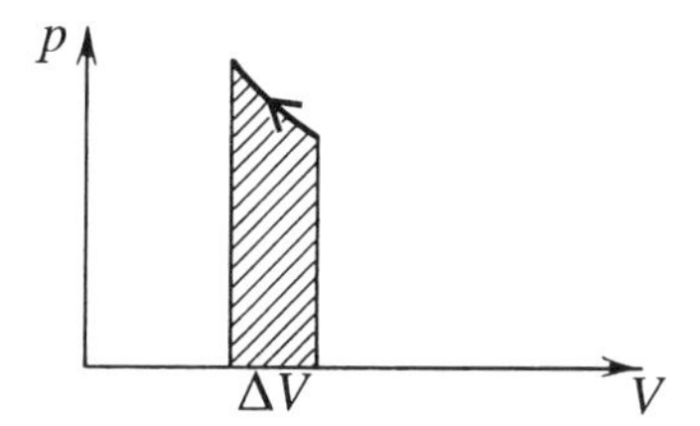

Abb. 15.1: Isotherme Kompression eines Gases

Das ist die zu lösende Gleichung. Man beachte, daß ΔV und W kleine Größen sind, da die Kolbenverschiebung Δl klein sein soll. Diejenigen Leser, die mit der Infinitesimalrechnung vertraut sind, wissen, daß das eigentlich eine Differentialgleichung ist:

$$-\frac{\mathrm{d}V}{\mathrm{d}W} = \frac{V}{RT},$$

deren Lösung wie oben schon angegeben $W = RT\ln(V_0/V)$ lautet, wobei V_0 das Ausgangsvolumen ist.

Wir wollen im folgenden die Herleitung dieser Formel ausführlicher wiederholen. Ein Gas wird vom Volumen V auf ein kleineres Volumen, z. B. $\frac{1}{2}V$ (d. h. $|\Delta V| = \frac{1}{2}V$) verdichtet. Wir wollen diese Operation zehnmal wiederholen, wobei das Volumen der Reihe nach die Werte $\frac{1}{2}V$, $\frac{1}{4}V$, $\frac{1}{8}V, \ldots, \frac{1}{2^{10}}V$ annimmt. Wenn wir einen Blick auf die obige Gleichung werfen ($W = RT|\Delta V|/V$), sehen wir, daß man, um das Volumen von V auf $\frac{1}{2}V$ zu reduzieren, ungefähr die Arbeit

$$W = \frac{2}{3}RT \text{ (beim ersten Schritt : V} \rightarrow \frac{1}{2}\text{V)}$$

leisten muß. Anstatt die rechte Seite mit $RT/2$ exakt anzugeben, haben wir V durch die halbe Summe (das arithmetische Mittel) der Volumenwerte am Anfang und am Ende des ersten Schrittes ersetzt, also durch $\frac{1}{2}(V + \frac{1}{2}V) = \frac{3}{4}V$ mit dem Ergebnis: $\frac{1}{2}V/\frac{3}{4}V = \frac{2}{3}$. Wenn wir so fortfahren und mit den Schritten die Volumenänderungen immer weiter verringern, können wir die Fehler dieser Approximation beliebig klein machen.

Berechnen wir auf dieselbe Weise die Arbeit beim nächsten Schritt. Hier ist jetzt $|\Delta V| = \frac{1}{4}V$ durch $\frac{1}{2}(\frac{1}{2}V + \frac{1}{4}V) = \frac{3}{8}V$ zu dividieren. Wir erhalten wieder

$$W = \frac{2}{3}RT \text{ (beim zweiten Schritt : } \frac{1}{2}\text{V} \rightarrow \frac{1}{4}\text{V)}.$$

Es ist leicht zu sehen, daß bei jedem Schritt mit der Abnahme des Volumens jeweils um die Hälfte immer dieselbe Arbeit verrichtet wird: $W = \frac{2}{3}RT$. Die geleistete Arbeit nimmt also in einer arithmetischen Reihe zu, während wir das Volumen in einer geometrischen Reihe veringern.

Wir können als nächstes analoge Formeln für den Fall aufschreiben, daß das Ausgangsvolumen V_0 bei jedem Schritt (nicht um die Hälfte, sondern) nur um den sehr kleinen Wert $\frac{1}{n}V$, $n \gg 1$, verringert wird. In diesem Fall ist nach N Schritten ($N \gg 1$) das Volumenverhältnis gleich

$$\frac{V}{V_0} = \left(1 - \frac{1}{n}\right)^N$$

und die Arbeit wird (mit $n \gg 1$):

$$W = N \cdot \frac{1}{n} RT.$$

Durch Elimination von N erhalten wir den Zusammenhang zwischen der Volumenänderung V/V_0 und der Arbeit W:

$$\frac{V}{V_0} = \left[\left(1 - \frac{1}{n}\right)^n\right]^{W/RT}.$$

Läßt man $n \to \infty$ gehen, so strebt der Ausdruck in den eckigen Klammern bekanntlich nach $1/\mathrm{e} = 1/2{,}7182$:

$$\lim_{n\to\infty}\left(1 - \frac{1}{n}\right)^n = \frac{1}{\lim\limits_{n\to\infty}\left(1 + \frac{1}{n}\right)^n} = \frac{1}{\mathrm{e}}.$$

Somit gilt $V/V_0 = \mathrm{e}^{-W/RT}$ oder $W = RT\ln(V_0/V)$, q.e.d.

Es ist nützlich, eine geometrische Interpretation der erhaltenen Formel anzugeben. Dafür zeichnen wir eine graphische Darstellung (Abb. 15.2) der Funktion $p(V,T)$ für $T = \text{const}$, d. h. eine Hyperbel

$$p = \frac{RT}{V}.$$

Die Kompressionsarbeit W bei einer Verringerung des Volumens um ΔV ist gleich

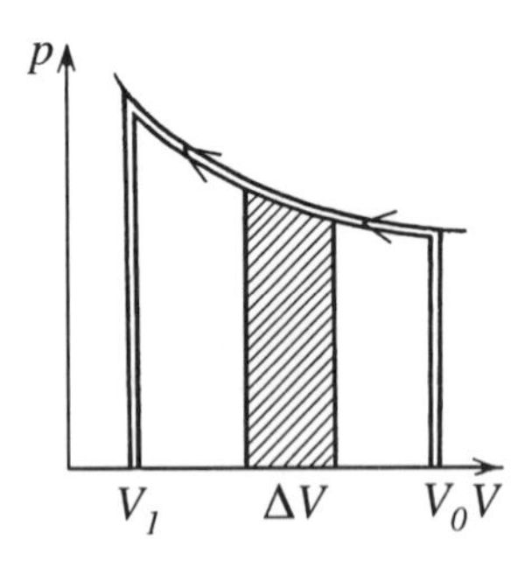

Abb. 15.2: Arbeit bei der isothermen Kompression

der Fläche des schraffierten Bereichs ($W = RT\ln[V/(V - \Delta V)]$) und die gesamte Arbeit, die bei der Kompression des Gases vom Volumen V_0 auf das Volumen V_1 verrichtet wird, ist offensichtlich gleich der Fläche der mit einer doppelten Linie begrenzten Figur ($W = RT\ln(V_0/V_1)$).

16 Der adiabatische Prozeß

Wir wollen jetzt etwas ausführlicher untersuchen, wie sich ein Gas in einer Thermosflasche verhält, wenn ihm keine Wärme zugeführt und von ihm keine Wärme abgeben wird, das System also wärmeisoliert ist. In diesem Fall ändert sich die Gastemperatur nur über die innere Energie des Gases.

Da das Gas wärmeisoliert ist, ist die Arbeit, die am Gas verrichtet wird, oder die Arbeit, die das Gas selbst leistet, die einzige Quelle der Veränderung seiner inneren Energie:

$$\Delta U = W = -p\Delta V = -\frac{RT}{V}\Delta V.$$

Würde dagegen das (nun nicht mehr wärmeisolierte) Gas bei konstantem Volumen erwärmt, so wäre die Energieänderung nur durch die Wärme, die dem Körper zugeführt wird, bestimmt. In diesem Fall gilt für die Energieänderung

$$\Delta U = C_V \Delta T,$$

wobei C_V die Wärmekapazität bei konstantem Volumen ist. Generell versteht man unter Wärmekapazität eines Systems den Ausdruck $C = \Delta Q/\Delta T$, also den Quotienten aus der einem System reversibel zugeführten Wärmemenge ΔQ und der dabei auftretenden Temperaturänderung ΔT.

Die beiden obigen Formeln widerspiegeln die Tatsache, daß die Änderung der inneren Energie auf zwei Wegen geschehen kann: durch Zufuhr von Wärme oder von Arbeit. Deswegen kann man ΔU berechnen, indem man den wärmeisolierten (man sagt auch adiabatischen) Prozeß durch einen anderen, aus zwei Schritte bestehenden, ersetzt. Zuerst wird die Temperatur bei konstantem Volumen geändert. Die Größe U nimmt dabei um $C_V \Delta T$ zu. Danach läßt man sich das Gas isothermisch ($T = \text{const}$) ausdehnen. Dabei bleibt die Größe U konstant[1] und die vom Gas geleistete Arbeit kompensiert gerade diejenige Wärmemenge, die beim ersten Schritt zugeführt wurde. Durch Gleichsetzen der Größen ΔU, die mittels zweier verschiedener Verfahren berechnet wurden, erhalten wir

$$\frac{\Delta V}{V} = -\frac{C_V}{R}\frac{\Delta T}{T}.$$

Hängt C_V weder von T noch von V ab (das ist beim idealen Gas für nicht zu große Temperaturänderungen der Fall), dann ist es möglich, diese Gleichung zu lösen. Es ist leicht zu sehen, daß

$$VT^{C_V/R} = \text{const}$$

diese Lösung ist. Dies kann man prüfen, indem man auf der linken Seite V und T durch die ein wenig veränderten Größen $V + \Delta V$ und $T + \Delta T$ ersetzt, $(\Delta T)^2$ und

[1] Aus den Messungen beim Überströmungsversuch schloß Gay-Lussac 1807, daß die innere Energie idealer Gase nur von der Temperatur (und nicht auch noch vom Volumen) abhängt. In diesem Falle lautet die kalorische Zustandsgleichung einfach $U = U(T)$. Für einatomige Gase gilt die universelle Abhängigkeit $U = \frac{3}{2}RT$, für Gase, die aus Molekülen bestehen, ist $U(T)$ substanzspezifisch, also von Gas zu Gas verschieden.

$\Delta V \cdot \Delta T$ sowie Terme höherer Ordnung vernachlässigt und die obige Beziehung zwischen ΔV und ΔT verwendet.

Ersetzt man T gemäß $T = pV/R$ durch den Druck, so nimmt die Formel die Form

$$pV^\gamma = \text{const}$$

an (hier tritt natürlich auf der rechten Seite eine andere Konstante auf), wobei

$$\gamma = \frac{C_V + R}{C_V}$$

der Adiabatenexponent ist. Die physikalisch-anschauliche Bedeutung des Zählers $C_V + R$ erkennt man so: Die Gaskonstante R ist zugleich die Arbeit, die ein Mol eines idealen Gases leistet, wenn seine Temperatur um ein Grad zunimmt und der Druck dabei konstant bleibt:

$$p\Delta V = R\Delta T.$$

Erwärmt man das Gas nicht bei konstantem Volumen, sondern bei konstantem Druck, so muß man ihm pro Mol zusätzlich die Arbeit R zuführen, um seinen Energieverlust, der durch die Gasausdehnung verursacht wird, zu kompensieren (das wußte schon Carnot). Daher hat die Größe $C_V + R$ die Bedeutung der Wärmekapazität bei konstantem Druck. Sie wird mit C_p bezeichnet. Also lautet der Adiabatenexponent

$$\gamma = \frac{C_p}{C_V},$$

sodaß der Zusammenhang zwischen dem Druck eines idealen Gases und seinem Volumen in einem adiabatischen Prozeß auch in der Form

$$pV^{C_p/C_V} = \text{const}$$

geschrieben werden kann. Diese Beziehung wie auch $VT^{C_V/R} = \text{const}$ nennt man die Adiabatengleichungen eines idealen Gases (mit konstantem C_V). Sie wurden 1822 von S. D. Poisson (1781-1840) gefunden.[2] Da $C_p > C_V$, also $C_p/C_V > 1$, verlaufen im p-V-Diagramm die Adiabaten steiler als die Isothermen mit $pV = \text{const}$, siehe Abb. 10.4.

17 Die Carnotsche Temperaturfunktion

Carnot, wie wir bereits wissen, bewies, daß der Wirkungsgrad der Kraftmaschine nur von den Temperaturen des Wärmespenders und des Kühlers abhängt, aber er konnte diese Abhängigkeit nicht analytisch angeben, weil ihm nicht die Formeln zur Verfügung standen, die wir soeben hergeleitet haben. Diese Abhängigkeit des Wirkungsgrades von den Temperaturen wurde von Clausius gefunden und soll im folgenden hergeleitet werden.

[2] Auch für reale Gase beschreibt $pV^\alpha = \text{const}$ genähert adiabatische Prozesse, nur ist dabei α eine durch die jeweilige Substanz bestimmte Zahl ($\neq C_p/C_V$).

Dazu kehren wir zum Carnot-Zyklus zurück, siehe Abschnitt 10. In diesem Zyklus sind die Adiabaten die Verbindungsstücke der Isothermen mit den Temperaturen T_1 und T_2. Für sie gelten die Gleichungen

$$VT^{C_V/R} = a_1, \quad VT^{C_V/R} = a_2,$$

wobei a_1 und a_2 zwei verschiedene Konstanten sind. Eine Adiabate hat eine wichtige Eigenschaft: Wenn sie zwei Punkte mit den Temperaturen T_1 und T_2 verbindet, dann hängt das Verhältnis der zu diesen Punkten gehörigen Volumen nur vom Verhältnis der Temperaturen ab:

$$\frac{V_1}{V_2} = \left(\frac{T_2}{T_1}\right)^{C_V/R}.$$

Benutzen wir diese Eigenschaft für die Punktpaare b, c und a, d des Carnot-Zyklus (Abb. 10.4), können wir auf

$$\frac{V_b}{V_c} = \frac{V_a}{V_d} \quad \text{oder} \quad \frac{V_b}{V_a} = \frac{V_c}{V_d}.$$

schließen. Dieser Zusammenhang hatte Carnot gefehlt.

Die zuletzt genannten Volumenverhältnisse bestimmen die Arbeit, die vom bzw. am Gas bei den isothermen Prozessen $a \to b$ mit T_1 und $c \to d$ mit T_2 verrichtet wird. Für die erste Isotherme ab ist die vom Gas geleistete Arbeit

$$| W_1 | = RT_1 \ln \frac{V_b}{V_a}.$$

Offenkundig ist diese Arbeit gleich der vom Wärmespender erhaltenen Wärmemenge Q_1. Die am Gas verrichtete Arbeit für die zweite Isotherme cd ist

$$W_2 = RT_2 \ln \frac{V_c}{V_d}.$$

Diese Arbeit ist ihrerseits gleich der an den Kühler abgegebenen Wärmemenge $|Q_2|$. Auf Grund der in Abschnitt 15 eingeführten Vorzeichenregelung ist $W_1 < 0$ und $W_2 > 0$. Analog werden die Wärmemengen behandelt: Dem Gas zugeführte (also einem Wärmebad entzogene) Wärme wird positiv gezählt, vom Gas abgegebene (also einem Wärmebad zugeführte) Wärme wird negativ gezählt. Hier bedeutet das $Q_1 > 0$ und $Q_2 < 0$.

Mit der Gleichheit der Volumenverhältnisse ergibt sich

$$\frac{| W_1 |}{W_2} = \frac{T_1}{T_2} \quad \text{oder} \quad \frac{Q_1}{| Q_2 |} = \frac{T_1}{T_2}.$$

Wir weisen darauf hin, daß wir die Adiabaten-Gleichung kennen mußten, um diese Formel zu erhalten. Und um die Adiabaten-Gleichung zu erhalten, muß man wissen, daß Wärme in Arbeit umgewandelt werden kann. Die Theorie des unvernichtbaren Kalorikums eignet sich dafür nicht.

Deshalb konnte Carnot die Formel $Q_1/|Q_2| = T_1/T_2$ nicht angeben. Er konnte aber zeigen, daß das Verhältnis $Q_1/|Q_2|$ nur von den Werten der Temperaturen des Wärmespenders und des Kühlers abhängt und darüberhinaus, daß dieses Verhältnis das Verhältnis der Werte einer Funktion $f(T)$ bei den zwei Temperaturwerten ist, also $f(T_1)/f(T_2)$. Die Funktion $f(T)$ nennt man die Carnotsche Temperaturfunktion.

Clausius zeigte (mit Hilfe des Gesetzes von der Energieerhaltung), daß man als Carnotsche Temperaturfunktion einfach die Temperatur der thermodynamischen Skala (Kelvin-Skala) benutzen kann. Erst danach konnte die Carnotsche Formel so geschrieben werden wie wir sie heute kennen. Die Carnotsche Funktion bestimmt den Wirkungsgrad, der gewöhnlich als das Verhältnis von Nutzen zu Aufwand angegeben wird, also von „genutzter" Wärme $Q_1 - |Q_2|$ zu der dem Wärmespender entnommenen Wärme Q_1. So können wir schreiben:

$$\frac{Q_1 - |Q_2|}{Q_1} = \frac{T_1 - T_2}{T_1} \qquad \text{oder} \qquad \eta = \frac{T_1 - T_2}{T_1}.$$

Das ist tatsächlich die berühmte Formel für den Wirkungsgrad einer Kraftmaschine, die nach dem Carnot-Zyklus funktioniert.[1] Sie zeigt, daß der Anteil der Wärme, der in Arbeit verwandelt werden kann, von zwei Temperaturen – der des Wärmespenders und der des Kühlers – abhängt. In der Mechanik hatte man sich daran gewöhnt, daß die kinetische Energie eines Körpers ganz und gar in Arbeit umgewandelt werden kann. Dasselbe mit Wärme zu realisieren, ist unmöglich. Es war nötig, sich an diese neuen Vorstellungen über Arbeit und Wärme zu gewöhnen: Wärme ist zwar eine Form von Energie, kann aber nur unvollständig in Arbeit umgewandelt werden. Die detaillierte Ausarbeitung dieser Erkenntisse führte zur Entwicklung einer neuen Wissenschaft – der Thermodynamik.

18 Der schwierige Weg zu einer substanzunabhängigen Temperaturdefinition

Es gibt Augenblicke in der Entwicklung der Physik, in denen der ganze weitere Gang des Erkenntnisprozesses durch eine neue Idee verändert wird. Solche Augenblicke sind die Geburtsstunden der großen Entdeckungen, man spricht auch von den Sternenstunden einer Wissenschaft. Jede Entdeckung hat Vorgänger; aber erst dann, wenn die physikalischen Ideen eine exakte mathematische Formulierung finden, beginnen sie ihr eigenes Leben, das von seinem Schöpfer meistens unabhängig ist.

In der ersten Hälfte des 19. Jahrhunderts erschienen drei große Ideen, die die Geburt der neuen Physik an der Schwelle zum folgenden Jahrhundert bestimm-

[1] Wir wollen daran erinnern, daß diese Formel bei Carnot nicht zu finden ist. Sie wurde erst von Clausius entwickelt.

ten und unausweichlich machten. Dies waren die Faraday-Maxwellsche Feldidee, die Mayersche Idee der Umwandlung und Erhaltung der Energie und die Carnotsche Idee von Kreisprozessen mit ihren Wirkungsgraden. Diese Ideen erschienen zunächst mit verschiedener Vollkommenheit. Der von Maxwell benutzte mathematische Apparat mit seiner Schönheit und Effektivität ermöglichte die endgültige Formulierung der klassischen Elektrodynamik. Beinahe ohne Formeln eroberte die Mayersche Idee die Welt. Carnot bewies nur ein Theorem, aus dem später die einfache Formel $\eta = (T_1 - T_2)/T_1$ hergeleitet wurde, aber hinter dieser Formel verbarg sich eine ganze Wissenschaft.

Ebenso wie der Schöpfer der Wellentheorie des Lichts, A. J. Fresnel (1788-1827), für die Herleitung der optischen Formeln das (falsche) Äthermodell benutzte und trotzdem modellunabhängige Gesetze herleitete, konnte auch Carnot so allgemeine Schlüsse aus dem (falschen) Kalorikumsmodell ziehen, daß sie durch die weitere Entwicklung der Physik nicht erschüttert wurden. Die Thermodynamik, die aus einem kleinen Artikel von Carnot entstand, erscheint auch jetzt noch als eine außerordentliche Schöpfung des menschlichen Geistes. Nach Carnot – und dies war eines der wichtigsten Ergebnisse seiner Idee – gewann letztlich der Begriff der Temperatur eine exakte Bedeutung.

Seinerzeit entdeckte Galilei, daß alle Körper, unabhängig von ihrer Natur, mit der gleichen Beschleunigung fallen. Newton entdeckte, daß die Anziehungskraft der Körper nicht von ihrer Natur, sondern nur von ihrer Masse abhängt. Die Carnotsche Entdeckung hat denselben allgemeinen Charakter.

Das Carnotsche Theorem war das erste strenge Ergebnis in der Wärmetheorie. Alles, was vor Carnot über Wärme bekannt war, hatte sozusagen nur einen äußerlich-beschreibenden Charakter. Die in den Wärmeerscheinungen tiefer verborgenen grundlegenden Gesetze waren noch nicht bekannt. Physiker (und Ingenieure) wußten zwar, wie man verschiedene Wärmeprozesse beschreiben kann, sie wußten, wieviel Wärme man für die Erwärmung verschiedener Körper aufwenden muß und wieviel Wärme bei der Verbrennung von Brennstoffen entsteht. Kurzum, sie konnten verschiedene Wärmemengen vergleichen und die Temperatur mit einem Thermometer messen, aber sie verstanden im Grunde nicht, was diese Begriffe eigentlich bedeuteten.

Mayer und Joule entdeckten den Zusammenhang zwischen Wärme und Energie, Carnot verstand, wie die Umwandlung von Wärme in Arbeit vor sich geht. Danach kam die Zeit zu verstehen, was Temperatur ist. Die Temperatur schien der Energie ähnlich zu sein: Führen wir Wärme zu, so nimmt auch die Körpertemperatur zu; verrichtet ein Körper eine Arbeit, nimmt seine Temperatur ab. Aber ein so einfacher Zusammenhang besteht nur dann, wenn es sich nur um einen Körper handelt.

Wenn wir dagegen das Wärmeverhalten zweier Körper vergleichen, stoßen wir auf eine Schwierigkeit. Es ist leicht festzustellen, welcher von zwei Körpern wärmer und welcher kälter ist, aber man kann nicht einfach von dem einen Körper ein Grad „wegnehmen" und den anderen Körper um diesen Grad erwärmen. Die Wärmekapazität verschiedener Körper – die Wärmemenge, die für die Erwärmung des Körpers um ein Grad notwendig ist – ist verschieden und auch temperaturabhängig. Es war klar, daß, wenn zwei Körper die gleiche Temperatur hatten, nicht daraus folgte, daß sie dieselbe Energie besaßen.

Temperatur wurde mit einem Thermometer gemessen – nach der Länge der Quecksilber- oder Spiritussäule oder nach dem Gasvolumen in einem geschlossenen Glasgefäß. Da diese Verfahren von der verwendeten Thermometersubstanz abhängen, sind sie nicht frei von Mängeln und Einschränkungen.

Die Quecksilber- und Spiritusthermometer eignen sich überhaupt nicht für exakte Temperaturmessungen: Sie beruhen auf der Annahme, daß die Quecksilber- und Spiritusausdehnung der Temperaturänderung proportional ist – eine Annahme, die offensichtlich nur näherungsweise richtig ist. Die Prüfung dieser Näherung erfordert jedoch, die Temperatur mit irgendeinem anderen Verfahren festzustellen.

Das gelang den Physikern. Die alternative Temperaturmessung mit einem Gasthermometer erweist sich nämlich als ein gutes Verfahren dank der glücklichen Eigenschaft der Gase, sich bei geringen Dichten beinahe gleich zu verhalten. Aus der Schulphysik wissen wir, daß solche idealen Gase mit ein- und derselben, also universellen Zustandsgleichung gut beschrieben werden können.

Das Geheimnis des Erfolgs beruht darauf, daß beinahe alle Gase, die in der Natur vorkommen, erst bei sehr tiefen Temperaturen in den flüssigen Zustand übergehen. (Übrigens dachte man zur Zeit von Carnot sogar, daß solche Gase wie Sauerstoff und Stickstoff immer gasförmig bleiben.) Aber weitab vom Verflüssigungspunkt verhalten sich die Gase gleich, wie ein ideales Gas.

Außerdem dient das Gasthermometer bis heute als ein Grundgerät für die exaktesten Temperaturmessungen. Unter realen Bedingungen sind solche Messungen eine hinreichend komplizierte Sache, aber das Grundprinzip ist einfach und gut verständlich.

Jedoch ist auch das Gasthermometer immer noch weit von dem Ideal eines universellen Thermometers entfernt. Es war gut für die Physiker des 19. Jahrhunderts, daß es in den Laboratorien weder sehr tiefe noch sehr hohe Temperaturen gab. Jetzt aber erreicht man in Tiefsttemperaturlabors Temperaturen tiefer als $-273\,^{\circ}\mathrm{C}$ und in thermonuklearen Anlagen mehrere zehn Millionen Grad.

Es war klar, daß die Temperatur als physikalische Größe, wenigstens theoretisch, ohne Bezug auf die Eigenschaften irgendwelcher konkreten Stoffe, und seien es selbst stark verdünnte, also ideale Gase, definiert werden mußte. Bevor wir zu den Ideen übergehen, die diese Aufgaben lösten, wollen wir kurz etwas zur Graddefinition sagen.

Diese ist, wie wir wissen, zufällig entstanden – man hat beim Siedepunkt des Wassers die Zahl 100 festgelegt. Das hatte eine wichtige Folge: Das brachte nämlich die Gaskonstante $R = 8{,}314510$ J/(mol·Grad) auf den Plan. Diese Zahl entstand nur deswegen, weil die Gradgröße längst eingeführt war und alle Temperaturänderungen eines Gases seit langem mit einer wie gesagt zufällig gewählten Temperaturskala gemessen wurden. Würde man von der bisher üblichen Definition des Grades zu einer Neudefinition gemäß der Ersetzung 1 Grad $\to$ 8,314510 Joule pro Mol übergehen (dem entspräche die Ersetzung $R \to 1$), lautete die thermische

Zustandsgleichung eines idealen Gases einfach

$$pV = T.$$

Darin wäre T die mit der beschriebenen energetischen Temperaturskala gemessene Temperatur und eine Gaskonstante gäbe es dabei gar nicht mehr. Aber das ist bis jetzt nicht üblich und Graddefinition und Gaskonstante R werden traditionell beibehalten. Diese Betrachtung zeigt jedoch, daß Joule (aus der Mechanik) und Grad (aus der Thermodynamik) letztlich nur verschiedene Einheiten sind, um Größen zu messen, die im Prinzip dieselbe physikalische Dimension haben.[1] Die Gaskonstante wie auch die Boltzmann-Konstante (= Gaskonstante pro Teilchen statt pro Mol) erinnern daran, daß Mechanik und Wärmelehre unabhängig voneinander entstanden.

19 Die von Lord Kelvin entdeckte thermodynamische Temperaturskala

Thomson (später Lord Kelvin) interessierte sich sehr für den Begriff der Temperatur. Er entdeckte im Jahre 1848, daß man aus dem Carnotschen Theorem einen einfachen, aber sehr wichtigen Schluß ziehen kann. Kelvin bemerkte nämlich, daß, weil die Arbeit des Carnot-Zyklus nur von den Temperaturen des Wärmespenders und des Kühlers abhängt, diese Tatsache es ermöglicht, eine neue Temperaturskala festzulegen, die von den Eigenschaften des Arbeitsstoffes unabhängig ist. Den Carnot-Zyklus kann man also als eine Anlage zur Messung des Temperaturverhältnisses T_1/T_2 betrachten. Dafür muß man die Gleichung

$$\frac{T_1}{T_2} = \frac{Q_1}{|Q_2|}$$

benutzen. Indem wir das Verhältnis der vom Wärmespender entnommenen und an den Kühler abgegebenen Wärmemengen messen (oder, was dasselbe ist, das Verhältnis der Arbeiten in den beiden isothermen Etappen des Carnot-Zyklus), erhalten wir das Verhältnis der Wärmespender- und Kühlertemperaturen.

Auf diese Weise, falls man einen Carnot-Zyklus zwischen zwei verschieden warmen Körpern (der eine wird als Wärmespender und der andere als Kühler benötigt) durchführt, läßt sich das Verhältnis der Temperaturen dieser zwei Körper bestimmen. Die so definierte Temperaturskala wird die thermodynamische Temperaturskala genannt. Damit die thermodynamische Temperatur selbst (und nicht nur das Temperaturverhältnis) einen bestimmten Wert hat, muß man für irgendeinen Punkt der neuen thermodynamischen Skala irgendeinen Zahlenwert willkürlich

[1] Wiederholt erlaubt der physikalische Erkenntnisprozeß Vereinfachungen im System der physikalischen Größen und ihrer Beziehungen. Dazu gehören auch die Fälle, in denen sich zunächst verschieden definierte Größen als äquivalent erweisen. So vereinfachen sich z. B. $E = mc^2$, $\varepsilon = \hbar\omega$, $\vec{p} = \hbar\vec{k}$ in einem Maßsystem, dem die Ersetzungen $c \to 1$ und $\hbar \to 1$ entsprechen, siehe Abschnitt 64 und Schlußbemerkungen.

festlegen. Alle anderen Punkte werden danach im Prinzip mit Hilfe von Carnot-Zyklen definiert.

20 Von zwei Fixpunkten zu nur einem Fixpunkt

Nach Kelvin gab es vom theoretischen Standpunkt aus eine völlig klare Antwort auf die Frage „Was ist Temperatur?". So schön diese theoretische Definition der Kelvin-Skala auch sein mag, der Carnot-Zyklus läßt sich aber praktisch leider nur sehr schwer realisieren. Es ist schwierig (eigentlich unmöglich), einen reversiblen Zyklus zu realisieren: Jeder reale, d. h. in einer endlichen Zeit (statt unendlich langsam) ablaufende Zyklus ist mit Reibungsverlusten verbunden und daher irreversibel. So bleibt zunächst offen: Auf welchen konkreten Vorschriften könnte die Skala eines Eichthermometers beruhen, das einerseits die thermodynamische Temperaturskala möglichst gut darstellt, sich andererseits für reale Messungen auch tatsächlich eignen würde?

Während vieler Jahre wurden für die Temperaturskala zwei Punkte – nämlich der Schmelzpunkt des Eises und der Siedepunkt des Wassers – gewählt, und der Abstand zwischen ihnen wurde in 100 Teile geteilt, jeder von ihnen entsprach einem Grad. Eine solche Skala mit zwei Fixpunkten wurde in der ganzen Welt akzeptiert und benutzt.

Diese Skala hat aber einen großen Nachteil, nämlich was die Präzision ihrer Eichung betrifft. Man mußte für sie sowohl die Bedingungen für das Schmelzen des Eises als auch die Bedingungen für das Sieden des Wassers genau reproduzieren.

Stattdessen ist es einfacher, mit nur einem Fixpunkt, z. B. mit dem Schmelzpunkt des Eises, auszukommen und irgendeine Temperatur aus dem Verhältnis der entsprechenden Drücke zu bestimmen, aus dem sich das zugehörige Temperaturverhältnis über eine Zustandsgleichung ergibt oder – was schwieriger ist – aus dem Verhältnis von Wärmemengen eines Carnot-Zyklus, aus dem sich das zugehörige Temperaturverhältnis über den Zweiten Hauptsatz ergibt.

Der Schmelzpunkt des Eises ist aber nicht sehr praktisch für die Eichung eines Thermometers. Er hängt nämlich vom Druck ab und läßt sich überhaupt nicht gut reproduzieren. Deswegen wählt man jetzt als einzigen Eichpunkt den sogenannten Tripelpunkt des Wassers, wo die drei Phasen Dampf, Wasser und Eis im Gleichgewicht miteinander koexistieren. Bei jeder Temperatur gibt es über dem Eis einen bestimmten Druck des Wasserdampfes. Wenn man die Temperatur ganz allmählich erhöht und das Eis zu schmelzen anfängt, erhält man in diesem Moment einen Zustand, in dem alle drei Phasen im Gleichgewicht sind. Dieser Tripelpunkt des Wassers ist durch eine ganz bestimmte Temperatur (nämlich $0{,}01\,^\circ$C) charakterisiert (oder äquivalent durch einen ganz bestimmten Druck). Dieser Punkt ist im Labor relativ leicht reproduzierbar, man nimmt ihn als den Eichpunkt der thermodynamischen Temperaturskala. Seine Temperatur in Kelvin legt man exakt auf $273{,}16$ K fest. Dem gewöhnlichen Nullpunkt der Celsius-Skala (deren absoluter Nullpunkt sich aus der Zustandsgleichung des idealen Gases zu -273,15 °C ergibt) entspricht demnach nunmehr exakt 273, 15 K.

Die Zahl 273,16 (für die Temperatur des Wasser-Tripelpunkts) wird ausschließlich zu dem Zweck ausgewählt, damit sich die Temperatur nach der neuen Skala (mit nur einem Fixpunkt) von der der alten Celsius-Skala (mit zwei Fixpunkten) praktisch nicht unterscheidet.

Der Übergang zur neuen Skala mit dem Tripelpunkt des Wassers als einzigem Fixpunkt geschah beinahe unbemerkt. Diese Übereinkunft wurde im Jahre 1954 getroffen, und jetzt muß man auf die Frage, bei welcher Temperatur unter Normaldruck das Eis taut, antworten: „ungefähr bei 273, 15 K" oder „ungefähr bei 0 °C". Auf die Frage, wo sich der Tripelpunkt des Wassers befindet, muß man antworten: „exakt bei 273, 16 K" oder „exakt bei 0, 0 1 °C".

21 Die Internationale Temperaturskala

Schließlich wurde in einem internationalen Abkommen im Jahre 1990 festgelegt, daß Celsius-Grad (Symbol °C) und Kelvin (Symbol K) exakt übereinstimmen und daß Celsius-Temperatur t und thermodynamische Temperatur T gemäß $t/°\mathrm{C} = T/\mathrm{K} - 273,15$ zusammenhängen. Der Vorläufer dieser ITS-90 (= International Temperature Scale 1990) war die IPTS68 (International Practical Temperature Scale, angenommen 1968), darin stimmten durch andere Festlegungen 1 °C und 1 K nur genähert überein und auch die genannte Beziehung zwischen T und t galt nur genähert. Wie gesagt ist die thermodynamische Temperaturskala durch den Zweiten Hauptsatz und die (im Prinzip willkürliche) Temperaturangabe für einen (besonders leicht reproduzierbaren) Fixpunkt eindeutig festgelegt. Leider erweisen sich aber diese vom theoretischen Standpunkt aus strengen Überlegungen für die alltägliche Benutzung in den gewöhnlichen, d. h. nichtmetrologischen Laboratorien als unpraktisch. Die thermodynamische Skala kann nur in speziellen, sehr gut ausgerüsteten Laboratorien wirklich dargestellt werden (wobei jede meßtechnische Darstellung ihre Ungenauigkeiten hat).

In gewöhnlichen Laboratorien und zum Vergleich der Skalen zwischen den metrologischen Laboratorien benutzt man stattdessen heute die Temperaturskala ITS-90, die außer den exakt bei 273,16 K festgelegten Tripelpunkt des Wassers auch noch andere Fixpunkte benutzt, denen auch bestimmte Temperaturwerte zugeschrieben werden. Wir wollen im folgenden einige Fixpunkttemperaturen in Kelvin angeben. Die Angaben in Klammern beziehen sich auf die letzte Stelle bzw. die letzten beiden Stellen, sie geben die Unschärfe an, mit der die thermodynamische Temperaturskala heutzutage dargestellt werden kann, bei den Tripelpunkten (Gleichgewicht zwischen der festen, flüssigen und gasförmigen Phase) von Wasserstoff und Neon beträgt sie z. B. $\pm 0,5$ mK. Mit den Substanzen ist deren natürliche Isotopenzusammensetzung gemeint. Mit Wasserstoff ist die Gleichgewichtskonzentration von Ortho- und Parawasserstoff (mit parallelen bzw. antiparallelen Kernspins im H_2-Molekül gemeint).

Tripelpunkte (in K)		Schmelz-, Erstarrungspunkte (in K)	
Wasserstoff	13,8033(5)	Gallium	302,9146(10)
Neon	24,5561(5)	Indium	429,7485(30)
Sauerstoff	54,3584(10)	Zinn	505,078(5)
Argon	83,8058(15)	Zink	692,677(15)
Quecksilber	234,3156(15)	Silber	1234,93(4)
Wasser	273,16*)	Gold	1337,33(5)
		Kupfer	1357,77(6)

*) Diese Zahl ist per Konvention exakt.

Der Schmelzpunkt von Gallium und die Erstarrungspunkte der anderen Metalle werden bei einem Standard- oder Normdruck von 101325 Pa realisiert; dabei ist 1 Pa (Pascal) = 1 N/m^2 die Druckeinheit des SI. Rein theoretisch sind Schmelz- und Erstarrungspunkt als Gleichgewicht zwischen der festen und der flüssigen Phase zwar identisch, aber meßtechnisch sorgen Verunreinigungen für Unterschiede. So werden Erstarrungspunkte für In, Sn, Zn, Ag, Au, Cu bevorzugt, da sie nicht von den Verunreinigungen dieser Metalle abhängen. Das Halbmetall Ga ist dagegen hochrein verfügbar; um eine Unterkühlung auszuschließen, wird hier der Schmelzpunkt realisiert.

Zwischen 0,65 und 5 K wird die ITS-90 durch den Dampfdruck von ^{3}He und ^{4} He definiert, zwischen 3 K und dem Tripelpunkt von Neon durch ein He-Gasthermometer, geeicht am He-Dampfdruckthermometer und an den Tripelpunkten von Wasserstoff und Neon. Zwischen dem Tripelpunkt von Wasserstoff und dem Erstarrungspunkt von Silber wird die Temperatur dargestellt durch ein Platinwiderstandsthermometer geeicht an einer Reihe von Fixpunkten. Darüber dient die Plancksche Strahlungsformel (Abschnitt 58) zur Temperaturdefinition.

Eine solche Temperaturskala kann aber natürlich nicht exakt mit der thermodynamischen übereinstimmen, weil die Temperaturen dieser zusätzlichen Fixpunkte in Wirklichkeit nicht absolut exakt sind. So beträgt die Unsicherheit der ITS-90-Temperatur gegenüber der thermodynamischen Temperatur $\pm$ 3 mK in der Nähe des Wasser-Siedepunktes, d. i. ein relativer Fehler von 0,0008 %. Dieselbe Präzision hat der heute bekannte Wert der universellen Gaskonstanten: $R = (8{,}314510 \pm 0{,}000070)\,\mathrm{J/(mol \cdot K)}$. Mit der ITS-90 wurde auch eine Reproduzierbarkeit der Temperaturdarstellung zwischen 14 K und 693 K innerhalb eines Intervalls von $\pm 0{,}5$ mK festgelegt, wobei die Toleranz in der Nähe der Zimmertemperatur und bei sehr tiefen Temperaturen noch wesentlicher geringer ist. Die Temperatur mit hoher Präzision zu bestimmen, ist offensichtlich schwierig. Die ITS-90 gilt von 0,65 K bis zu den höchsten Temperaturen, die mit Hilfe der Planckschen Strahlungsformel (siehe Abschnitt 58) bestimmt werden können. Es wird daran gearbeitet, unter die genannte Grenze von 650 mK bis hin zu 2 mK zu kommen sowie natürlich auch die Temperaturen der zusätzlichen Fixpunkte genauer zu bestimmen.

Nun wollen wir von der phänomenologischen Beschreibung der Wärmeerscheinungen zu deren statistischer Deutung übergehen und uns dabei einen neuen Zugang zu dem Begriff Temperatur einschließlich neuer Meßmöglichkeiten verschaffen. Wie stellen sich Temperatur und Wärme im Lichte der Atomtheorie dar?

II Die statistische Deutung von Temperatur und Wärme

22 Die kinetische Gastheorie

Die Bewegung jedes Atoms im einzelnen zu beschreiben, ist hoffnungslos und auch unnötig: Kein Gerät kann alle Atome in ihren Bewegungen verfolgen. Schon in der Mitte des 19. Jahrhunderts hatte man verstanden, daß Systeme, die aus einer sehr großen Zahl von Teilchen bestehen, mit der Theorie der Wahrscheinlichkeiten behandelt werden müssen, indem man nicht die Eigenschaften einzelner Atome (insbesondere deren Bewegung) betrachtet, sondern diese Eigenschaften über ihre Gesamtheit mittelt.

In der zweiten Hälfte des 19. Jahrhunderts entstand eine neue Wissenschaft – die Statistische Physik, die in den Arbeiten von Boltzmann und Gibbs ihrer Blütezeit erreichte.

Aber die ersten Ideen dazu entstanden früher. Man muß in diesem Zusammenhang von der bemerkenswerten Geschichte des Engländers Waterston berichten.

Im Jahre 1845 wurde der Londoner Königlichen Gesellschaft eine Arbeit von Waterston vorgelegt. Darin wurde gezeigt, daß man den Gasdruck auf die Gefäßwände durch Atomstöße erklären kann.

Obwohl die Idee selbst, daß ein Gas aus Atomen besteht, nicht neu war, nahmen nur wenige die Behauptungen ernst, daß sich die Atome im Gefäß von Wand zu Wand frei bewegen können und sich die Gaselastizität aus der klassischen Atommechanik einfach ableiten läßt. Die Arbeit von Waterston gefiel den Mitgliedern der wissenschaftlichen Gesellschaft nicht und wurde von ihnen abgelehnt. Erst viele Jahre später entdeckte J. W. S. Rayleigh (1842 -1919)[1] diese Arbeit im Archiv und veröffentlichte sie im Jahre 1892 in der Zeitschrift der Königlichen Gesellschaft, die auch noch in unseren Tagen erscheint.

Rayleigh wieß übrigens darauf hin, daß Waterston einen Fehler machte, indem er am Anfang des Artikels nicht seinen Vorgänger erwähnte. Denn schon im Jahre 1727 gab D. Bernoulli (1700-1782) den Zusammenhang zwischen dem Gasdruck und dem Quadrat der Bewegungsgeschwindigkeit der Gasteilchen an. Hätte Waterston seinen großen Vorgänger erwähnt, würde – so Rayleigh – dem Rezensenten der Königlichen Gesellschaft die Kühnheit gefehlt haben, zu erklären, daß „der ganze Artikel reiner Unsinn ist, selbst dazu ungeeignet, der Königlichen Gesellschaft auch nur vorgelesen zu werden."

Das war eine traurige Episode. Das, was ein Mensch erkannt hatte, aber unbemerkt blieb, wurde später nur infolge der Aktivität mehrerer anderer wieder entdeckt. Die Formel wurde aber erst im Jahre 1859 von Maxwell definitiv angegeben.

Diese Geschichte ist recht lehrreich. Wieviel Mühe war nötig, um die für uns heute einfache Formel

$$p = \frac{1}{3} nm < v^2 >$$

---

[1] Lord Rayleigh – ein englischer Physiker, einer der Begründer der Schwingungstheorie und insbesondere der Schalltheorie.

zu erhalten! Hierbei ist p der Gasdruck, n ist Zahl der Moleküle pro Volumeneinheit (Teilchendichte), m ist die Masse eines Moleküls und $< v^2 >$ ist der arithmetische Mittelwert des Quadrates der Geschwindigkeit eines Moleküls.

23 Molekülstöße und thermisches Gleichgewicht

Die zuletzt genannte Formel zeigt, daß der Gasdruck zur Molekülzahl pro Volumeneinheit direkt proportional, d. h. zum Gasvolumen umgekehrt proportional ist: $p \sim 1/V$. Das ist das Boyle-Mariottesche Gesetz. Aber dieses beschreibt ja nur das Verhalten idealer Gase. Die angegebene Formel gilt daher nur für stark verdünnte Gase.

Bei starker Verdünnung sind die mittleren Abstände zwischen den Gasteilchen so groß, daß man doch eigentlich deren Ausdehnung und Wechselwirkung vernachlässigen können sollte. Ein solches (ideales) Gas bestünde dann einfach aus Massenpunkten, die keine Ausdehnung haben und nicht miteinander wechselwirken. Dann würden sie aber auch im Inneren des Gefäßes immer nur geradeaus fliegen und aus irgendeiner Anfangsverteilung der Geschwindigkeiten könnte sich niemals ein thermisches Gleichgewicht entwickeln. Betrachten wir etwa ein würfelförmiges Gefäß mit ideal reflektierenden Wänden und nehmen wir an, daß es mit Gas gefüllt wird, indem ein Molekülstrahl hineingeschossen wird. Dann würden diese Moleküle zwischen den spiegelnden Wänden ewig hin und her fliegen, ohne sich je untereinander zu beeinflussen.

Es ist klar, daß in Wirklichkeit auch bei starker Verdünnung etwas ganz anderes geschieht. Die Zahl der Moleküle im Gefäß ist sehr groß, sie stoßen oft miteinander zusammen und ändern dabei jedesmal ihre Geschwindigkeit. Deswegen werden verschiedene Moleküle, die anfangs die gleiche Geschwindigkeit hatten (Molekülstrahl) sehr schnell (und zwar um so schneller, je größer die Zahl der Moleküle ist) verschieden schnell fliegen, ihre Geschwindigkeit wird der Richtung nach beliebig und ihrem Betrag nach um einen bestimmten Mittelwert schwanken: Es stellt sich thermisches Gleichgewicht ein, der Druck nimmt an allen Stellen innerhalb des Gefäßes den gleichen Wert an, dasselbe gilt für die Temperatur, alle Gefäßteile haben dieselbe „Geschwindigkeitsverteilung“.[1]

Für die durch Erfahrung und detaillierte Beobachtungen abgesicherte Einstellung des Gleichgewichts können also auch bei großer Verdünnung die Ausdehnung der Moleküle und deren Wechselwirkung keinesfalls vernachlässigt werden. Dabei sind Einstellung und Zustand des Gleichgewichts keineswegs davon abhängig ist, wie oft die Moleküle zusammenstoßen. Stoßen sie selten zusammen, stellt sich das Gleichgewicht langsam ein, sind die Zusammenstöße häufig, stellt sich das Gleichgewicht schnell ein. Ein Gas kommt häufig so schnell zum Gleichgewichtszustand, daß wir uns dann gar nicht mehr dafür zu interessieren brauchen, wie er erreicht

[1] Wir nehmen vereinfachend an, daß das Gefäß klein genug ist, um die Höhenabhängigkeit der Gravitationskraft nicht berücksichtigen zu müssen.

wurde. Für die Gleichgewichtseinstellung ist es also entscheidend, daß Zusammenstöße stattfinden, von welcher Art diese sind, hat dabei keine Bedeutung.

Nachdem sich das thermische Gleichgewicht einmal eingestellt hat, verändern die Zusammenstöße daran nichts mehr: Ob sie stattfinden oder nicht, das übt dann bei starker Verdünnung auf Gasdruck und Gastemperatur keinen merklichen Einfluß mehr aus. Deswegen ist es möglich und sinnvoll, für stark verdünnte Gase im Gleichgewicht das Denkmodell nicht wechselwirkender Massenpunkte zu verwenden. Die Gleichgewichtseigenschaften realer (also nichtverdünnter) Gase wie thermische und kalorische Zustandsgleichung, Wärmekapazitäten, Adiabatenexponent usw. hängen natürlich von der Wechselwirkung zwischen den Molekülen ab.

Natürlich spielt bei diesen Betrachtungen auch der Energieaustausch mit den Gefäßwänden eine Rolle. Diese haben ja auch eine Temperatur und vollständiges Gleichgewicht herrscht erst, wenn Wand- und Gastemperatur übereinstimmen. So gesehen, finden bei der Gleichgewichtseinstellung zweierlei Ausgleichsprozesse statt, nämlich im Gas sowie zwischen dem Gas und den Gefäßwänden, und zur Unabhängigkeit des Ergebnisses Gleichgewicht von der Art der Wechselwirkung zwischen den Molekülen kommt die Unabhängigkeit von der Art der Molekül-Wand-Wechselwirkung. Auch die Form der Wand spielt keine Rolle.

24 Wie die Molekülgeschwindigkeiten den Gasdruck bestimmen

Wie gesagt haben zu einem Zeitpunkt verschiedene Moleküle verschiedene Geschwindigkeiten. Um nun den Gasdruck zu berechnen, muß man sich eine Vorstellung darüber machen, wie die Moleküle auf die verschiedenen Geschwindigkeiten verteilt sind, d. h. wieviel Moleküle eine gegebene Geschwindigkeit haben.

A. K. Krönig (1822-1879) glaubte 1856, daß sich alle Moleküle mit einer – dem Betrage nach gleichen – Geschwindigkeit bewegen und daß sich jedes Molekül in einer von drei möglichen Richtungen parallel zu den Koordinatenachsen bewegt. Vor Krönig (doch nach Waterston) hat sich auch Joule 1851 mit dieser Aufgabe beschäftigt. Er verstand den Zusammenhang zwischen den Molekülstößen gegen die Wände und dem Gasdruck im Prinzip richtig, konnte aber dennoch die richtige Formel nicht angeben. Im Jahre 1857 entwickelte schließlich Clausius eine neue Formel, ohne allerdings die Annahme gleicher Geschwindigkeiten zu eliminieren. Erst zwei Jahre später (1859) kam Maxwell zum richtigen Ergebnis.

Wenn ein Molekül auf eine Wand stößt und von ihr reflektiert wird, erhält die Wand einen gewissen Impuls. Nehmen wir zunächst an, daß das Molekül von der Wand elastisch reflektiert wird. Wir wollen die z-Achse senkrecht zur Wand orientieren und die x-Achse und die y-Achse parallel zur Wand legen. Die Geschwindigkeit des Moleküls zerlegen wir in die Komponenten entlang der drei Achsen (Abb. 24.1). Beim elastischen Stoß ist der Einfallswinkel gleich dem Reflexionswinkel, deshalb bleiben die Komponenten der Geschwindigkeit v_x und v_y unverändert und die Komponente v_z ändert beim elastischen Stoß nur ihr Vorzei-

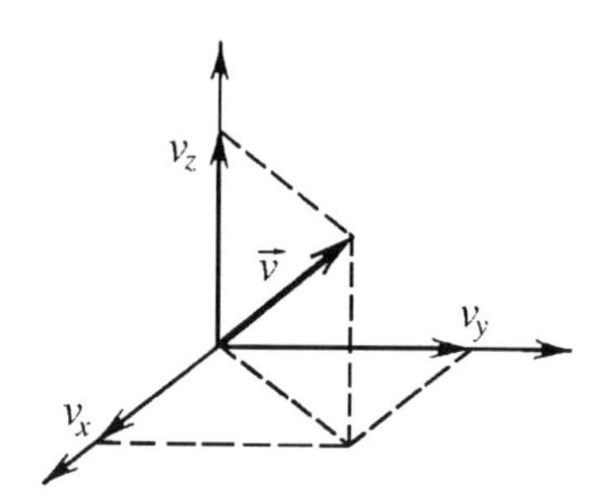

Abb. 24.1: Die drei Geschwindigkeitskomponenten

chen. Man kann also leicht verstehen, daß das Molekül seinen Impuls um $2mv_z$ ändert. Jetzt muß man nur noch überlegen, wie viele Moleküle gegen die Wand stoßen. Ist der Abstand zwischen den Wänden, die die z-Achse schneiden, gleich l, dann wird ein Teilchen nach einem Stoß gegen die Wand nach einer Flugzeit von $2l/v_z$ zu ihr zurückkehren. Diese Zeit ist unabhängig von den Größen der anderen Geschwindigkeitskomponenten. Jedes Molekül stößt also $v_z/2l$ mal pro Zeiteinheit gegen die Wand.

Da ein Teilchen mit jedem Stoß einen Impuls $2mv_z$ auf die Wand überträgt, wird pro Zeiteinheit der Impuls mv_z^2/l übertragen.

Um den Druck zu erhalten, muß man diesen Ausdruck über alle Teilchen (jedes Teilchen hat seine eigene Geschwindigkeit v_z) aufsummieren und durch die Wandfläche (d. h. durch l^2)[1] dividieren:

$$p = \frac{1}{l^3}\sum mv_z^2 = \frac{Nm}{l^3} < v_z^2 > .$$

In dieser Formel benutzen wir die Definition des arithmetischen Mittelwertes

$$\sum v_z^2 = N < v_z^2 >,$$

wobei N die gesamte Teilchenzahl ist.

Der letzte Schritt besteht darin, daß wir $< v_z^2 >$ durch $< v^2 > /3$ ersetzen. Da nämlich $< v^2 > = < v_x^2 > + < v_y^2 > + < v_z^2 >$ und die Summanden auf der rechten Seite alle gleich sind (von Anfang an nahmen wir an, daß die Bewegung ungeordnet ist und keine Richtung im Gefäß gegenüber einer anderen ausgezeichnet ist), gilt dann

$$< v^2 > = 3 < v_z^2 > .$$

Das Verhältnis N/l^3 ist die Teilchendichte, bezeichnen wir sie mit n, so erhalten wir exakt die Waterstonsche Druckformel.

[1] Wir nehmen der Einfachheit halber an, daß das Gefäß würfelförmig ist, also das Volumen l^3 hat. Aus Überlegungen, die später behandelt werden, folgt, daß der Druck nicht von der Gefäßform abhängen kann, bei der Einstellung des thermischen Gleichgewichts behält das Gas die Form des Gefäßes nicht im „Gedächtnis".

Man sieht also, daß die Aufgabe eigentlich nicht kompliziert war und Waterston sie richtig gelöst hat. Krönig hatte noch fälschlicherweise angenommen, daß bei einem Stoß ein Molekül der Wand nur seinen Impuls (und nicht das Doppelte desselben) überträgt, und hat so ein zweimal kleineres Resultat erhalten.[2]

Man kann nun aber einwenden, daß in der Herleitung der Formel zwei Vereinfachungen gemacht wurden: Der Stoß sollte ja an einer glatten Wand stattfinden und er sollte elastisch sein. In Wirklichkeit sind jedoch diese Annahmen, wie seltsam dies auch sein mag, nicht wesentlich. Ein Molekül kann auf beliebige Weise reflektiert werden – das Resultat wird dadurch nicht verändert. Die gemachten Annahmen ändern nicht das Ergebnis, sondern vereinfachen nur die Herleitung der Formel sehr stark.

Man kann diese wichtige Eigenschaft – Unabhängigkeit des Ergebnisses von der Art der Reflexion – an einem Beispiel illustrieren. Nehmen wir an, daß sich in einem mit einem Gas gefüllten Gefäß eine leicht bewegliche Scheidewand befindet, die das Gas in zwei Teile separiert, und zwar so, daß die Dichten und die Temperaturen des Gases in beiden Gefäßteilen gleich sind. Vereinfachend nehmen wir an, daß die Scheidewand elastisch reflektiert. Nehmen wir nun weiter an, daß eine Seite der Scheidewand poliert und die andere rauh ist, so daß die Art der Reflexion der Moleküle an beiden Seiten der Scheidewand *a priori* verschieden ist. Wären deswegen auch die Drücke auf die Scheidewand von beiden Seiten verschieden, so würde sie weggeschoben werden, um die Druckdifferenz auszugleichen. Somit würde es sich erweisen, daß im Gleichgewicht die Gasdichten in den beiden Gefäßteilen unterschiedlich sind, obwohl die Drücke und die Temperaturen in beiden Gefäßteilen gleich sind. Aber dieser Schluß steht im Widerspruch zur thermischen Zustandsgleichung: Druck und Temperatur bestimmen eindeutig die Gasdichte. Der Druck kann also nicht von der Art der Reflexion der Gasmoleküle an den Wänden abhängen.

Solch allgemeine Schlüsse beruhen auf der ausnahmslosen Erfahrung, daß sich in einem abgeschlossenen thermodynamischen System nach Ablauf irreversibler Ausgleichsprozesse ein thermisches Gleichgewicht einstellt.

25 Wie die Molekülenergien die Temperatur bestimmen

Es bleibt uns jetzt noch die Aufgabe, die Stöße der Moleküle mit der Temperatur in Verbindung zu bringen. Wir werden anfangs zwei Annahmen formulieren, die es ermöglichen werden, die Waterstonsche Formel zu erhalten. Wie er nehmen wir an, daß, wenn sich ein Gas im thermischen Gleichgewicht befindet, 1) die Gasmoleküle nur mit der Wand und nicht miteinander zusammenstoßen und 2) die Moleküle an der Wand elastisch reflektiert werden. Die erste Annahme bedeutet, daß wir es mit einem idealen Gas zu tun haben, die zweite ändert wie gesagt nicht das Ergebnis, vereinfacht aber die Formelherleitung.

---

[2]Das wäre richtig, wenn das Molekül an der Wand kleben bleiben würde, statt wieder von ihr abzuspringen.

Wir schreiben nämlich die Druckformel als $p = nm < v^2 > /3$ und benutzen dann die thermische Zustandsgleichung $p = RT/V$, daraus erhält man

$$N_A \frac{2}{3} \frac{m}{2} < v^2 >= RT.$$

Wir haben das Produkt nV durch die Avogadro-Zahl $N_A = 6.0221367 \cdot 10^{23}$ Teilchen pro mol ersetzt, weil in der Zustandsgleichung V das Volumen pro mol bedeutet und n die Teilchenzahl pro Volumeneinheit.

Bezeichnet man R/N_A mit k, erhält man

$$\frac{m}{2} < v^2 >= \frac{3}{2} kT.$$

$k = R/N_A$ ist die Boltzmann-Konstante (sie wurde von Planck im Jahre 1899 eingeführt). Einfachheitshalber wird der Index der heute korrekten Bezeichnung k_B hier und im folgenden weggelassen.

Die letzte Formel zeigt, daß die Temperatur ein Maß für die kinetische Energie der Moleküle ist. Die Energie eines einatomigen Gases setzt sich aus den Energien reiner Translationsbewegungen zusammen (zwischen zwei Stößen fliegt jedes Molekül gleichförmig geradeaus). Besteht das Gas dagegen aus zwei- oder mehratomigen Molekülen, so werden die Formeln durch die Rotationen des Moleküls und durch die Schwingungen der Atome im Molekül etwas komplizierter.

Für eine der Komponenten der Geschwindigkeit (z. B. v_x) können wir schreiben:

$$\frac{m}{2} < v_x^2 >= \frac{1}{2} kT.$$

Analoges gilt auch für die anderen beiden Geschwindigkeitskomponenten. Man sagt, daß Atom hat drei Freiheitsgrade, darunter versteht man, daß seine (Translations-)Bewegung durch die drei Komponenten der Geschwindigkeit beschrieben wird.

Die Formeln sehen so aus, als ob jeder der drei möglichen Bewegungsrichtungen (im Mittel) einer Energie $\frac{1}{2}kT$ pro Molekül entspräche. Diese Aussage ist ein Sonderfall des allgemeineren Gleichverteilungssatzes, der im 19. Jahrhundert viele Diskussionen hervorgerufen hat.

Es ist erstaunlich, was Waterston im Jahre 1851 der Britischen Assoziation berichtet hat: „Ein Gleichgewicht zwischen zwei Gasen bezüglich ihrer Drücke und Temperaturen existiert, wenn die Atomzahlen pro Volumeneinheiten der beiden Gase gleich sind und wenn die lebendige Kraft jedes Atoms dieselbe ist". Wenn man beachtet, daß mit „lebendiger Kraft" die kinetische Energie gemeint ist (im Gegensatz zur „toten" Kraft – der Kraft in der eigentlichen modernen Bedeutung dieses Wortes),[1] dann erkennen wir in dieser Aussage eine Folge des Gleichverteilungssatzes. Aber niemand hat damals den Waterstonschen Bericht auch nur in Betracht gezogen.

---

[1] Wie wir bereits bemerkt hatten, verstand man im 18. Jahrhundert den Unterschied zwischen Kraft und Energie nicht völlig. „Die Kraft", die eine fliegende Kugel besitzt, wurde mit der Kraft einer zusammengedrückten Feder verwechselt. Leibniz hat den Namen „lebendige Kraft" für die

Die Waterstonsche Formel verband zwei Größen, deren Natur seinen ehrenwerten Opponenten unvereinbar schien. Die Formel verband die Teilchenenergie mit der Temperatur und gab letzten Endes dem Begriff der Temperatur ihren physikalischen Sinn, wenigstens der Temperatur des einatomigen idealen Gases. Und obwohl der Autor selbst den ganzen Reichtum seiner Formel nicht zu erkennen vermochte, wurde sie doch die erste Formel der kinetischen Gastheorie.

26 Die mittlere Energie pro Freiheitsgrad – der Gleichverteilungssatz

Wir wissen, daß in einem einatomigen Gas im Mittel die Energie $\frac{1}{2}kT$ auf jeden Freiheitsgrad (der Translation) entfällt, pro Atom also $\frac{3}{2}kT$. Dieser Ausdruck würde sich zu $\frac{3}{2}T$ vereinfachen, würde man von der bisher üblichen Definition des Kelvin zu einer Neudefinition gemäß der Ersetzung 1 Kelvin $\rightarrow$ $1{,}38 \cdot 10^{-23}$ J übergehen. Dem entspräche die Ersetzung $k \rightarrow 1$. Auf der neuen Joule-Skala würde der Abstand zwischen zwei Strichen $7{,}25 \cdot 10^{22}$ Abständen auf der alten Kelvin-Skala entsprechen. Das ist natürlich für praktische Zwecke viel zu unhandlich. In Abschnitt 18 haben wir durch Neudefinition des Grad (entsprechend der Ersetzung $R \rightarrow 1$) auch schon einmal eine energetische Temperaturskala diskutiert, bei der der Abstand zwischen zwei Strichen auf der neuen J/mol-Skala aber nur 0,12 Abständen der alten Grad-Skala entsprechen würde (umgekehrt würde ein Strichabstand auf der alten Skala 8,31 Abständen auf der neuen Skala entsprechen). Ein einatomiges ideales Gas hätte dabei pro Mol die Energie $\frac{3}{2}T$. Beide Skalen sind nicht üblich, nach wie vor werden in der Physik gewöhnliche Kelvin-Grade (oder Celsius-Grade) benutzt. Wir werden später erfahren, daß die energetische Temperaturskala (mit eV statt J) für die Kernphysik und besonders für die Astrophysik bequem ist.

Ist das Gas nicht einatomig, so wird ein Teil der Energie von Atomschwingungen innerhalb der Moleküle und von Rotationen der Moleküle aufgenommen. Betrachten wir z. B. das zweiatomige Molekül O_2. Zwei Sauerstoffatome, die nicht in einem Molekül vereinigt sind, besitzen sechs Freiheitsgrade der Translation. Die Zahl der Freiheitsgrade ändert sich nicht, wenn sich die Atome in einem Molekül O_2 vereinigen. Ein solches Molekül hat drei Freiheitsgrade der Translation und zwei der Rotation – das Molekül läßt sich um zwei Achsen drehen (Abb. 26.1, dabei sind Ω_y und Ω_z die Winkelgeschwindigkeiten um die y- bzw. z-Achse).

kinetische Energie (in Wirklichkeit für die doppelte Größe, also mv^2) und „tote Kraft", z. B. für die Druckkraft eines Gewichtes auf die Unterlage, eingeführt. Diese Verwechslungen haben sich in dem Begriff „Pferdekraft" (Pferdestärke), einer bis vor kurzem benutzten Leistungseinheit, erhalten. Heute benutzen wir die klar definierten Begriffe Kraft, potentielle Energie (aus Kraft·Weg), Impuls p (= Masse m·Geschwindigkeit v), kinetische Energie (= $p^2/(2m) = mv^2/2$). Weiter gilt Druck = Kraft/Fläche sowie Impulsänderung pro Zeiteinheit = Kraft und auch Änderung der kinetischen Energie pro Längeneinheit = Kraft, beides nach der Newtonschen Bewegungsgleichung Masse·(bewirkte) Beschleunigung = (verursachende) Kraft.

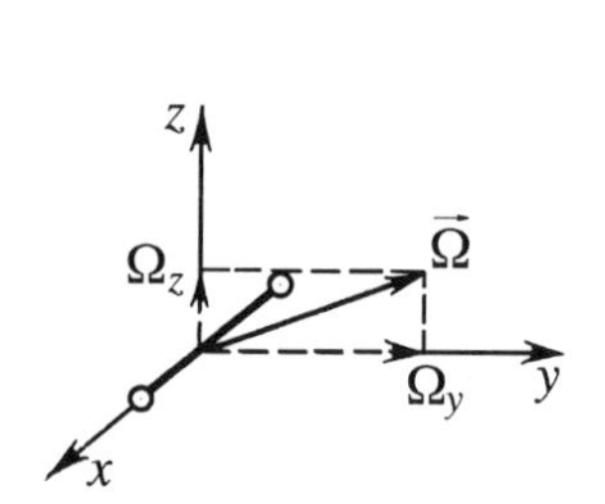

Abb. 26.1: Rotation eines zweiatomigen Moleküls

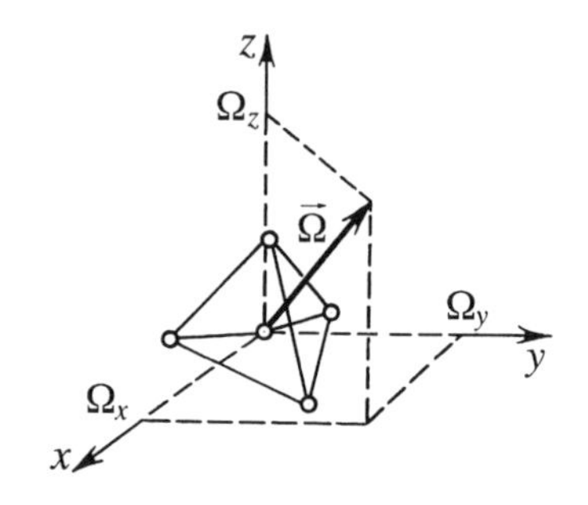

Abb. 26.2: Rotation eines mehratomigen Moleküls

Aus einem in der klassischen Physik nicht recht verständlichen Grund dreht sich das Molekül nicht um seine Symmetrie-Achse; um exakter zu sein, es ist keine Energie mit diesem Freiheitsgrad verbunden. Dies läßt sich dadurch erklären, daß die Atome punktförmig sind und sich nicht abrollen lassen. Das voll zu verstehen, bedarf der Quantentheorie. Besteht ein Molekül aus drei oder mehr Atomen, die nicht auf einer geraden Linie liegen, dann kann die Rotation um beliebige Richtungen stattfinden. In diesem Fall besitzt das Molekül drei Rotationsfreiheitsgrade (Abb. 26.2, Ω_x, Ω_y, Ω_z sind die Winkelgeschwindigkeiten um die betr. Achsen).

Es bleibt – beim O_2 – noch der sechste Freiheitsgrad – die Schwingungen der Atome relativ zueinander. Diese Schwingungen sollen uns im folgenden interessieren.

Während die Translation und (wie sich beweisen läßt) auch die Rotation pro Freiheitsgrad je $\frac{1}{2}kT$ an Energie aufweisen, haben Schwingungen kT pro Freiheitsgrad. Dies läßt sich verstehen, indem wir bedenken, daß ein Molekül, wie eine kleine zusammengedrückbare Spiralfeder außer der kinetischen noch potentielle Energie besitzt und daß im Mittel beide Beiträge gleich sind: $\frac{1}{2}kT + \frac{1}{2}kT = kT$. Dies läßt sich leicht beweisen, indem man die Bewegungen einer elastischen Feder untersucht, bei denen kinetische und potentielle Energie im Wechsel zu- und abnehmen.

Auf diese Weise haben O_2 wie auch andere zweiatomige Moleküle eine Energie

$$\frac{3}{2}kT + \frac{2}{2}kT + kT = \frac{7}{2}kT,$$

d. h., die Wärmekapazität des Sauerstoffs bei konstantem Volumen ist gleich $\frac{7}{2}k$ pro Molekül oder $\frac{7}{2}R$ pro Mol. Dabei ist vorausgesetzt, daß alle diese Freiheitsgrade wirklich am thermischen Gleichgewicht beteiligt (und nicht etwa als Folge der Quantentheorie „eingefroren“) sind.

Anders ist die Sache im Kristall. Im Festkörper können sich die Teilchen im Raum nicht frei bewegen, und in nicht zu komplizierten Stoffen rotieren sie auch nicht. Deswegen beziehen sich praktisch alle Freiheitsgrade auf die Schwingungen der Teilchen um ihre Gleichgewichtslagen. Das bedeutet: die Wärmekapazität pro Mol ist gleich $3R$ – je ein R pro Schwingung (jedes Atom kann nur in drei Richtungen schwingen). Weil R annähernd gleich $2\,\mathrm{cal}/(\mathrm{mol}\cdot\mathrm{K})$ ist, müßte die Wärmekapazität aller Stoffe im festen Zustand gleich 6 cal/(mol·K) sein. Das ist der Inhalt der Dulong-Petitschen Regel. Die Beobachtungen zeigen aber, daß die Wärmekapazität in Wirklichkeit 1) nicht für alle Festkörper diesen Wert hat und 2) von der Temperatur abhängt. Eine besonders krasse Diskrepanz zur Dulong-Petitschen Regel wurde beim Kohlenstoff entdeckt.

Dieses Ergebnis mußte den Physikern im 19. Jahrhundert sehr sonderbar erscheinen, weil es im Widerspruch zum Gleichverteilungssatz stand. Die Folgen der Abweichungen von der Dulong-Petitschen Regel waren aber noch ernsthafter, als man erwarten konnte. Sie deuteten auf eine Krise der klassischen Physik hin, die am Ende des 19. Jahrhunderts ausbrach. Darüber wird noch zu sprechen sein.

27 Die Wärmekapazität und die Freiheitsgrade

Wir haben bereits darauf hingewiesen, daß die Temperatur in Joule gemessen werden kann. Die Wärmekapazität wäre dann eine dimensionslose Größe ist. Daß die Wärmekapazität stattdessen aber in Einheiten J/K gemessen wird, ist ein Tribut an die Gewohnheit, die uns nicht auf die Messung der Temperatur in (Kelvin-)Graden verzichten läßt.

Was bringt eigentlich die Wärmekapazität zum Ausdruck, was verbirgt sich in ihr? Ist sie doch von Stoff zu Stoff verschieden und darüberhinaus von der Temperatur abhängig. Welche Information ist in dieser Stoff- und Temperaturabhängigkeit versteckt?

Wollen wir wiederholen, was wir bereits wissen. Die Wärmekapazität eines einatomigen idealen Gases hat einen einfachen Wert. Auf jeden Freiheitsgrad entfällt die Energie $\frac{1}{2}kT$, sodaß $\frac{3}{2}kT$ die mittlere Energie pro Atom ist. Falls wir die Wärmekapazität nicht für ein Mol, sondern für ein Atom angeben, ist sie gleich $\frac{3}{2}k$, was die Zahl der Freiheitsgrade eines Atoms, d. h. die Dimension unseres (dreidimensionalen) Raumes, enthält.[1]

Wir wissen des weiteren, daß es neben den Freiheitsgraden der Translation (der gleichförmigen Geradeausbewegung zwischen zwei Stößen) auch noch andere Freiheitsgrade gibt. So können Moleküle als Ganzes rotieren, in Molekülen oder Festkörpern können Atome um ihre Gleichgewichtslagen schwingen, wobei nach dem Gleichverteilungssatz jeder Schwingungsfreiheitsgrad zur Wärmekapazität (pro Mol) eigentlich den Wert $2\cdot\frac{1}{2}R$ beitragen sollte (der Faktor 2 rührt daher, daß bei harmonischen Schwingungen kinetische und potentielle Energie im Mittel gleich sind). Eigentlich sollte es doch ganz einfach sein, die Wärmekapazität aus der Zahl der Freiheitsgrade zu bestimmen. In Wirklichkeit sind die Dinge

[1] In einem Einheitensysytem, in dem $pV = T$ gilt, wäre die Wärmekapazität eines einatomigen idealen Gases einfach gleich 3/2, d. h. die Hälfte der Zahl der Freiheitsgrade eines Atoms. So ist die Dimension unseres Raumes in den Wärmeeigenschaften des idealen Gases (versteckt) enthalten.

jedoch viel verwickelter. Die Abweichungen und die Temperaturabhängigkeit erwecken den Eindruck, daß solche Freiheitsgrade manchmal gar nicht oder nicht immer vollständig am thermischen Gleichgewicht teilnehmen, daß sie also – wie man sagt – „eingefroren“ sind. So etwas gilt z. B. auch für die Metallelektronen, die den elektrischen Strom leiten. Auch sie beteiligen sich fast nicht an der Wärmebewegung. Ihre Freiheitsgrade scheinen „eingefroren“ zu sein. Darum läßt sich die Wärmekapazität eines Metalls berechnen, indem wir die Bewegung dieser Leitungselektronen vernachlässigen und nur die Schwingungen der schweren Atomkerne berücksichtigen. Man konnte diese sonderbaren Erscheinungen (das Einfrieren und Auftauen von Freiheitsgraden) erst dann verstehen, als die Quantenmechanik entstanden war.

28 Die Maxwellsche Geschwindigkeitsverteilung

Alles oben Gesagte ist eine Folgerung aus der Tatsache, daß ein Gas, das sich selbst überlassen ist und sich unter konstanten äußeren Bedingungen befindet (z. B. ein Gas in einem Gefäß, dessen Wände eine konstante Temperatur haben), in den Zustand des thermischen Gleichgewichts übergeht.

Vom makroskopischen Standpunkt aus bilden sich in diesem Gas eine konstante Temperatur und ein konstanter Druck heraus, und, wenn das Gas aus einigen Komponenten besteht (wie Luft), dann wird auch die Zusammensetzung an verschiedenen Stellen im Gefäß ein und dieselbe werden.

In einem solchen Gleichgewicht, in dem makroskopisch „gar nichts mehr passiert“, gibt es mikroskopisch jedoch ein ganz und gar konträres Bild: Eine riesengroße Menge von Molekülen, die sich äußerst lebhaft und völlig ungeordnet bewegen, wobei sie ständig miteinander zusammenstoßen, andauernd auf die Gefäßwände trommeln und dabei jedesmal (d. h. bei jedem Stoß) ihre Geschwindigkeit ändern. Aber trotz dieser kolossalen und chaotischen Bewegung gibt es Größen, die sich nicht ändern. So ändert sich in nicht zu kleinen Teilvolumina die Teilchendichte nicht. Und: Wie sich auch die Geschwindigkeit eines einzelnen Moleküls verändern mag, so ist doch der Mittelwert ihres Quadrates gleichbleibend. Das bedeutet: Falls wir irgendein Molekül lange genug verfolgen könnten, würden wir sehen, daß es mal schneller, mal langsamer fliegt, wobei aber das Quadrat seiner Geschwindigkeit im Durchschnitt gleichbleibt (Mittelwert über die Zeit). Dasselbe Resultat würden wir erhalten, wenn wir, statt einem Molekül zu folgen, zu einem Zeitpunkt die Geschwindigkeiten sehr vieler verschiedener Moleküle messen würden: Der Mittelwert würde wieder derselbe sein (Mittelwert über die Zahl der Moleküle). Man sagt: Zeitmittel = Scharmittel .[1]

[1] Ein aufmerksamer Leser mag fragen, warum zwei ganz verschiedene Bestimmungsverfahren der mittleren Geschwindigkeit dasselbe Resultat ergeben können. Der Mittelwert über die Zeit wurde in die Physik von Einstein eingeführt und die Tatsache, daß dieser Mittelwert dem Mittelwert über sehr viele Moleküle gleich ist (Zeitmittel = Scharmittel), ist bis jetzt nicht endgültig verstanden.

Wir wollen die Frage stellen: Wieviele Moleküle bewegen sich zu einem gegebenen Augenblick mit einer gewissen Geschwindigkeit? Diese Aufgabe wurde von J. C. Maxwell (1831-1879) gelöst (die allgemeine Theorie der statistischen Eigenschaften physikalischer Systeme wurde von L. E. Boltzmann (1844-1906) und J. W. Gibbs (1839-1903) entwickelt).

Wir wollen uns nicht mit der vollständigen Formel der Maxwellschen Geschwindigkeitsverteilung befassen. Für unsere Zwecke ist nur wichtig, daß dieser Formel gemäß die Geschwindigkeitsverteilung der Moleküle durch einen Faktor in Form eines Exponenten gegeben ist, d. h.

$$f(v) \sim \mathrm{e}^{-\frac{m}{2}v^2/kT},$$

wobei $mv^2/2$ die kinetische Energie eines Moleküls ist. (Eigentlich müßte im Exponenten $\cdots/(kT)$ stehen, einfachheitshalber wird aber hier und im folgenden $\cdots/kT$ geschrieben.) Der hier nicht angegebene Proportionalitätsfaktor heißt Normierungsfaktor, er wird durch die Gesamtzahl der Moleküle bestimmt.

Maxwell veröffentlichte seine Formel im Jahre 1860. Sein Vorgehen und sein Ergebnis schien sehr sonderbar zu sein. Er löste nicht die Bewegungsgleichungen (der klassischen Mechanik) für die zusammenstoßenden Gasteilchen, sondern er erhielt unmittelbar die Bedingungen für den Gleichgewichtszustand eines Systems mit großen Teilchenzahlen, wobei sich diese Bedingungen auf keine Weise aus der klassischen Mechanik ergaben. Es ist nicht erstaunlich, daß sogar W. Thomson (1824-1907) das Verteilungsgesetz zu überprüfen versuchte, indem er die Mechanik der Billardkugeln betrachtete.[2] Im Jahre 1867 befaßte sich Maxwell noch einmal mit der Herleitung seiner Formel. In der neuen Arbeit bewies er, daß die von ihm erhaltene Geschwindikeitsverteilung nicht von der Wechselwirkung der Gasteilchen (ihren Stößen) abhängt. Die strenge Herleitung der Maxwellschen Geschwindigkeitsverteilung erweist sich in Wirklichkeit als keine leichte Sache, zu der sogar in unserer Zeit noch nicht alles aufgeklärt werden konnte.

29 Was ist eigentlich eine Verteilung?

Auf den ersten Blick hat der Satz: „Soundso viele Moleküle im Gas haben eine bestimmte Geschwindigkeit, z. B. 200 m/s“ nichts Besonderes an sich. Jedoch kann ja jede physikalische Größe immer nur mit einer bestimmten Genauigkeit gemessen werden. Richtig muß es daher heißen: „Soundso viele Moleküle im Gas haben Geschwindigkeiten, die in einem kleinen Intervall von 200m/s $-\Delta v/2$ bis 200m/s $+\Delta v/2$ liegen“, wobei Δv die Intervallbreite ist, die den jeweiligen Versuchsbedingungen entspricht. Die gefragte Molekülzahl (oder besser ihr relativer Anteil) ist durch das Produkt aus Verteilungsfunktion $f(v)$ und Intervallbreite gegeben: $\Delta n(v) = f(v)\Delta v$.

[2] Das Billard erwies und erweist sich als ein beliebtes Modell, um das Verhalten von Teilchenensembles zu untersuchen. Die Theorie von stoßenden Kugeln auf Billardtischen verschiedener Formen entwickelte sich zu einem interessanten Gebiet der Mathematik.

Statt nach der Häufigkeit oder Verteilung des Geschwindigkeitsbetrages $v = \sqrt{v_x^2 + v_y^2 + v_z^2}$ zu fragen, kann man auch nach der Häufigkeit oder Verteilung einer Geschwindigkeitskomponente fragen, also z. B.: Wieviele Moleküle besitzen (oder besser welcher relative Anteil aller Moleküle besitzt) eine $x-$Komponente der Geschwindigkeit, die im Intervall zwischen v_x und $v_x + \Delta v_x$ liegt? Die Antwort $\Delta n(v_x) = f(v_x)\Delta v_x$ wird wieder durch eine Verteilungsfunktion, hier $f(v_x)$, bestimmt.

In Abb. 29.1 sind dazu zwei Diagramme dargestellt. Die stufenförmige Linie

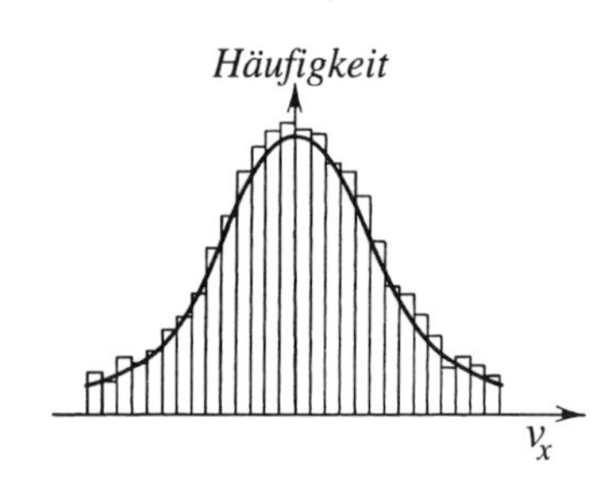

Abb. 29.1: Histogramm und Verteilungskurve für v_x

beschreibt eine annähernde Verteilung der Moleküle, so daß die Fläche jedes (n-ten) Rechtecks (diese ist gleich $f_n \Delta v_x$) der relative Anteil der Moleküle ist, die in dem entsprechenden Intervall liegende Geschwindigkeiten besitzen. Ein solches Diagramm wird Histogramm genannt. Wird die Zahl der Stufen im Histogramm groß genug (die Intervalle klein genug), dann ist es möglich, die stufenförmige Linie durch eine glatte zu ersetzen, diese ist auch in der Abbildung dargestellt. Das ist die Verteilungsfunktion $f(v_x)$. Da $f(v_x)\Delta v_x$ den relativen Anteil an der Gesamtzahl der Moleküle bedeutet, muß die Fläche unter der ganzen Kurve gleich eins sein. Man sagt auch: $f(v_x)$ ist auf 1 normiert.

Es ist möglich, genau dieselbe graphische Darstellung auch für die Verteilungsfunktionen der zwei anderen Komponenten v_y und v_z zu zeichnen.

Wir wollen jetzt eine Beziehung für die Anzahl der Moleküle mit den Geschwindigkeitskomponenten v_x, v_y und v_z (jeweils in gewissen Intervallen um diese Werte) aufschreiben. Die relative Anzahl der Moleküle mit der Geschwindigkeitskomponente v_x ist gleich $f(v_x)\Delta v_x$. Von diesen Molekülen hat ein gewisser Anteil die Geschwindigkeitskomponente v_y. Die relative Anzahl solcher Moleküle ist offenbar

$$\Delta n(v_x, v_y) = f(v_x) f(v_y) \Delta v_x \Delta v_y.$$

Von diesen Molekülen wird der Anteil $f(v_z)\Delta v_z$ die dritte Geschwindigkeitskomponente v_z besitzen. Das bedeutet: Die relative Zahl aller Moleküle mit den Geschwindigkeitskomponenten v_x, v_y, v_z ist

$$\Delta n(v_x, v_y, v_z) = f(v_x) f(v_y) f(v_z) \Delta v_x \Delta v_y \Delta v_z$$

Die Funktion $f(v_x)f(v_y)f(v_z)$ ist die Verteilungsfunktion der Molekülgeschwindigkeiten. Alle drei Verteilungsfunktionen für die Geschwindigkeitskomponenten wurden als gleich genommen, weil sich im thermischen Gleichgewicht die drei Raumrichtungen nicht unterscheiden. Das Besondere der Maxwellschen Geschwindigkeitsverteilung ist, daß die Beziehung (eine Funktionalgleichung)

$$f(v) = f(v_x)f(v_y)f(v_z)$$

gilt, wobei $v^2 = v_x^2 + v_y^2 + v_z^2$.

30 Verschiedene Mittelwerte

Mit der Maxwellschen Geschwindigkeitsverteilung kann man nun verschiedene Mittelwerte berechnen. Z. B. erhält man für die mittlere kinetische Energie die bereits bekannte Formel

$$< \frac{m}{2}v^2 > = \frac{3}{2}kT$$

oder für das mittlere Quadrat der Geschwindigkeit

$$< v^2 > = \frac{3kT}{m},$$

woraus

$$< v^2 >^{\frac{1}{2}} = 1,732 \left(\frac{kT}{m}\right)^{\frac{1}{2}}$$

folgt. Man kann auch den Mittelwert des Geschwindigkeitsbetrages[1] ermitteln:

$$<| v |> = \left(\frac{8kT}{\pi m}\right)^{\frac{1}{2}} = 1,596 \left(\frac{kT}{m}\right)^{\frac{1}{2}}.$$

Schließlich werden die Moleküle mit der wahrscheinlichsten Geschwindigkeit

$$\bar{v} = \left(\frac{2kT}{m}\right)^{\frac{1}{2}} = 1,414 \left(\frac{kT}{m}\right)^{\frac{1}{2}}$$

am häufigsten angetroffen. Man muß sich nicht darüber wundern, daß die Moleküle mit der mittleren Geschwindigkeit nicht sehr häufig gefunden werden. Der Geschwindigkeitsbetrag ist eine positive Größe und die Zahl der Moleküle mit einer Geschwindigkeit kleiner als die mittlere ist immer größer, als die Zahl der Moleküle mit einer Geschwindigkeit größer als die mittlere (um die Zahl der Moleküle mit großen Geschwindigkeiten „auszugleichen“, braucht man eine große Zahl von Molekülen mit kleinen Geschwindigkeiten).[2]

[1] Der Mittelwert einer Geschwindigkeitskomponente ist gleich null, weil die negativen und positiven Größen der Komponenten gleichberechtigt sind. Die Berechnung der Mittelwerte geschieht durch die Auswertung von Integralen, und das kann nicht elementar gemacht werden.

[2] Dies ist den Statistikern gut bekannt. Die Zahl der Menschen mit einem Arbeitslohn größer als dem mittleren ist immer kleiner als die Zahl der Menschen mit geringeren Arbeitslöhnen.

Hätten alle Moleküle die gleiche Geschwindigkeit, so wären die drei Größen $(< v^2 >)^{1/2}, < |v| >$ und $\bar{v}$ einander gleich. Ihre Unterschiede demonstrieren, wie sehr die Geschwindigkeit streut oder schwankt.

Diese Geschwindigkeitsschwankungen spiegeln sich auch in den Schwankungen der kinetischen Energie $\varepsilon = mv^2/2$ wider. Dazu wird das mittlere Quadrat der kinetischen Energie berechnet:

$$< \varepsilon^2 > = \frac{m^2}{4} < v^4 > = \frac{15}{4} k^2 T^2 .$$

Die Differenz

$$(\Delta\varepsilon)^2 = < \varepsilon^2 > - < \varepsilon >^2 = \frac{3}{2} k^2 T^2$$

wird mittleres Schwankungsquadrat (auch Varianz) der Energie genannt. Die mittlere quadratische Schwankung der Energie, kurz Energieschwankung $\Delta\varepsilon$ ist also proportional zur Temperatur T.

So entdecken wir, daß die Temperatur nicht nur die verschiedenen Mittelwerte von Geschwindigkeit und kinetischer Energie bestimmt, sondern auch deren Schwankungen um diese Mittelwerte.

31 Maxwellsche Geschwindigkeitsverteilung und molekulares Chaos

Wir wollen uns die Maxwellsche Geschwindigkeitsverteilung noch etwas genauer ansehen. Wenn wir ein Gas vernünftig beschreiben wollen, gehen wir zunächst vom Ortsraum mit seinen x-, y-, z-Koordinaten zum Geschwindigkeitsraum über, siehe Abbildung 31.1. Die Koordinaten dieses Geschwindigkeitsraumes sind die Geschwindigkeitskomponenten und jedes Molekül wird (solange es gleichförmig geradeaus fliegt) durch einen Punkt dargestellt. Somit entspricht ein Punkt am Koordinatenursprung einem ruhenden Molekül, die Punkte auf der x-Achse den Molekülen, die sich mit verschiedenen Geschwindigkeiten entlang der x-Achse bewegen usw.

Stellen wir uns ein kleines (würfelförmiges) Elementarvolumen mit einem Eckpunkt an der Stelle (v_x, v_y, v_z) und mit den Kanten $(\Delta v_x, \Delta v_y, \Delta v_z)$ parallel zu den Koordinatenachsen vor. Ein Punkt in diesem Würfelchen entspricht einem Molekül, dessen Geschwindigkeitskomponenten zwischen (v_x, v_y, v_z) und $(v_x + \Delta v_x, v_y + \Delta v_y, v_z + \Delta v_z)$ liegen. Die Zahl solcher Moleküle ändert sich natürlich ununterbrochen, da die Moleküle miteinander zusammenstoßen oder von den Gefäßwänden reflektiert werden und dabei ihre Geschwindigkeiten ändern. Diese Prozesse führen dazu, daß Punkte in dem Würfelchen plötzlich auftauchen oder/und verschwinden. Verschwindet ein Punkt, so entsteht gleichzeitig in einem anderen Würfelchen (wir können uns leicht vorstellen, daß der gesamte Geschwindigkeitsraum in solche Würfelchen eingeteilt ist) ein neuer Punkt und umgekehrt.

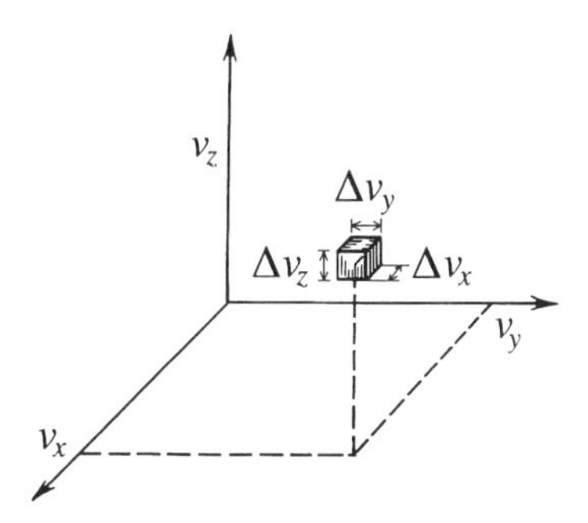

Abb. 31.1: Kubisches Elementarvolumen im Geschwindigkeitsraum

Die Gesamtzahl der Punkte im Geschwindigkeitsraum ist natürlich gleich der Zahl der Moleküle im Gas und bleibt konstant. Es ist vollkommen unmöglich zu beschreiben, was in irgendeinem Würfelchen im einzelnen geschieht. Jedoch brauchen wir uns für solche Einzelheiten auch gar nicht zu interessieren, sie sind für uns unnütz, so oder so würden wir nicht wissen, was mit ihnen anzufangen ist. In Wirklichkeit ist nur von Bedeutung, wie viele Moleküle sich in einem Würfelchen im Durchschnitt befinden, und diese Frage wird gerade durch die Maxwellsche Geschwindigkeitsverteilung beantwortet.

Es ist leicht zu verstehen, daß eine Verteilungsfunktion der Molekülgeschwindigkeiten nur von den Quadraten der Geschwindigkeiten abhängen kann, weil sie von den Richtungen der Geschwindigkeiten offenbar nicht abhängen darf. Wäre dies nicht so, dann würden nach irgendeiner Richtung mehr Moleküle fliegen, als nach einer anderen und das Gas würde sich als Ganzes bewegen.

Wir wissen, daß diese Funktion in drei gleiche Faktoren zerfallen muß, jeder von ihnen hängt nur von einer Geschwindigkeitskomponente (exakter von ihrem Quadrat) ab, siehe Abschnitt 29.

Das Quadrat der Geschwindigkeit ist gleich der Summe der Komponentenquadrate: $\upsilon^2 = \upsilon_x^2 + \upsilon_y^2 + \upsilon_z^2$. Die Aufgabe besteht nun darin, eine solche Funktion von υ^2 zu finden, die in ein Produkt von drei gleichen Funktionen von υ_x, υ_y und υ_z zerfällt.

Man kann zeigen, daß nur die Exponentialfunktion diese Bedingung (eine Funktionalgleichung) erfüllt:

$$\mathrm{e}^{-\alpha\upsilon^2} = \mathrm{e}^{-\alpha\upsilon_x^2}\mathrm{e}^{-\alpha\upsilon_y^2}\mathrm{e}^{-\alpha\upsilon_z^2}.$$

Die weiteren Berechnungen erfordern es, Integrale auszuwerten, aber das wollen wir uns hier ersparen. Wir wollen nur festhalten, daß sich der Koeffizient

$$\alpha = \frac{m}{2kT}$$

aus der bekannten Bedingung (Gleichverteilungssatz)

$$< \upsilon_x^2 > = \frac{kT}{m}$$

ergibt. (Analoges gilt für die anderen Komponenten v_x, v_y.)

Man kann noch eine andere Verteilungsfunktion angeben. Sie beschreibt die Verteilung der kinetischen Energie, d. h., sie bestimmt die Anzahl der Moleküle mit der kinetischen Energie im Intervall zwischen ε und $\varepsilon + \Delta\varepsilon$ und hat das folgende Aussehen:

$$g(\varepsilon) \sim \varepsilon^{1/2} e^{-\varepsilon/kT}.$$

Das ist die Maxwellsche Verteilung der kinetischen Energie. Dabei gilt $g(\varepsilon)\Delta\varepsilon = f(v) 4\pi v^2 \Delta v$.

Aus der Tatsache, daß die Verteilungsfunktion der Geschwindigkeit in drei Faktoren zerfällt, folgt, daß die drei Verteilungen entsprechend den drei Raumrichtungen voneinander unabhängig sind und dieselbe Form haben. Die Wahrscheinlichkeit, ein Molekül in einem von uns ausgewählten Elementarvolumen zu finden, d. h. die Wahrscheinlichkeit dafür, daß infolge der Stöße ein Molekül die Geschwindigkeit bekommt, die den Koordinaten innerhalb dieses Elementarvolumens entspricht, zerfällt in drei Faktoren, nämlich die Wahrscheinlichkeiten der Geschwindigkeitskomponenten des Moleküls dafür, in dem Intervall zu liegen, das einer Kante des Elementarvolumens entspricht.

Dieses Unabhängigsein und das zugehörige Faktorisieren kann man mit einem Würfelspiel verständlich machen. Wollen wir mit drei verschiedenfarbigen Würfeln spielen. Die Wahrscheinlichkeit dafür, daß mit einem Würfel, z. B. dem roten, eine Fünf gewürfelt wird, ist $\frac{1}{6}$. Es ist dieselbe Wahrscheinlichkeit wie dafür, daß mit einem grünen Würfel eine Drei gewürfelt wird (oder mit einem gelben eine Vier).

Es ist einleuchtend, daß, wenn wir alle drei Würfel zugleich werfen, die Wahrscheinlichkeit einer beliebigen Kombination, z. B. 3(rot) + 4(grün) + 1(gelb), gleich dem Produkt $\frac{1}{6} \cdot \frac{1}{6} \cdot \frac{1}{6} = \frac{1}{216}$ ist.

Eine solche Betrachtung beruht auf der intuitiven Überzeugung, daß das Werfen eines Würfels vom Werfen der anderen unabhängig ist und deshalb alle dreifachen Kombinationen der Zahlen von 1,1,1 bis 6,6,6 gleich häufig ausfallen müssen, d. h. die gleichen Wahrscheinlichkeiten haben. Natürlich ist der Prozeß, der die Moleküle bei ihren Stößen auf die verschiedenen Geschwindigkeiten verteilt, vom Würfeln verschieden. Dieser Vergleich sollte nur das Zerfallen einer Wahrscheinlichkeit in drei Faktoren plausibel machen.

Obwohl die Herleitung der Maxwell-Verteilung nicht sehr einfach war, scheint sie aber so logisch zu sein, als ob es keine andere Verteilung geben könnte.

Um zu betonen, wie fehlerhaft „offensichtliche" Dinge sein können, muß man sagen, daß die Maxwell-Verteilung solche Gase nicht richtig beschreibt, in denen die Quanteneigenschaften von Bedeutung sind (z. B. die Leitungselektronen eines Metalls oder ein Photonengas). Für solche Quantengase werden andere Verteilungsfunktionen aus wesentlich anderen Voraussetzungen hergeleitet. Die Maxwell-Verteilung gilt nur für klassische Gase (deren Teilchen sich nach der klassischen Mechanik bewegen).

Ein Gas, in dem die Molekülgeschwindigkeiten nach Maxwell verteilt sind, besitzt eine bemerkenswerte Eigenschaft. Diese Verteilung ändert sich nicht mit der Zeit, obwohl jedes einzelne Molekül seine Geschwindigkeit sehr häufig ändert (bei Zusammenstößen mit anderen Molekülen und bei Stößen an die Gefäßwand). Aber an die Stelle eines Moleküls, das aus einem Elementarvolumen herausgeflogen ist, tritt ein anderes Molekül. Da wir die Moleküle nicht voneinander unterscheiden können, ändert sich die Geschwindigkeitsverteilung nicht mit der Zeit.

Füllt man irgendein Gefäß mit einem Gas, so wird nach einiger Zeit die Geschwindigkeitsverteilung seiner Moleküle einer Maxwell-Verteilung im Gleichgewicht entsprechen. Das geschieht völlig unabhängig davon, welche Verteilung das Gas am Anfang hatte, seine Moleküle könnten z. B. alle die gleiche Geschwindigkeit besitzen oder sich sonst irgendwie bewegen, aber mit der Zeit stellt sich eine ganz bestimmte (die Maxwellsche) Geschwindigkeitsverteilung ein.

Wenn man etwas darüber nachdenkt, so mag diese Aussage seltsam und auch nicht ganz glaubwürdig erscheinen. In der klassischen Mechanik haben wir uns daran angewöhnt, daß man die Anfangskoordinaten und -geschwindigkeiten angeben muß, um die Lage und die Geschwindigkeiten der Teilchen zu späteren (oder früheren) Zeitpunkten mit Hilfe der Newtonschen Bewegungsgleichung zu finden. Dabei führen verschiedene Anfangsbedingungen zu verschiedenen Systemzuständen. In der Mechanik „erinnert sich“ ein System an seine Anfangsbedingungen, d. h., dort kann man im Prinzip die Vorgeschichte des Systems immer rekonstruieren.

In einem Gas geschieht etwas ganz anderes. Wie die Geschwindigkeitsverteilung anfangs auch sei, sie wird in die Maxwell-Verteilung übergehen. In diesem Fall „vergißt“ das System seine Vorgeschichte, und aus der Verteilung der Gasmoleküle im Gleichgewicht kann man nichts mehr darüber erfahren, in welchem Zustand sich das Gas vorher befand.

Beim Füllen eines Gefäßes mit Gas gibt es zwei Zeitabschnitte. Anfangs ist die Geschwindigkeitsverteilung von der des Gleichgewichts verschieden und nur durch die Stöße der Moleküle (untereinander und an die Wände) nähert sie sich der Gleichgewichtsverteilung. Mit solchen irreversiblen Prozessen (hier ist es ein Relaxationsprozeß im Unterschied zu einem Transportprozeß) beschäftigt sich die Nichtgleichgewichts-Thermodynamik (Kinetik). Nach einigen Hunderten oder Tausenden von Stößen eines jeden Moleküls geht das Gas praktisch in seinen Gleichgewichtszustand über. Weitere Stöße verändern daran nichts mehr.

Man darf natürlich nicht vergessen, daß die Gleichgewichtseinstellung Zeit erfordert. Sind die Stöße selten oder ändert sich bei den Stößen die Geschwindigkeit nur wenig, dann stellt sich das Gleichgewicht langsam ein – die „Relaxationszeit“ ist in diesem Falle groß. Bevor man die Gesetze des thermischen Gleichgewichtes benutzen kann, muß man sich deshalb davon überzeugen, ob das Gleichgewicht tatsächlich schon erreicht ist. Zwischen der Luft im Zimmer (warm)und auf der Straße (kalt) gibt es kein Gleichgewicht. Ein Kochtopf mit Suppe, der mit einem Deckel abgedeckt ist, kühlt nur langsam ab. Uns werden noch mehrere interessante Beispiele dieser Art begegnen.

Falls die Zusammenstöße nur eine geringe Rolle spielen, weil das Gas genug verdünnt ist, kommen wir zum Modell eines idealen Gases, in dem die (wenigen) Zusammenstöße nur für die Einstellung des Gleichgewichts notwendig sind.[1]

In einem nichtverdünnten Gas führen die Zusammenstöße der Moleküle dazu, daß sich die thermische Zustandsgleichung eines solchen realen Gases von der des idealen Gases unterscheidet. Ein Beispiel ist die van der Waals-Gleichung mit ihren zwei substanzspezifischen Parametern. Der eine kommt durch die endliche Ausdehnung der Gasteilchen zustande, der andere durch deren Anziehung.

Den Gleichgewichtszustand eines Gases, von dem wir hier reden, kann man folgendermaßen beschreiben: In einem Gas im Gleichgewicht existiert ein „molekulares Chaos". Das Wort „Chaos" ist so gemeint, daß das System keine Information über seine Vergangenheit zurückbehält.

Die Konzeption „Chaos" erlaubt, die Begründung einiger Formeln zu vereinfachen. Als wir z. B. die Formel für den Gasdruck auf die Gefäßwände entwickelt haben, überlegten wir, wie ein Molekül von einer Wand reflektiert wird. In Wirklichkeit wird das Molekül in der Regel, nachdem es gegen eine Wand gestoßen ist, zeitweilig an dieser Wand „festkleben", und danach, nachdem es sich losgerissen hat, wird es in irgendeine Richtung davon fliegen und wird „vergessen", von wo aus es geflogen kam. Es ist deshalb sinnlos, den Reflexionsprozeß in seinen Einzelheiten zu besprechen, und es ist einfacher, folgendermaßen zu überlegen: Wenn die Gaseigenschaften von der Richtung unabhängig sind, muß der Impuls, den das Gas auf die Wand überträgt, dem Impuls, den die von der Wand wegfliegenden Gasmoleküle davontragen, dem Betrage nach gleich sein. Dieser Sachverhalt ist von den Einzelheiten der Wechselwirkung zwischen den Gasmolekülen und der Wand völlig unabhängig, sie ist nur mit der Chaotizität der Molekularbewegung verbunden. Wären beide Ströme (zur Wand hin und von der Wand weg) verschieden, d. h. würden sie verschiedene Impulsbeträge übertragen, so könnte man dies in einem Abstand von der Wand feststellen, das Gasmolekül hätte „im Gedächtnis behalten", daß es von der Wand reflektiert wurde. Dies widerspricht der Hypothese, daß das Gas „chaotisch" ist und sich an nichts „erinnert".

Da die reflektierten Gasteilchen als Ganzes keine Information über die Wand transportieren, muß das Resultat unserer Betrachtung von den Wandeigenschaften und davon, wie die Gasteilchen von der Wand reflektiert werden, unabhängig sein. Die Teilchen „behalten" insbesondere auch nichts davon „im Gedächtnis", welche Form das Gefäß besitzt, und die Verteilungsformel wird – wie schon gesagt – für beliebige Gefäße dieselbe.

Einen anderen Fall der „Vergeßlichkeit" des Gases entdeckt man, wenn man ein gasgefülltes Gefäß nimmt, das mit einer Scheidewand in zwei Teile getrennt ist. Nehmen wir die Scheidewand heraus, dann wird sich das Gas aus beiden Hälften vermischen, und es ist klar, daß man auf gar keine Weise erkennen kann, welches Atom sich am Versuchsanfang in der linken und welches sich in der rechten Hälfte befunden hat.

[1] Auch ganz ohne Stöße zwischen den Molekülen stellt sich dennoch wie schon gesagt über die Stöße mit den Wänden das Gleichgewicht ein.

Wenn sich ein heißer Teekessel abkühlt, wobei er die Luft im Zimmer erwärmt, kann man später keineswegs feststellen, warum sich die Luft erwärmt hat. Es ist klar, daß mit Hilfe von Temperaturmessungen in verschiedenen Punkten eines Zimmers, die von diesem Teekessel weit entfernt sind, die Form des Teekessels nicht ermittelt werden kann. Dies unterscheidet sich völlig vom elektromagnetischen Feld: Licht, nachdem es von einer Fläche reflektiert wurde, überträgt Informationen von der Fläche. Eine brennende Lampe kann man gut sehen, da sie sich mit ihrem eigenen Licht beleuchtet. Einen Teekessel kann man mit Hilfe eines Gerätes, das Infrarotwellen registrieren kann, „sehen"; denn die Infrarotstrahlung besteht aus gerichteten elektromagnetischen Wellen, die einen Detektor erwärmen können. Diese Wellen werden vom Teekessel abgestrahlt, sie befinden sich nicht im thermischen Gleichgewicht mit der Luft, werden von den Luftatomen nicht gestreut, „behalten" darum die Gestalt des Teekessels und können sie übertragen. Demgegenüber kann die chaotische Molekularbewegung solche Informationen nicht übertragen.

32 Elektronenspins im Magnetfeld und Wärmebad

Die Temperaturskala beginnt bei $-273{,}15$ Grad Celsius (oder 0 Kelvin). Dieser Punkt wird der absolute Nullpunkt genannt. Seine physikalische Bedeutung wurde klar, als die kinetische Gastheorie den Gasdruck mit der kinetischen Energie der Gasteilchen in Verbindung brachte. Danach sollte am absoluten Nullpunkt die unregelmäßige Teilchenbewegung aufhören und die thermodynamische Temperatur T einfach ein Maß für die kinetische Teilchenenergie sein.

Diese einfache und fast anschauliche Erklärung ist aber falsch. So bewegen sich z. B. die Leitungselektronen in Metallen sogar bei $T = 0$ mit großen Geschwindigkeiten (quantenmechanische Nullpunktsbewegung). Die Quantenmechanik fordert nämlich, die Bewegung der Elektronen und Atome auf ganz andere Art und Weise zu beschreiben.

Sie machte aber das Bild deswegen nicht komplizierter. Im Gegenteil, viele Begriffe erhielten erst in der Quantentheorie ihre natürliche Erklärung. Dazu gehören auch die Begriffe der thermodynamischen Temperatur und des absoluten Nullpunkts.

Um aber zu verstehen, wie der Begriff Temperatur in der Quantenmechanik zu fassen ist, braucht man doch einige elementare Kenntnisse dieses Zweiges der modernen Physik. Wir werden so vorgehen: Ohne Beweise werden wir aus der Quantenmechanik nur das hier unbedingt Benötigte mitteilen.

Zuerst wollen wir sehen, wie sich ein Elektron in einem Magnetfeld verhält. In der Quantenmechanik beschreibt man dies auf folgende Weise.

Ein Elektron kann man mit einem rotierenden Kreisel vergleichen (obwohl dieser Vergleich nicht ganz richtig ist). Es ist richtiger zu sagen: Das Elektron besitzt wie ein Kreisel einen Eigendrehimpuls, Spin genannt. Wie er im einzelnen zu beschreiben ist, brauchen wir nicht zu wissen. Mit dem Spin des Elektrons ist auch ein magnetisches Moment verbunden, das Elektron verhält sich in einem Magnetfeld wie ein kleiner Magnet.

Befindet sich ein (irgendwie lokalisiertes) Elektron in einem stationären Magnetfeld, so kann sein Spin, den quantenmechanischen Regeln gemäß, entweder wie das Feld gerichtet sein, dann ist die Spinprojektion auf die Feldrichtung gleich $+\frac{1}{2}\hbar$, oder dem Feld entgegen, dann ist seine Projektion gleich $-\frac{1}{2}\hbar$ ($\hbar = 1,0546 \cdot 10^{-34}$Js ist das Plancksche Wirkungsquantum).

Das magnetische Moment des Elektrons wiederum ist dem Spin entgegen gerichtet (die Elektronenladung ist $-e < 0$) und darum kann es, ebenso wie der Spin, zwei Projektionen auf die Richtung des Magnetfeldes besitzen: $-\mu_B$, wenn der Spin so wie das Feld gerichtet ist, und $+\mu_B$, wenn der Spin dem Feld entgegen gerichtet ist; man beachte $\mu_B > 0$. Die Größe (mit m_0 = Elektronenmasse)

$$\mu_B = \frac{e\hbar}{2m_0}$$

wird Bohrsches Magneton genannt. Sein Zahlenwert ist $\mu_B = 9,3 \cdot 10^{-24}$ J/T.[1] (In Abschnitt 50 kommt auch noch das Kernmagneton μ_K zur Sprache, das viel kleiner ist, weil dort statt m_0 die ca. 2000 mal größere Protonenmasse m_P steht.) Allgemein hat ein magnetisches Moment μ im Magnetfeld B die potentielle Energie $-\mu_m B$. Dabei ist μ_m die Projektion dieses Moments auf die Feldrichtung. Das Minuszeichen besagt, daß die Energie minimal ist, wenn μ_m den größten Wert besitzt, wenn also das Moment in Feldrichtung zeigt. Für ein Elektron gibt es nur zwei Einstellmöglichkeiten $m = \pm$ mit $\mu_\pm = \mu_B$. Daher ist die potentielle Energie eines Elektrons im Magnetfeld entweder gleich $+\mu_B B$, wenn der Spin in Feldrichtung zeigt, oder gleich $-\mu_B B$, wenn der Spin dem Feld entgegen gerichtet ist. Ein (an einem Ort lokalisiertes) Elektron im Magnetfeld kann sich also in einem von zwei Zuständen befinden, deren Energien gleich $\pm\mu_B B$ sind.[2] Dabei nehmen wir wie gesagt an, daß das Elektron lokalisiert ist, also keine Translationsbewegung ausführt, es sei an ein ruhendes Atom gebunden.

Mit einem solchen einfachen Modell lassen sich viele, mit Wärme zusammenhängende Eigenschaften gut verständlich machen.

Gegeben sei ein System mit vielen Elektronen, die an verschiedenen Raumpunkten lokalisiert sind, z. B. gebunden durch Atome. Die Energie eines solchen Spinsystems im Magnetfeld ist dadurch bestimmt, wie viele Spins in Feldrichtung zeigen und wie viele dem Feld entgegen gerichtet sind.

Wenn wir die zwei möglichen Spineinstellungen durch zwei waagerechte Linien darstellen und neben diese Linien die entsprechenden Energiewerte schreiben (Abbildung 32.1), dann kann man die Besetzung dieser beiden Energieniveaus durch Punkte auf diesen Linien markieren, siehe Abb. 33.2, 33.3.

Wir wollen nun ein solches Spinsystem mit einem idealen Gas vergleichen. Die Rolle der kinetischen Energie der Gasteilchen spielt hier die Spinenergie im Magnetfeld. Während nun aber die kinetische Energie einen beliebigen positiven

---

[1] T = Tesla ist die Maßeinheit des Magnetfeldes, 1 T = 1 Vs/m^2. 0,001 T herrscht in einer Zylinderspule, in der ca. 0,8 A bei einer Windung pro 1 mm Spulenlänge fließen, das Magnetfeld der Erde ist von der Größenordnung $5 \cdot 10^{-5}$ T.

[2] Für $B = 0,1$ T beträgt die Niveauaufspaltung $2\mu_B B = 1,16 \cdot 10^{-5}$ eV.

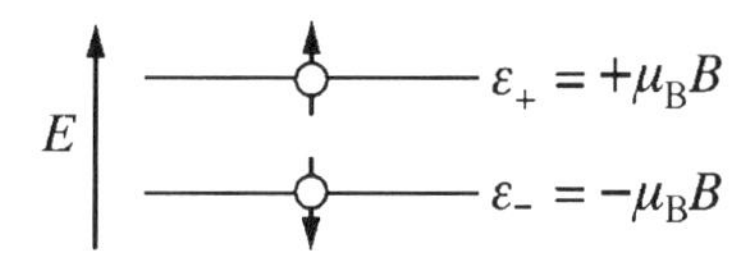

Abb. 32.1: Energie eines Elektronenspins im Magnetfeld B (nach oben gerichtet)

Wert $mv^2/2$ annehmen kann, ist die Spinenergie demgegenüber nur der zwei Werte $\pm\mu_B B$ fähig.

Es ist bemerkenswert, daß dieser Unterschied die statistische Verteilung nicht ändert: Die Wahrscheinlichkeit, im thermischen Gleichgewicht ein Teilchen in einem Zustand mit der (kinetischen oder Spin-)Energie ε zu finden, ist in beiden Fällen dem Exponenten $e^{-\varepsilon/kT}$ proportional.

Wie in einem Gas ist es auch in einem Spinsystem notwendig, daß das Gleichgewicht der Atome untereinander tatsächlich erreicht werden kann. Dafür ist es erforderlich, daß die Gasteilchen zusammenstoßen, und für das Spinsystem ist es notwendig, daß die magnetischen Momente miteinander wechselwirken. Unter dieser Bedingung wird das statistische Gesetz erfüllt, unabhängig davon, welcher konkrete Mechanismus das System in den Zustand des thermischen Gleichgewichts bringt.

Aus dem Gesagten ergibt sich, daß im thermischen Gleichgewicht $n(\varepsilon_-)$ (= Zahl der Elektronen mit der Energie $\varepsilon_- = -\mu_B B$) größer ist als $n(\varepsilon_+)$ (= Zahl der Elektronen mit der Energie $\varepsilon_+ = +\mu_B B$). Das Verhältnis dieser zwei Besetzungszahlen lautet

$$\frac{n(\varepsilon_+)}{n(\varepsilon_-)} = \frac{e^{-\varepsilon_+/kT}}{e^{-\varepsilon_-/kT}} = e^{-\Delta/kT}.$$

Dabei ist $\Delta = \varepsilon_+ - \varepsilon_- = 2\mu_B B$ der Niveauabstand.

Die einfache Beziehung $n(\varepsilon) \sim \exp(-\varepsilon/kT)$ ist deswegen bemerkenswert, da sie für Systeme, die aus sehr großen Teilchenzahlen bestehen, gültig ist, unabhängig davon, wie das betreffende System im einzelnen aufgebaut ist. Es ist nur notwendig, daß das System die Zustände mit den Energien ε_+ und ε_- besetzen kann und daß irgendein Weg zum thermischen Gleichgewicht führt. Dann wird sein Endzustand (thermisches Gleichgewicht) durch nur einen Parameter, seine thermodynamische Temperatur T, bestimmt. Diese allgemeine Eigenschaft thermodynamischer Systeme im Gleichgewicht wurde ganz am Anfang des 20. Jahrhunderts von J. W. Gibbs (1839-1903), einem amerikanischen Physiker, bewiesen, wobei damals nur Systeme betrachtet wurden, die beliebig viele Zustände mit beliebig hohen Energien (z. B. $\varepsilon = mv^2/2$) besitzen.

Bis zur Entdeckung der Quantentheorie hatten die Physiker nicht einmal geahnt, daß es auch Systeme geben könnte, die nur eine endliche Zahl möglicher Zustände (z. B. nur zwei mit den beiden Energien $\varepsilon_\pm$) besitzen. Deswegen konnten sie sich auch nicht die große Zahl schöner Effekte vorstellen, die mit solchen einfachen Systemen verbunden sind.

33 Magnetnadeln, Elektronenspins und der absolute Nullpunkt

Hier wollen wir statt Elektronen mit ihren magnetischen Momenten viele Kompaßnadeln betrachten, die auf ungeordnet verteilten Trägernadeln aufliegen (Abbildung 33.1).

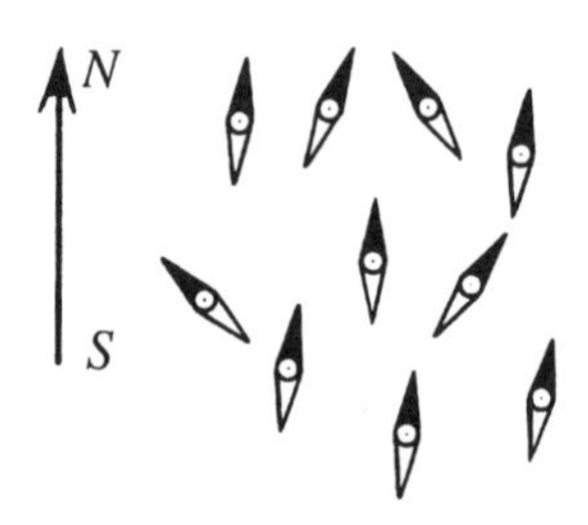

Abb. 33.1: System von Magnetnadeln

Da jede einzelne Magnetnadel im Ruhezustand nach Norden zeigt, werden die Magnetnadeln anfangs um die Nord-Süd-Richtung schwingen. Wäre die Reibung an den Auflagepunkten nicht vorhanden und würden die Magnetnadeln nicht miteinander wechselwirken (Abstoßung zwischen gleichnamigen Polen, Anziehung zwischen ungleichnamigen Polen), dann würden ihre Schwingungen beliebig lange andauern. In Wirklichkeit klingen die Schwingungen ab, weil ihre Energie durch die Reibungskräfte an den Auflagepunkten verbraucht wird, und alle Nadeln richten sich nach Norden. Außerdem wechselwirken die Nadeln miteinander, ihre Bewegungen sind „gekoppelt", daher können sie Energie austauschen. Es ist nicht schwierig, in diesem Verhalten der Nadeln ein Modell für die Einstellung des Gleichgewichts in einem Spinsystem (Abschnitt 32) zu erkennen.

Die Nadelauflagepunkte spielen die Rolle eines Kühlers, an den die Nadeln ihre kinetische Energie abgeben. Die stehenbleibenden Nadeln sind mit einem Spinsystem bei der Temperatur $T = 0$ vergleichbar.[1] Die Temperatur „Null" tritt deswegen auf, weil die kinetische Energie der Nadeln solange an die Auflagepunkte abgegeben wird, bis sie im Gleichgewicht ganz aufgebraucht ist.

Würden wir das System der (schwingenden) Magnetnadeln sorgfältiger behandeln, würden wir sehen, daß die Nadeln im Gleichgewicht nicht völlig zur Ruhe kommen, sondern in Wirklichkeit – durch die Stöße der Luftmoleküle und die Wärmebewegungen der Auflage selbst – mit sehr kleinen Amplituden schwingen, so daß ihre Energie nicht exakt auf Null sinkt, sondern (im Mittel) den Wert kT pro Nadel annimmt. Eine solche Bewegung wird Brownsche Bewegung genannt. Ihre theoretische Erklärung wurde im Jahre 1905 von Einstein gegeben.

Das Modell von Elektronen im Magnetfeld (oder das der Magnetnadeln) ist

[1] Die Nadeln selbst nehmen natürlich nicht die Temperatur des absoluten Nullpunktes an, sondern die Zimmertemperatur T, aber auch dabei kommen die Schwingungen praktisch zum Stillstand.

nützlich, um die Bedeutung der Temperatur des absoluten Nullpunktes zu verstehen.

Bei einer beliebigen Temperatur des Spinsystems von Abschnitt 32 werden die zwei möglichen Spinrichtungen mit verschiedener Wahrscheinlichkeit angetroffen. Bei sehr tiefen Temperaturen befinden sich fast alle Elektronen auf dem unteren Niveau, ihre Spins sind dem Feld entgegen gerichtet. Das obere Niveau ist praktisch leer, d. h. „unbesetzt". Je höher die Temperatur wird, desto stärker wird das obere Niveau „besetzt" und bei sehr hohen Temperaturen ($kT \gg \mu_B B$) sind beide Spinprojektionen fast gleich wahrscheinlich besetzt (Abbildung 33.2).

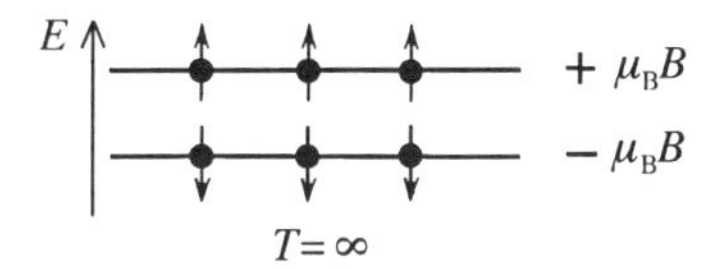

Abb. 33.2: Bei $T = \infty$ sind die beiden Niveaus $\pm\mu_B B$ gleich wahrscheinlich besetzt.

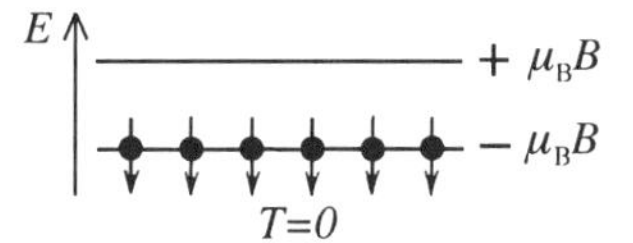

Abb. 33.3: Bei $T = 0$ besetzen alle Elektronen das untere Niveau $-\mu_B B$

Nimmt die Temperatur dagegen ab, so wird ein immer größerer Anteil der Elektronen einen dem Feld entgegen gerichteten Spin haben. Ist schließlich $T = 0$, so haben alle Elektronen dem Feld entgegen gerichtete Spins (Abbildung 33.3).

Dieser Zustand des Spinsystems entspricht dem absoluten Nullpunkt der Temperatur.

In der Quantentheorie bekommt der Begriff des absoluten Nullpunkts einen einfachen und klaren Sinn. Unter den Energieniveaus eines beliebigen Quantensystems gibt es immer ein Niveau, das der niedrigsten Energie entspricht (Grundzustand). Im Falle des Spinsystems ist dies der Zustand, bei dem die Spins aller Elektronen dem Feld entgegen gerichtet sind. Beim absoluten Nullpunkt befindet sich das System im Grundzustand. Für eine weitere Abkühlung wäre eine weitere Energieabgabe erforderlich. Das ist aber nicht möglich, da das System im Grundzustand keine niedrigeren Niveaus besitzt, in die es unter Energieabgabe übergehen könnte.

Wir haben oben gesagt, daß es lange Zeit über den absoluten Nullpunkt unklare Vorstellungen gab. Sie waren mit dem Gay-Lussacschen Gesetz verbunden. Aber selbst am Anfang des 20. Jahrhunderts schien der Begriff des absoluten Nullpunktes nicht völlig klar zu sein. In einer im Jahre 1914 herausgegebenen „Kinderenzyklopädie" schrieb man folgendes: „Wenn sich ein Gas beim Abkühlen verdichtet, nimmt sein Volumen ab. Es besteht die Frage: Ist sein Verschwinden möglich, wenn man das Gas bis zum Zustand der absoluten Kälte führt?". Solche Äußerungen klingen heute naiv. Es ist doch merkwürdig, was aus dem einfachen Bruch $1/267$ der empirischen Formel von Gay-Lussac geschlußfolgert wurde.[2]

[2]Erinnern wir uns, daß $1/266$ (nach Gay-Lussac) ein genäherter Wert des Ausdehnungskoeffizienten eines idealen Gases ist (der richtige Wert ist $1/273,15\ K^{-1}$).

34 Die Unerreichbarkeit des absoluten Nullpunkts

Bekanntlich kann man die Temperatur eines Körpers nicht bis zum absoluten Nullpunkt absenken, obgleich eine beliebige Annäherung an diesen Punkt möglich ist. Dieser Sachverhalt erinnert an das bekannte Paradoxon von Achilles und der Schildkröte (es wird das Zenonsche Paradoxon genannt). Das (scheinbar) Paradoxe besteht im folgenden: Achilles, der zehnmal schneller als die Schildkröte läuft, soll sie einholen. Während Achilles den ganzen Weg, der ihn von der Schildkröte anfangs trennt, durchläuft, bewegt sich die Schildkröte um ein $1/10$ des Wegs. Achilles wird natürlich auch dieses Wegstück überwinden, aber die Schildkröte wird sich dabei um ein $1/100$ entfernen. So oft sich Achilles der Schildkröte auch nähert, sie würde sich doch immer ein kleines Stück vorwärts bewegen. Bei einer anderen Behandlung dieser Aufgabe wird alles deutlicher. Die Summe $1 + 1/10 + 1/100 + \ldots$ ist gleich $1\frac{1}{9}$, und das scheinbar Paradoxe besteht in der Behauptung, daß der unendliche Dezimalbruch 1,11... einen endlichen Wert besitzt.

Für Zenon bestand das Paradoxe darin, daß Achilles die unendliche Zahl der Teilstrecken in einer endlichen Zeit durchlaufen soll.[1]

Wir wollen nicht mit Zenon streiten, sondern seine Aufgabe etwas ändern. Wir nehmen an, daß die Schildkröte sehr pedantisch war und Achilles bat, nach jeder Etappe (nach jedem Glied der unendlichen Reihe) irgendein Zeichen zu setzen oder einfach die Etappen zu zählen. Weil dabei unendlich viele solche Zeichen gesetzt werden müssten, würde die Dauer des Zweikampfs unendlich werden.

Wie schnell auch Achilles die Etappen markieren mag, so kann er doch niemals in einer endlichen Zeit unendlich viele Zeichen setzen. So macht eine arglose bürokratische Forderung die einfache Aufgabe unerfüllbar. In einer solchen Form ähnelt sie der Aufgabe von der Annäherung an den absoluten Nullpunkt.

Um einen Körper bis zum absoluten Nullpunkt abzukühlen, ist es notwendig, ihm eine endliche Wärmemenge zu entnehmen.

Diese Wärmemenge kann man leicht berechnen, wenn bekannt ist, wie die Wärmekapazität des Körpers von der Temperatur abhängt. Kann man aber dem Körper diese Wärmemenge mit einem Mal entnehmen?

Darin besteht gerade die Schwierigkeit. Mit einer beliebigen Methode der Abkühlung nimmt die Temperatur um einen gegebenen Faktor und nicht um eine gegebene Größe ab. Als wir die thermodynamische Skala beschrieben (Abschnitte 18, 19), zeigte sich, daß diese Skala eine bemerkenswerte Symmetrie (Skalierungseigenschaft) besitzt. Multiplizieren wir nämlich alle Temperaturwerte mit ein und demselben Faktor, dann bleiben die Formeln unverändert. Das bedeutet: für die Herabsetzung der Temperatur eines gegebenen Körpers von 100 auf 99 Grad und von 200 auf 198 Grad muß man dieselbe Wärmemenge abführen, weil $100 : 99 = 200 : 198$.

[1] Zenon zweifelte nicht daran, daß Achilles die Schildkröte einholt, aber er war der Meinung, daß eine endliche Strecke nicht aus einer unendlichen Zahl von Teilen bestehen kann.

Wenn aber in der Thermodynamik in allen Berechnungen nur die Verhältnisse der Temperaturen, der Volumina usw. eingehen, dann wird in einem beliebigen Abkühlungsprozeß die tiefere Endtemperatur zur höheren Anfangstemperatur proportional, d. h., ein beliebiges Verfahren der Temperaturerniedrigung kann die Temperatur bei jedem Schritt immer nur um irgendeinen Faktor reduzieren.

Wie wir oben gesehen haben (Abschnitt 17), wird beim Carnot-Zyklus die Relation $T_1/T_2 = Q_1/|Q_2|$ erfüllt. Offensichtlich enthält diese Relation nur die Verhältnisse von Wärmemengen oder Temperaturen.

Jetzt ist es leicht zu verstehen, daß man, um die Temperatur irgendeines Körpers auf den absoluten Nullpunkt zu bringen, eine unendliche Zahl von Schritten durchführen muß. Jeder Schritt kann ein Kreisprozeß sein oder aber auch z. B. eine adiabatische Expansion eines sich abkühlenden Gases.

Bei jedem Schritt wendet man eine bestimmte endliche Arbeit auf, und die Temperatur nimmt um einen endlichen Faktor ab. Und da für jede Operation eine endliche Zeit gebraucht wird, wird die gesamte Zeit, die für das Abkühlen bis zum absoluten Nullpunkt notwendig ist, unendlich. So ähnelt der Weg zum absoluten Nullpunkt dem (modifizierten) Zweikampf zwischen Achilles und der Schildkröte.

Man kann fragen, ob eine kinetisch-statistische Betrachtung die Situation vielleicht verändert? Ob es etwa möglich wäre, alle Spins eines Elektronensystems (Abschnitt 32) in den tiefsten energetischen Zustand zu überführen (z. B. indem wir abwarten, bis sie ihre gesamte Anregungsenergie abgestrahlt haben)? Aber daraus wird nichts. Würde sich das Spinsystem im unendlichen Kosmos, in der absoluten Leere befinden und könnte die abgestrahlte Energie so für immer „verschwinden", dann würden natürlich die Spins ihre gesamte Energie verlieren und das Spinsystem würde in den der Temperatur des absoluten Nullpunktes entsprechenden Zustand, den Grundzustand, übergehen. Befindet sich aber das Spinsystem in irgendeinem abgeschlossenen Volumen, das mit Wänden begrenzt ist, die eine konstante Temperatur haben, dann nimmt ein solches Spinsystem die Wandtemperatur an, und es ist unmöglich, ohne Arbeitsaufwand eine Systemtemperatur zu erreichen, die niedriger ist als die Temperatur der Wände.

Die Quantentheorie bringt auch hier ihre Korrekturen an. In der klassischen Physik hielt man es für selbstverständlich, daß man von beliebigen Systemen beliebig kleine Energieportionen entnehmen kann, um auf diese Weise die Systemtemperatur um einen beliebig kleinen Betrag zu ändern. Dies ist nicht so in Quantensystemen. In dem eben erwähnten Spinmodell ist die kleinste Energieänderung gleich $2\mu_B B$. Beim Abkühlen eines Spinsystems kann daher der letzte Spin in einem einzigen Schritt umgeklappt werden. Dann sind alle Spins dem Feld entgegen gerichtet und das System befindet sich im Grundzustand. Wichtig dafür ist, daß dieser Grundzustand von den angeregten Zuständen energetisch isoliert ist (es ist eine endliche Anregungsenergie nötig, um einen Spin in Feldrichtung zu klappen). Im Grundzustand hätte dieses Spinsystem allein (d. h. streng isoliert von allen anderen Freiheitsgraden) die Temperatur $T = 0$. Der Haken dabei ist: Ein solches streng isolierte Spinsystem gibt es nicht, das ist nur eine gedankliche Idealisierung. In Wahrheit sind die betrachteten Spins nur Teil irgendeines größeren Systems, sie würden daher von den umgebenden Elektronen (oder anderen Teilchen) solange Energie aufnehmen (aufgeheizt werden), bis sich das thermische Gleichgewicht zwischen Spinsystem und Umgebung bei einer von Null verschiedenen Temperatur eingestellt hätte. Nichtsdestoweniger kann in einem Spinsystem der Zustand mit einer Temperatur, die sehr nahe beim absoluten Nullpunkt liegt, über längere Zeit aufrechterhalten werden, weil die Relaxationszeit für den Temperaturausgleich groß ist.

III Die Entropie und wie sie für Irreversibilität und Verluste sorgt

35 Die Entropie und der Zweite Hauptsatz

Mit Hilfe eines Thermometers kann man die Temperatur eines beliebigen Körpers bestimmen. Natürlich zeigt das Thermometer eigentlich nur seine eigene Temperatur an, und es ist nicht immer einfach zu erklären, wie sich diese zur Temperatur des Körpers verhält. In unserem Alltagsleben sprechen wir häufig von Temperaturen und vergessen meist die komplizierten, mit diesem Begriff verbundenen Prozesse. Nachdem die Physiker vor vielen Jahren gelernt hatten, die Temperatur zu messen, konnten sie sehr lange nicht verstehen, wie die Größen Temperatur und Wärmemenge miteinander verknüpft sind. Es war sehr schwierig herauszufinden, daß zur Temperatur eine mit ihr zusammenhängende Größe gehört – die Entropie, deren Zunahme, multipliziert mit der Temperatur, die von einem Körper reversibel aufgenommene Wärmemenge bestimmt. Diese Entropie wurde theoretisch von Clausius entdeckt und gilt jetzt als die merkwürdigste Entdeckung unter den merkwürdigen Entdeckungen, von denen das 19. Jahrhundert so reich war.

Die Entropie wurde in die Physik auf eine rein theoretische Weise eingeführt, weil es kein Gerät gab, um sie direkt zu messen. Es gibt nicht einmal eine Methode, um die Entropien von zwei verschiedenen Systemen zu vergleichen, so wie man etwa die Temperaturen von zwei Körpern vergleichen kann.

Es ist unmöglich, z. B. zwei Gefäße mit verschiedenen Gasen zu nehmen und zu sagen, welches von ihnen eine größere Entropie hat. Die Gasentropie läßt sich in Tabellen finden, aber es gibt kein Gerät, ähnlich einem Barometer oder Thermometer, das den Entropiewert anzeigt.

Clausius war zum Entropiebegriff gekommen, indem er den tieferen Sinn der Carnotschen Untersuchungen zu verstehen versuchte. Carnot hatte, wie wir bereits wissen, folgendes bewiesen (Abschnitt 17): Wenn zwischen zwei „Körpern“ – Wärmebädern mit den Temperaturen T_1 (Wärmespender) und T_2 (Kühler) – ein reversibler (umkehrbarer) Prozeß stattfindet, d. h. eine Kraftmaschine aufgebaut ist, die eine Arbeit leistet, wobei sie vom Wärmespender die Wärme Q_1 entnimmt und an den Kühler den Anteil $|Q_2|$ abgibt, dann sind die Wärmemengen Q_1 und $|Q_2|$ mit den Temperaturen T_1 und T_2 über die Proportion

$$\frac{Q_1}{|Q_2|} = \frac{T_1}{T_2}$$

verknüpft. Diese Relation ist für eine beliebige Carnot-Maschine gültig (unabhängig vom Arbeitsgas), wenn sie nur ideal ist, d. h. reversibel arbeitet, sodaß man sie – dann als Kälteanlage oder Wärmepumpe – auch „rückwärts“ (also in umgekehrter Richtung) betreiben kann. Bei Aufwendung derselben Arbeitsmenge entzieht sie dabei dem Wärmebad 2 die Wärmemenge $Q_2(>0)$ und gibt an das Wärmebad 1 die Wärmemenge $|Q_1|$ ab. Die Wärmebäder vertauschen ihre Rollen: Das Wärmebad 1 wird zum Kühler, das Wärmebad 2 zum Wärmespender.

Eine geringfügige Umformulierung der Carnot-Beziehung erleichtert uns den Zugang zu der erwähnten fundamentalen Größe Entropie. Mit der in den Abschnitten 15 und 17 eingeführten Vorzeichenregelung ist beim direkten Carnot-Zyklus (Kraftmaschine) $Q_1 > 0$ und $Q_2 < 0$, also $Q_2 = - \mid Q_2 \mid$, dagegen ist beim umgekehrten Carnot-Zyklus (Kälteanlage) $Q_1 < 0$ und $Q_2 > 0$, also $Q_1 = - \mid Q_1 \mid$. Damit nimmt das Carnot-Theorem in beiden Fällen die Form

$$\frac{Q_1}{T_1} + \frac{Q_2}{T_2} = 0$$

an. So haben wir eine Formel gefunden, die einem Erhaltungssatz ähnlich ist. Arbeitet eine Kraftmaschine nach dem Carnot-Zyklus wird die Größe Q_1/T_1 vom Wärmespender „entnommen" und die Größe Q_2/T_2 an den Kühler „abgegeben", wobei beide Größen dem Betrag nach gleich sind .

Carnot selbst benutzte, wie wir wissen, das Kalorikumsmodell. Dieses Modell mußte zu irgendeiner Relation führen, die die Erhaltung einer hypothetischen Wärmeflüssigkeit ausdrückte. Das Modell wäre annehmbar, gäbe es eine Beziehung der Art $\mid Q_1 \mid = \mid Q_2 \mid$. Dies hätte bedeutet, daß die Wärme erhalten bleibt und Arbeit geleistet wird durch den Übergang der Wärme vom höheren Niveau zum niedrigeren Niveau.

Wäre die Temperatur ein Analogon zur Höhe, dann müßte die von einer Maschine erzeugte Arbeit der Temperaturdifferenz proportional sein. Jedoch bleibt, wie wir soeben gesehen haben, bei einem reversiblen Prozeß nicht die im Körper enthaltene Wärmemenge (oder die Kalorikumsmenge) erhalten, sondern eine andere Größe, deren Änderung gleich ist der reversibel zugeführten Wärme dividiert durch die Körpertemperatur.

Die an einem Wärmeprozeß beteiligte Wärme muß also durch die Temperatur dividiert werden, nur so entsteht eine Größe, die bei einem reversiblen Prozeß in dem oben beschriebenen Sinn erhalten bleibt.

Wir wollen die Bezeichnungen noch weiter verändern und ΔQ_1 statt Q_1 wie auch ΔQ_2 statt Q_2 schreiben, um zu betonen, daß ΔQ_1 und ΔQ_2 kleine Portionen sind, die vom Arbeitsgas z. B. einer Kraftmaschine aufgenommen bzw. abgegeben werden (bei einer Kälteanlage oder Wärmepumpe ist das umgekehrt). Für einen Carnot-Zyklus gilt somit

$$\frac{\Delta Q_1}{T_1} + \frac{\Delta Q_2}{T_2} = 0.$$

Clausius postulierte nun, daß eine Größe S existiert, die, ähnlich dem Volumen, dem Druck, der Temperatur und der Energie, den Gaszustand kennzeichnet. Man nennt solche Größen Zustandsgrößen. Wenn dem Gas eine kleine Wärmemenge ΔQ reversibel zugeführt wird, dann nimmt diese Größe S um

$$\Delta S = \frac{\Delta Q}{T}$$

zu. Die Größe S – von Clausius wurde sie (zuerst Äquivalenzwert, später Verwandlungswert und schließlich) Entropie genannt – ist eine Zustandsgröße (so wie auch

V, p, T, U), während ΔQ eine Prozeßgröße ist (wie auch ΔW). Während der Erste Hauptsatz aus verallgemeinerten Erfahrungen die Existenz der Zustandsgröße Energie U (mit $\Delta U = \Delta W + \Delta Q$) postuliert, fordert der Zweite Hauptsatz wiederum aus verallgemeinerten Erfahrungen die Existenz der Zustandsgröße Entropie S (mit $\Delta S = \Delta Q/T$).[1]

Nach der Entdeckung von Clausius wurde endlich klar, warum der Zusammenhang zwischen Wärme und Temperatur so schwierig zu verstehen war. Es stellte sich heraus, daß man nicht von einer im Körper enthaltenen Wärmemenge sprechen kann. Dieses Bild ist einfach falsch. Wärme kann mit einer Kraftmaschine in Arbeit umgewandelt oder durch Reibung erzeugt werden. Wärme ist also eine Prozeßgröße, während die Entropie eine neue Zustandsgröße ist, von deren Existenz früher niemand etwas geahnt hatte.

Werfen wir einen Blick auf das Verhalten der Entropie eines Gases im Carnot-Zyklus (Abb. 10.1 bis 10.4). Die obige Beziehung bedeutet für den reversiblen Carnot-Zyklus, daß die Entropie des Arbeitsgases in der ersten Etappe (*ab*) um genau so viel zunimmt, wie sie in der dritten Etappe (*cd*) abnimmt. In der zweiten Etappe (*bc*), in der das Gas wärmeisoliert ist, also keine Wärme erhält oder abgibt, bleibt seine Entropie konstant; genau so bleibt sie auch in der vierten Etappe (*da*) konstant. Somit hat sich bei einem reversiblen Carnot-Zyklus die Entropie des Arbeitsgases als eine Zustandsgröße nach einem vollen Umlauf nicht geändert.

Weil sich bei einem adiabatischen Prozeß die Entropie nicht ändert, spricht man auch von einem isentropischen Prozeß.

36 Der Carnot-Zyklus im *T*-*S*-Diagramm

Wir wollen den Carnot-Zyklus in einem Diagramm mit den Variablen T und S darstellen (Abbildung 36.1).

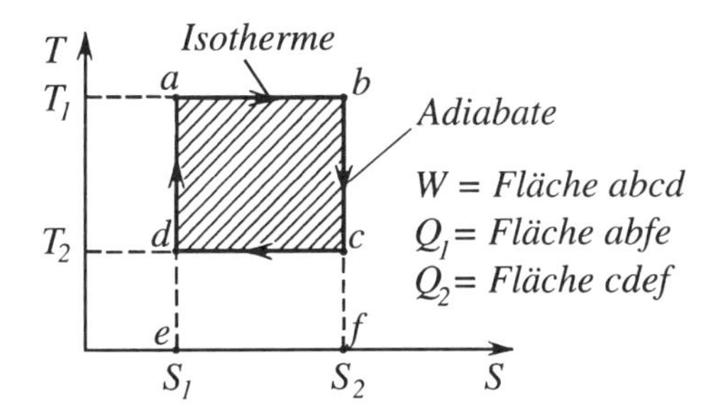

Abb. 36.1: Carnot-Zyklus im T-S-Diagramm mit den Isothermen *ab* und *cd* und den Adiabaten oder Isentropen *bc* und *da*. Vom Wärmebad 1 abgegebene Wärme Q_1 = Fläche *abfe*, vom Wärmebad 2 aufgenommene Wärme Q_2 = Fläche *cdef*, vom Gas verrichtete Arbeit $W = Q_1 - Q_2$ = schraffierte Fläche *abcd*

[1] Genauer ist dies nur der erste Teil des Zweiten Hauptsatzes. Zum zweiten Teil s. Abschnitt 39

Die erste Etappe, die Isotherme, ist in dieser Figur durch eine zur S-Achse parallele Gerade dargestellt. Die zweite Etappe, die Adiabate oder Isentrope, ist eine zur T-Achse parallele Gerade. Die zwei letzten Etappen, die zweite Isotherme und die zweite Adiabate, ergeben die zwei anderen Seiten eines Rechtecks. Das Temperatur-Entropie-Koordinatensystem ist für die Darstellung des Carnot-Zyklus sehr bequem, weil dessen Graph einfach die Form eines Rechtecks annimmt. An diesem Graphen sieht man sehr gut, daß Entropie vom Wärmespender über das Arbeitsgas zum Kühler „überströmt" und danach zum Teil vom Kühler wieder über das Arbeitsgas zurück zum Wärmespender, und daß das Ganze so abläuft, daß am Ende eines reversiblen Zyklus die Entropie des Arbeitsgases wieder ihren Ausgangswert annimmt.

Es ist nicht schwierig, in dieser graphischen Darstellung die von der Kraftmaschine geleistete Arbeit zu finden. Die vom Wärmespender erhaltene Wärmemenge Q_1 setzt sich aus Beiträgen $T_1 \Delta S$ zusammen. Weil die Wärme vom Wärmespender bei der konstanten Temperatur T_1 abgegeben wird, ist die gesamte an das Arbeitsgas abgegebene Wärmemenge Q_1 gleich $T_1(S_2 - S_1)$. In dem Diagramm ist diese Größe durch den Flächeninhalt des Rechtecks $abfe$ dargestellt.

Auf dieselbe Weise wird auch die an den Kühler abgegebene Wärmemenge $|Q_2|$ berechnet. Sie ist gleich $T_2(S_2 - S_1)$. Diese Größe ist in dem Diagramm durch den Flächeninhalt des Rechtecks $cdef$ dargestellt. Somit ist die Wärmemenge, die nicht vom Wärmespender zum Kühler übertragen wird, gleich dem Flächeninhalt des schraffierten Rechtecks *abcd*, das den Carnot-Zyklus darstellt. Das ist aber nach dem Ersten Hauptsatz zugleich die von der Carnot-Maschine geleistete Arbeit W. Diese ist daher gleich $(T_1 - T_2)(S_2 - S_1)$. Der Wirkungsgrad der Carnot-Maschine ist gleich dem Verhältnis der Flächen der betrachteten Rechtecke *abcd* und $abfe$, also $(T_1 - T_2)/T_1$ (der gemeinsame Faktor $S_2 - S_1$ kürzt sich heraus).

Es ist jetzt leicht, die ursprünglichen Überlegungen Carnots zu korrigieren. Wenn wir uns die Temperaturdifferenz $T_1 - T_2$ wirklich als eine Höhendifferenz vorstellen, dann sollte eher die Größe $S_2 - S_1$ (also die Entropiedifferenz zwischen den Prozessen *bc* und *da*) die Rolle einer fallenden „Flüssigkeit" spielen und nicht die Menge irgendeiner Wärmesubstanz, die durch das Arbeitsgas vom Wärmespender auf den Kühler übertragen wird.

Außer dem Carnot-Zyklus, der für die Theorie sehr einfach, aber für die Praxis unhandlich ist, existiert eine Vielzahl anderer Zyklen, in denen z. B. Gase, wie in der Dampfmaschine, in die flüssige Phase übergehen (kondensieren), oder, wie im Motor eines Autos, explodieren. Es gibt den aus Isochoren und Isothermen bestehenden Stirling-Zyklus, aus Isobaren und Adiabaten besteht der p-T-Zyklus. Es ist nicht schwierig, diese Zyklen in den Koordinaten p und V oder auch T und S darzustellen. Mit der Theorie solcher Zyklen beschäftigt sich die technische Thermodynamik.

Wenn man solche Diagramme zeichnet, ist es nützlich zu wissen, daß für ein- und denselben Zyklus die von der jeweiligen Zykluskurve umfahrenen Flächen in den p-V- und T-S-Diagrammen gleich sind und gleich der geleisteten Arbeit sind.

37 Konjugierte Größen

Schreiben wir noch einmal die Formel für die Wärmemenge auf, die einem System in einem reversiblen Prozeß zugeführt wird:

$$\Delta Q = T\Delta S.$$

Diese Formel ähnelt der Formel für die an einem System verrichtete Arbeit:

$$\Delta W = -p\Delta V.$$

Auf der linken Seite stehen jeweils kleine Mengen an Wärme und an Arbeit. Als Prozeßgrößen haben ΔQ und ΔW einen klaren physikalischen Sinn, dagegen gibt es keine Zustandsgrößen, die man als die in einem Körper enthaltene Wärme Q oder Arbeit W bezeichnen könnte; stattdessen gibt es die Zustandsgrößen U (= Energie) und S (= Entropie), deren Änderungen mit den Prozeßgrößen ΔW und ΔQ über den Ersten und Zweiten Hauptsatz verknüpft sind.

Die Größen T und p (als Faktoren auf den rechten Seiten) haben etwas gemeinsam: Die Gleichheit der Temperaturen und der Drücke sind zwei Gleichgewichtsbedingungen, und beide Größen sind direkt meßbar: T mit einem Thermometer und p mit einem Manometer.

Auch Entropie S und Volumen V (deren Änderungen neben T und p stehen) haben etwas gemeinsam: Das Volumen eines Systems ist gleich der Summe der Volumen seiner Teile. Genauso ist die Systementropie gleich der Summe der Entropien seiner Teile. Volumen und Entropie sind additive Größen (oder wie man sagt extensive Größen im Unterschied zu Temperatur und Druck, die intensiv sind: T und p in einem System sind gleich T und p von beliebigen seiner Teile).

Die Größen p und V werden zueinander konjugiert genannt, ebenso sind auch die Entropie S und die Temperatur T zueinander konjugierte Größen.

38 Die Entropie eines idealen Gases: $S(V,T)$

Obwohl man die Entropie nicht messen kann, kann man sie theoretisch berechnen. Es ist am einfachsten, dies für ein ideales Gas vorzuführen.

Nehmen wir ein Mol eines Gases bei einer Temperatur T_0. Möge es das Volumen V_0 besitzen. Wir wollen es in einen anderen Zustand mit den Temperatur- und Volumenwerten T und V überführen. Wir tun dies in zwei Etappen. Anfangs lassen wir das Gas isotherm solange expandieren, bis sein Volumen gleich V ist, und in der zweiten Etappe erwärmen wir es bei konstantem Volumen bis zur Temperatur T.

In der ersten Etappe verrichtet das Gas die Arbeit $RT_0 \ln(V/V_0)$ (siehe Abschnitt 15). Dabei hat das Gas vom Wärmebad eine entsprechende Wärmemenge empfangen. Dem entspricht eine Zunahme der Entropie um

$$S_1 - S_0 = \frac{1}{T_0}\left(RT_0 \ln \frac{V}{V_0}\right) = R \ln \frac{V}{V_0}.$$

In der zweiten Etappe wird für die Erwärmung des Gases um ΔT die Wärmemenge $C_V \Delta T$ aufgewendet (siehe Abschnitt 16). Dabei nimmt die Gasentropie um

$$\Delta S = C_V \frac{\Delta T}{T}$$

zu. Um die Entropieänderung bei einer Änderung der Temperatur um den endlichen Wert $T - T_0$ zu berechnen, muß man alle Beiträge ΔS summieren, wobei man zu berücksichtigen hat, daß T dabei zunimmt. Dies ist leicht getan, wenn man annimmt, daß die Wärmekapazität C_V während des gesamten Prozesses konstant ist.

Die Berechnung muß man hier nach demselben Schema durchführen, mit dem wir die Arbeit in einem isothermen Prozeß berechnet haben. Für eine kleine Volumenänderung hatten wir

$$-\Delta W = p\Delta V = RT \frac{\Delta V}{V}$$

erhalten, und das hatte (bei $T = \text{const}$) zu

$$W = RT \ln \frac{V_0}{V}$$

geführt. Analog können wir auch die Entropieänderung beim Aufheizen von T_0 auf T (hier bei $V = \text{const}$) angeben:

$$S - S_1 = C_V \ln \frac{T}{T_0}.$$

Addiert man dazu das obige Ergebnis für $S_1 - S_0$, so ergibt sich für die gesamte Entropieänderung:

$$S - S_0 = R \ln \frac{V}{V_0} + C_V \ln \frac{T}{T_0}.$$

Die Werte von V_0 und T_0 können willkürlich ausgewählt werden, deswegen erlaubt die vorliegende Formel, nur Änderungen der Entropie und nicht ihren Wert selbst zu berechnen.

Dieser Umstand darf uns nicht stutzig machen. Normalerweise haben wir es nur mit Änderungen von Entropie und Energie zu tun, ihre Werte selbst treten bei Berechnungen von Wärmeprozessen gar nicht auf. Eine Ausnahme bilden chemische Reaktionen: Dabei werden tatsächlich die Werte der Entropien verschiedener Stoffe, z. B. für Wasserstoff, Sauerstoff und Wasser, zum Zwecke ihres Vergleichs benötigt. Man lernte erst dann, solche Entropieberechnungen durchzuführen, als der Zusammenhang der Entropie mit der Statistik und der Wahrscheinlichkeit bekannt geworden war. Damit werden wir uns aber erst später (im Abschnitt 47) befassen.

39 Die Irreversibilität in der realen Welt

Als wir das Konzept des Carnot-Zyklus einführten, nahmen wir idealisierenderweise an, daß alle seine Teilschritte reversibel sein sollten. Die reale Welt ist davon aber verschieden. Nehmen wir z. B. ein Gefäß mit einem Gas, das mit einer Scheidewand in zwei Teile getrennt ist. Die Temperaturen in beiden Hälften des Gefäßes sollen verschieden sein. Jetzt nehmen wir die Scheidewand weg. Die Temperaturen werden anfangen sich auszugleichen (zusammen mit ihnen werden sich auch die Drücke ausgleichen). Man kann keinen Nutzen aus einem solchen Prozeß ziehen – die Temperaturdifferenz verschwindet und es wird dabei keinerlei Arbeit verrichtet. Es ist auch nicht schwierig, die Ursache eines solchen „Verschwindens möglicher Arbeit" zu entdecken. Der Prozeß des Temperaturausgleichs ist irreversibel (unumkehrbar). Ohne Arbeit zu leisten, kann man das System nicht in den Anfangszustand zurückbringen.

Solchem „Verschwinden möglicher Arbeit" begegnen wir auf Schritt und Tritt. Als wir einen isothermen Prozeß beschrieben haben, bei dem Wärme vom Wärmespender zum Arbeitsgas übergeht, haben wir darauf hingewiesen, daß dieser Prozeß irreversibel wird, wenn zwischen dem Gas und dem Wärmespender irgendeine Temperaturdifferenz besteht. Irreversible Prozesse treten auch innerhalb eines sich ausdehnenden Gases auf, wenn seine Temperatur über das ganze Volumen nicht streng konstant gehalten wird. Ein Carnot-Zyklus ist deshalb eigentlich gar nicht realisierbar: Damit er streng reversibel verläuft, dürften nämlich überhaupt keine Temperaturunterschiede auftreten. Dann würde aber auch die Wärmeabgabe vom Wärmespender aufhören und die Maschine würde keine Arbeit leisten.

Was geschieht nun aber mit der Entropie eines Gases, in dem ein irreversibler Prozeß, z. B. ein Temperaturausgleich, stattfindet? Betrachten wir nocheinmal ein mit Gas gefülltes Gefäß, das anfangs durch eine Wand in zwei Teile getrennt ist, in denen die Gastemperaturen verschieden sein sollen: $T_1 \neq T_2$. Mit der Durchmischung gleichen sich auch die Temperaturen aus. Wie ändert sich dabei die Entropie?

Den Prozeß dieser Durchmischung kann man folgendermaßen beschreiben: Jedes der beiden Teilgase dehnt sich aus und verdoppelt dabei sein Volumen. Wir wollen der Einfachheit halber annehmen, daß jede Gefäßhälfte $\frac{1}{2}$ Mol enthält und daß in beiden Hälften der Druck gleich ist. Weil sich nach der Durchmischung die Temperatur $\frac{1}{2}(T_1 + T_2)$ eingestellt hat, ist die Entropieänderung gleich

$$\Delta S = \frac{1}{2}\left(C_V \ln \frac{T_1 + T_2}{2T_1} + R \ln 2\right) + \frac{1}{2}\left(C_V \ln \frac{T_1 + T_2}{2T_2} + R \ln 2\right)$$

oder

$$\Delta S = C_V \ln \frac{T_1 + T_2}{2\sqrt{T_1 T_2}} + R \ln 2.$$

Man beachte, daß dies eine positive Zahl ist, weil $(T_1 + T_2)^2 \geq 4T_1 T_2$ gilt. Die Entropie hat also zugenommen.

Nur bei reversiblen Prozessen bleibt die Systementropie konstant, da die Entropieverluste eines Teils durch die Gewinne des anderen kompensiert werden. Die Entropie des Wärmespenders nimmt beim (direkten) Carnot-Prozeß in der Etappe 1 um genau soviel ab, wie die Arbeitsgasentropie zunimmt, d. h. um Q_1/T_1. Das

Kalorikumsmodell funktioniert solange gut, wie man damit nur den Übergang der Wärmemenge Q_1 vom Wärmespender zum Arbeitsgas beschreibt. Es versagt beim Kontakt mit dem Kühler (Etappe 3); denn dann gibt das Arbeitsgas an den Kühler nicht die vom Wärmespender empfangene Wärmemenge Q_1, sondern nur die kleinere Wärmemenge $|Q_2|$ ab: $|Q_2| < Q_1$. Gleichzeitig ist aber die an den Kühler übergehende Entropie, $|Q_2|/T_2$, genau gleich der vom Wärmespender empfangenen Entropie: $Q_1/T_1 = |Q_2|/T_2$. In einem reversiblen Carnot-Prozeß wird also vom Wärmespender über das Arbeitsgas dem Kühler die Entropie unverändert übergeben (und nicht eine Wärmemenge). Das sieht so aus, als ob die Entropie die Rolle eines modifizierten Kalorikums übernehmen könnte.

Hätte Carnot davon gewußt, dann hätte er bestimmt folgendermaßen überlegt und eben ein modifiziertes Kalorikumsmodell entwickelt. Wird in einem Carnot-Zyklus vom Wärmespender an das Arbeitsgas die Menge Q_1/T_1 des modifizierten Kalorikums (nehmen wir an, daß Carnot die Entropie auf diese Weise benannt hätte) gleich Q_1/T_1 übergeben, dann finden wir, indem wir diese Größe mit der Temperaturdifferenz multiplizieren, daß die von der Carnot-Maschine geleistete Arbeit gleich

$$\frac{Q_1}{T_1}(T_1 - T_2) = Q_1 \frac{T_1 - T_2}{T_1}$$

ist. In dieser Formel erkennen wir natürlich den Ausdruck für die Arbeit des idealen Carnot-Zyklus mit dem Wirkungsgrad $\eta = (T_1 - T_2)/T_1$, also den Ausdruck, der erst viele Jahre nach dem Tod Carnot's von Clausius entwickelt wurde.

Und trotzdem (d. h. auch mit dieser Modifikation) gelingt es uns nicht, das Kalorikumsmodell zu retten. Bei irreversiblen Prozessen bleibt ja die Entropie nicht erhalten, folglich kann sie bei solchen Prozessen auf keine Weise mit irgendeiner Art Kalorikum identifiziert werden, das, im Sinne Carnot's, weder aus dem Nichts erzeugt noch spurlos vernichtet werden kann. Also müssen wir doch vom Kalorikum endgültig Abschied nehmen.

40 Die Zunahme der Entropie

Wie bereits gesagt, stoßen wir beim Versuch, den idealen Carnot-Zyklus zu realisieren, auf unlösbare Probleme. So müßte man ja darauf achten, daß in den isothermen Etappen 1 und 3 die Gastemperatur immer gleich der Temperatur des jeweiligen Wärmebades (Wärmespenders bzw. Kühlers) ist und daß die Expansionen (Etappen 1 und 2) und Kompressionen (Etappen 3 und 4) sehr langsam durchgeführt werden. Zwar ist ein solcher Zyklus ideal, andererseits ist er aber auch nutzlos: Seine Leistung ist Null, da der Vorgang unendlich lange dauert. (Zur Erinnerung: Leistung = Arbeit dividiert durch die dafür benötigte Zeit.) Um eine Arbeit in einer endlichen Zeit verrichten zu können, muß man die strengen Bedingungen des idealen Zyklus fallen lassen. Dann kommt aber sofort die Wärmeleitung ins Spiel. Zwischen Stellen mit verschiedenen Temperaturen fließt dann ein Wärmestrom, und, wie oben gesagt, nimmt die Entropie dabei zu.

Bei der isothermen Expansion (Etappe 1) nimmt die Entropie des Arbeitsgases daher nicht um $\Delta Q_1/T_1$ zu, sondern um einen größeren Wert. Genauso nimmt die Entropie des Arbeitsgases bei der isothermen Kompression (Etappe 3) nicht um $\Delta Q_2/T_2$ ab, sondern um einen kleineren Wert. Infolgedessen nimmt die Entropie des Arbeitsgases bei einem ganzen Zyklus insgesamt zu.

Daraus folgt eines der wichtigsten Theoreme, nämlich, daß die Änderung der Entropie eines Körpers immer größer als die dem Körper zugeführte Wärmemenge, dividiert durch die thermodynamische Körpertemperatur, ist:

$$\Delta S \geq \frac{\Delta Q}{T}.$$

Das Gleichheitszeichen gilt nur für einen reversiblen Prozeß, der aber praktisch nicht realisierbar ist.

Die Entropiezunahme ist der Preis für die reale Arbeit, die von einer Carnot-Maschine geleistet wird, also dafür, daß die Maschine eine von Null verschiedene Leistung erbringt.

Wollen wir von irgendeiner Maschine eine Arbeit in einer endlichen Zeit verrichten lassen (Kraftmaschine), dann müssen wir dafür nicht nur mit einem Energieaufwand, sondern auch mit einer Entropiezunahme des Systems bezahlen. Man kann zwar die Energie zurückbekommen, wenn man die gewonnene Arbeit bei der Umkehrung des Prozesses verwendet. Es ist aber unmöglich, die gewachsene Entropie (ohne zusätzliche Arbeit) zu reduzieren, im Umkehrzyklus (Kälteanlage oder Wärmepumpe) nimmt sie sogar noch stärker zu.

Man hat mit der Entropie nicht nur für eine Arbeit in endlicher Zeit, sondern auch für beliebige Messungen zu bezahlen.

Man gibt einem Kranken ein Thermometer. Die Quecksilbersäule ist anfangs gar nicht sichtbar. Vom Körper des Kranken fließt ein Wärmestrom zum Thermometer und dieser läßt das Quecksilberniveau steigen. Gleichzeitig nimmt die Thermometerentropie zu, und die Entropie des Kranken nimmt (geringfügig) ab. Die Temperaturmessung ist ein irreversibler Prozeß, bei dem die Entropie des Gesamtsystems „Kranker+Thermometer“ wächst. Es ist unmöglich, das Thermometer so zu präparieren, daß gar kein Wärmestrom entstehen kann. Dafür müßte man die Temperatur des Kranken schon wissen. Jedoch gibt es anfangs keine solche Information, wozu würde man sonst dem Kranken das Thermometer überhaupt geben?

Welche Messung auch ausgeführt wird, man muß dafür mit Entropie bezahlen. In unserer Welt führt ein beliebiger Arbeitsgewinn, eine beliebige Messung stets zu einer Entropiezunahme. Die Entropiezunahme begleitet uns auf Schritt und Tritt. Reibung, Wärmeleitung, Diffusion, Zähigkeit, Joulesche Wärme – das sind einige der Hauptmechanismen, die die Entropie erhöhen.

Die Entropie eines abgeschlossenen Systems wächst so lange, bis alle irreversiblen Prozesse aufgehört haben. So gelangt es in den Zustand des thermischen Gleichgewichts. (Wenn man diesen Gedanken fälschlicherweise auf den gesamten Kosmos anwendet, spricht man auch vom „Wärmetod“.)

Im Zustand des thermischen Gleichgewichts erreicht die Entropie also ihren größtmöglichen Wert. Das Gas „vergißt" dann alles über Wände und Stöße (ohne die es allerdings überhaupt keine Gleichgewichtseinstellung gäbe), da es im Zustand mit der größten Entropie für die Information über die Form der Wände und den Charakter der Stöße (der Gasteilchen an die Wände bzw. untereinander) keine Gegenleistung mehr haben kann, die Entropie kann ja nicht weiter anwachsen.

41 Die Entropiezunahme beim Druckausgleich

Für die Entropie pro Mol eines idealen Gases hatten wir die folgende Formel erhalten (Abschnitt 38):

$$S - S_0 = R \ln \frac{V}{V_0} + C_V \ln \frac{T}{T_0}.$$

Benutzen wir die thermische Zustandsgleichung $pV = RT$ und ersetzen mit ihrer Hilfe V, so bekommen wir

$$S - S_0 = R \ln \frac{p_0}{p} + C_p \ln \frac{T}{T_0},$$

wobei $C_p = C_V + R$ die Wärmekapazität bei konstantem Druck ist. Man kann daraus schließen, daß auch der Druckausgleich bei konstanter Temperatur zu einer Entropiezunahme führt.

Der Mechanismus des Druckausgleiches besteht darin, daß die Gasteilchen bei ihren Stößen aufeinander Impulse übertragen. Dabei übertragen diejenigen Teilchen, die im Mittel große Geschwindigkeiten besitzen, einen Teil ihrer Impulse an andere (langsamere) Teilchen: Die schnelleren Teilchen werden abgebremst, die langsameren werden beschleunigt. Darauf beruht die Zähigkeit eines Gases. Die Zähigkeit tritt bei Prozessen auf, bei denen in einem Fluid (= Gas oder Flüssigkeit)[1] Druckdifferenzen (oder Differenzen in der Strömungsgeschwindigkeit) bestehen. Nachdem die Drücke ausgeglichen sind, können wir wieder vergessen, daß die Teilchen untereinander stoßen. Im Gleichgewichtszustand gibt es keine Erinnerungen mehr an diese Stöße.

42 Die Hauptsätze der Thermodynamik

Wir sind bereits einen großen Teil unseres Weges gegangen, und jetzt können wir kurz einmal unterbrechen. Hinter uns liegt die Geschichte darüber, wie aus sehr nebelhaften Vorstellungen über Wärme und Kalorikum die neuen Begriffe entstanden: Temperatur, (innere) Energie, Entropie. Dabei ähnelt die Geschichte der Wärmetheorie eher einem wirren Kriminalroman. Das Problem: Die Größen, die

[1] Die Zähigkeit existiert auch im Festkörper, nur ist sie dort schwerer zu bestimmen. Der Schall, der sich in einem Festkörper ausbreitet, wird durch die Zähigkeit gedämpft – in Blei stärker als in Kupfer.

die Hauptrolle in dieser Wissenschaft spielen, kann man nicht unmittelbar beobachten oder messen.

Es war sogar so, daß die neuen Begriffe gar nicht aus neuen Beobachtungen hervorgingen. Nur die Bestimmung des mechanischen Wärmeäquivalents in den Jouleschen Experimenten kann man zu den fundamentalen Versuchen auf diesem Gebiet zählen, doch haben Carnot und Mayer diese Größe wesentlich früher als Joule berechnet, ohne überhaupt neue Experimente anzustellen. Das harmonische Gebäude der Thermodynamik erwuchs vielmehr aus der tiefen Überzeugung von der Einheit der physikalischen Gesetze und den tiefliegenden Zusammenhängen zwischen den verschiedensten Naturerscheinungen. Der Erfolg der Thermodynamik demonstriert, wie richtig unsere Überzeugung davon ist, daß in der Natur einfache Gesetze wirken und daß diese Gesetze entdeckt und erkannt werden können. Das Erstaunlichste an unserer Welt ist die Tatsache, daß sie vom Menschen erkannt werden kann!

Die Gesetze, die die Wärmeerscheinungen beherrschen, haben sich als einfach erwiesen. Die gesamte Gleichgewichts-Thermodynamik hat praktisch nur zwei Postulate als Fundament. Sie werden Erster und Zweiter Hauptsatz genannt und wurden von R. J. E. Clausius (1822-1888) und W. Thomson (Lord Kelvin, 1824-1907) formuliert. Genau genommen kommen noch der Nullte und der Dritte Hauptsatz hinzu.

Der Nullte Hauptsatz stellt fest, daß sich in einem abgeschlossenen thermodynamischen System nach Ablauf der irreversiblen Ausgleichsprozesse ein thermisches Gleichgewicht genannter Zustand einstellt, der durch einige wenige, von der Vorgeschichte unabhängige Größen vollständig charakterisiert wird, weswegen sie Zustandsgrößen genannt werden. Insbesondere existiert in Ergänzung zu den mechanischen Zustandsgrößen V und p die im Vergleich zur Mechanik neue Zustandsgröße Temperatur T. Unabhängig voneinander einstellbare Zustandsgrößen nennt man die thermodynamischen Freiheitsgrade des Systems.

Der Erste Hauptsatz der Thermodynamik ist das Gesetz von der Existenz und von der Erhaltung der Energie. Er schließt die Äquivalenz von Wärme und mechanischer Arbeit ein (damit geht er über den Energieerhaltungssatz der Mechanik hinaus) und kann folgendermaßen formuliert werden: Jedes thermodynamische System hat die Zustandsgröße (innere) Energie U. Deren Änderung ΔU ist gleich der Summe der an dem System verrichteten mechanischen Arbeit ΔW und der ihm zugeführten Wärme ΔQ, also $\Delta U = \Delta W + \Delta Q$. Die Energie eines abgeschlossenen Systems ändert sich nicht.

Der Zweite Hauptsatz der Thermodynamik ist das Gesetz von der Existenz und vom Zuwachs der Entropie. Er kann folgendermaßen formuliert werden: Jedes thermodynamische System hat die Zustandsgröße Entropie S. Deren Änderung ist gleich der dem System reversibel zugeführten Wärme dividiert durch die absolute Temperatur des Systems: $\Delta S = \Delta Q/T$. Die Entropie eines abgeschlossenen Systems kann nicht abnehmen: $\Delta S \geq 0$. Zusammen gilt also: $\Delta S \geq \Delta Q/T$. Konsequenzen sind: Es gibt keinen Prozeß, dessen einziges Ergebnis die Kühlung eines Körpers und das Verrichten von mechanischer Arbeit wäre. Es ist unmöglich,

Wärme vollständig in Arbeit umzuwandeln. Der in Arbeit umwandelbare Wärmeteil kann den durch das Carnot-Theorem bestimmten Wert nicht übertreffen: $W \leq (1 - T_2/T_1)Q_1$.

Aus der Kombination von Erstem und Zweitem Hauptsatz ergibt sich $\Delta U = -p\Delta V + T\Delta S$, was für isochore Prozesse $1/T = (\Delta S/\Delta U)_V$ bedeutet. Diese thermodynamische Beziehung spielt bei der Verknüpfung der phänomenologischen Thermodynamik mit der Statistischen Physik, nämlich bei der Identifikation der statistischen Größen mit ihren thermodynamischen Pendants eine wichtige Rolle (siehe Abschnitt 47, 48).

Schließlich wird diesen Postulaten (Nullter, Erster und Zweiter Hauptsatz) noch ein viertes hinzugefügt: Der Dritte Hauptsatz, auch Nernstsches Theorem genannt. Danach ist es unmöglich, mit einer endlichen Zahl von Operationen einen Körper bis zum absoluten Nullpunkt $T = 0$ abzukühlen. Das Nernstsche Theorem ist eigentlich eine Folge der Quantenmechanik. H. W. Nernst (1864-1941) konnte davon 1906 natürlich nichts wissen, aber er hat die Konsequenzen seines Theorems für die Wärmelehre deutlich gesehen. In einer strengeren Formulierung stellt das Nernstsche Theorem den Entropiewert beim absoluten Nullpunkt fest: Bei $T = 0$ nimmt die Entropie einen von anderen Zustandsgrößen (wie Druck oder Volumen) und vom Aggregatzustand unabhängigen Wert an, der gleich Null gesetzt werden kann. Aus Wärme- und Temperaturmessungen kann die Entropie nach dem Zweiten Hauptsatz nur bis auf eine additive Konstante bestimmt werden, mit der Fixierung der Nullpunktsentropie nach dem Dritten Hauptsatz ist diese Unbestimmtheit beseitigt. Wie die Quantenmechanik den Dritten Hauptsatz ganz einfach verstehen läßt, wird in Abschnitt 48 gezeigt.

Die ersten zwei Hauptsätze der Thermodynamik besagen auch, daß die Konstruktion von perpetua mobile erster und zweiter Art (PM I, PM II) unmöglich ist.

Der Erste Hauptsatz verbietet das PM I. Das wäre eine periodisch arbeitende Maschine, die Arbeit leistet ohne Wärmeaufwand oder ohne innere Energie des Systems zu verbrauchen. Dieses Verbot erscheint heute bereits trivial, weil man sich an den Energieerhaltungssatz der Mechanik gewöhnt hat.

Der Zweite Hauptsatz verbietet das PM II, das Energie von nur einem Wärmespender gewinnen würde, das also nicht mit einer Wärmedifferenz (zwischen Wärmespender und Kühler), sondern mit der Wärme nur eines Körpers arbeiten würde. Das wäre ein Kühlschrank, der nicht ans Stromnetz angeschlossen ist und das Zimmer mit der Wärme heizt, die den zu kühlenden Lebensmitteln entzogen wird. Mit einer solchen spontanen Entstehung einer makroskopischen Temperaturdifferenz würde die Entropie abnehmen. Das aber findet erfahrungsgemäß nicht statt. Es gibt kein ähnliches Gesetz in der Mechanik, und es ist nicht einfach zu erklären, warum man ein PM II nicht bauen kann. Das Prinzip des Entropiezuwachses ist eine Eigenschaft unserer Welt, in der makroskopische Systeme aus sehr sehr vielen ($10^{23} = 100$ Trilliarden) Teilchen bestehen. Der Entropiezuwachs definiert auch die Zeitrichtung. Der radioaktive Zerfall, die Strahlung eines angeregten Atoms, die Bremsung eines Fallschirmsspringers, der Verbrauch der Federenergie einer aufgezogenen Uhr oder der Energie einer elektrischen Batterie und schließlich die Alterung jedes Lebewesens, so auch jedes Menschen – das alles sind Prozesse, die sich nur in einer Richtung entwickeln, was uns überhaupt erst erlaubt, die Zukunft von der Vergangenheit zu unterscheiden. Es ist merkwürdig, daß in dem gesamten uns bekannten Weltall die Zeit nur in einer Richtung fließt. Eine Geburt liegt für jeden Beobachter stets vor dem zugehörigen Untergang, immer geht eine Ursache einer Wirkung voraus. Überall und immer wächst die Entropie, wobei sie einen „Zeitpfeil" bestimmt – so nennt man manchmal das, was „gestern" von „morgen" unterscheidet.

Ein bestimmtes thermodynamisches System (es möge „nur" die 2 thermodynamischen Freiheitsgrade V und T haben) wird in seinen Gleichgewichtseigenschaften nicht nur durch die thermische Zustandsgleichung $p = p(V,T)$, sondern auch durch die kalorische Zustandsgleichung $U = U(V,T)$ und die Entropiefunktion $S = S(V,T)$ charakterisiert. Die zuletzt genannten Funktionen lassen sich nach dem Ersten und Zweiten Hauptsatz aus der thermischen Zustandsgleichung und aus der Wärmekapazität $C_V(T)$ bestimmen. Umgekehrt folgen (wieder nach dem Ersten und Zweiten Hauptsatz) aus der kalorischen Zustandsgleichung $U = U(V,T)$ die Wärmekapazitäten C_V und C_p. Z. B. gilt für isochore Prozesse $\Delta W = 0$, also $\Delta U = \Delta Q$, sodaß aus der Definition $C_V = (\Delta Q/\Delta T)_V$ ganz einfach die Beziehung $C_V = (\Delta U/\Delta T)_V$ folgt. Für die Differenz $C_p - C_V$ ergibt sich wieder mit dem Ersten und Zweiten Hauptsatz

$$C_p - C_V = T\left(\frac{\Delta p}{\Delta T}\right)_V \left(\frac{\Delta V}{\Delta T}\right)_p .$$

Für ein ideales Gas mit $pV = RT$ bedeutet das $C_p - C_V = R$ (s. auch Abschnitt 16). Generell sind die Zustandsgrößen p, U, S als Funktionen von V und T nach dem Ersten und Zweiten Hauptsatz nicht unabhängig voneinander, sondern auf ganz bestimmte Weise miteinander verknüpft.

43 Kälteanlagen

Obwohl die Umkehrbarkeit des Zyklus einer Carnot-Maschine bei vielen Überlegungen genutzt wurde, kam lange Zeit niemand auf die Idee, wofür eine Maschine, die den Zyklus in umgekehrter Richtung („rückwärts") durchläuft, in der Praxis benutzt werden könnte. Es sind dies die Kälteanlage (konkret Kühlschrank und Klimaanlage) und die Wärmepumpe.

Aus irgendeinem Grund ist die Idee einer Kälteanlage erst vor relativ kurzer Zeit entstanden. Der mit Eis vollgepackte Kühlschrank erschien in den Wohnungen erst in der Mitte des 19. Jahrhunderts, und ein elektrischer Kühlschrank, der jetzt in beinahe jeder Küche steht, tauchte erst in den ersten Jahrzehnten des 20. Jahrhunderts auf.

Wenn wir uns nicht bei den Details der Konstruktion aufhalten, so arbeitet eine Kälteanlage (im folgenden wollen wir Kühlschrank sagen) nach demselben Prinzip wie eine Kraftmaschine, aber alle Operationen werden in umgekehrter Richtung durchgeführt. Der direkte Zyklus C wird durch den Umkehrzyklus C^{-1} ersetzt (Abschnitt 11 und Abbildung 43.1).

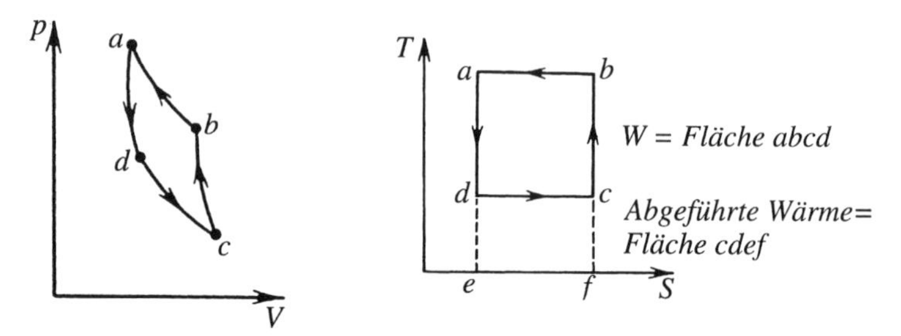

Abb. 43.1: Carnot-Zyklus eines Kühlschranks im p-V-Diagramm

Abb. 43.2: Kühlschrankzyklus im T-S-Diagramm

Bei der isothermen Expansion auf der Etappe dc geht die Wärmemenge Q_2 vom Wärmebad T_2 (dem Kühlschrankinneren) zum kühlenden Arbeitsgas über. Danach wird das Gas adiabatisch verdichtet bis zum Punkt b, bei dem das Gas mit dem Wärmebad T_1 (der Zimmerluft) in Kontakt kommt, wobei es bei der isothermen Kompression bis zum Punkt a dem Wärmebad T_1 (also der Zimmerluft) die größere Wärmemenge $|Q_1|$ zuführt: $|Q_1| \geq Q_2$. Auf dem Segment cba arbeitet ein Kompressor. Auf der letzten Etappe ad dehnt sich das Gas adiabatisch aus. Dabei kehrt es zum Ausgangspunkt d zurück. Insgesamt ist für das Entziehen der Wärmemenge Q_2 die Arbeit $W = |Q_1| - Q_2$ aufzuwenden. (Statt durch einen Kompressor wurde in alten Kühlschränken der Gasdruck durch Erwärmung erhöht, danach strömte das Gas in ein praktisch leeres Gefäß über, wobei es sich ausdehnte. Bei dieser Expansion hat seine Temperatur wieder abgenommen.) So hält der Kühlschrank Lebensmittel kühl und erwärmt dabei das Zimmer.

Eine Kraftmaschine hat ihren Wirkungsgrad. Welche Größe charakterisiert aber die Leistung eines Kühlschrankes? Man sieht im T-S-Diagramm (Abbildung 43.2), daß dem Kühlschrankinneren die Wärmemenge Q_2 (dem entspricht die Fläche $dcfe$) entzogen und der Zimmerluft die größere Wärmemenge $|Q_1|$ zugeführt wird. Der Überschuß $|Q_1| - Q_2$ wird durch die (vom Kompressor zu leistende) Arbeit W (dem entspricht die Fläche $abcd$) kompensiert. Es scheint, daß man diese Arbeit beliebig klein machen kann, falls die Temperaturdifferenz zwischen Zimmerluft und Kühlschrankinnerem genügend klein wäre. Aber in der Praxis ist das Wärmebad T_1 (die Zimmerluft) vorgegeben. Es ist klar, daß man in einem sehr kalten Zimmer die Lebensmittel leichter (d. h. mit geringerem Aufwand) kühlen kann, als in einem stark geheizten Zimmer, und, abhängig von den Bedingungen, kann die aufgewendete Arbeit die entzogene Wärmemenge beliebig überschreiten, wie aus Abbildung 43.2 leicht zu ersehen ist.

Das Verhältnis zwischen der dem Kühlschrankinneren entzogenen Wärmemenge Q_2 und der aufgewendeten Arbeit W definiert die Leistungszahl des Kühlschrankes: $\varepsilon_K = Q_2/W$. Für den (inversen) Carnot-Prozeß gilt $\varepsilon_K = T_2/(T_1 - T_2)$. Diese Leistungszahl ε_K ist daher sehr groß, wenn sich die Kühlschranktemperatur T_2 von der Zimmertemperatur T_1 nur wenig unterscheidet, und sie wird klein, wenn die geforderte Temperaturdifferenz $T_1 - T_2$ groß sein soll.

44 Die Thomsonsche Wärmepumpe

Heutzutage verwundert es niemanden, daß ein Kühlschrank zugleich das Zimmer erwärmt, in dem er sich befindet. Aus dem Zweiten Hauptsatz der Thermodynamik folgt, daß man kein Gerät bauen kann, das irgendein Volumen abkühlt und dazu keine Arbeit benötigt.

Es wäre gut, eine Küchenmachine zu haben, welche Lebensmittel kühlen und gleichzeitig das Mittagessen kochen könnte, ohne Leistung aus dem Stromnetz zu entnehmen. Dies ist aber durch den Zweiten Hauptsatz der Thermodynamik ausgeschlossen.

Wenn man aber von einem Kühlschrank nichts Unmögliches fordert und die einfachere Aufgabe der Erwärmung der Küche, wo dieser Kühlschrank steht, formuliert, dann kann er dies, wie es scheint, beinahe gratis machen. Eine solche, auf den ersten Blick sonderbare Anlage hat sich W. Thomson (Lord Kelvin) ausgedacht. Er nannte sie Wärmepumpe. Ihre Leistungszahl ε_W ist definiert als das Verhältnis der an das wärmere System (Küche) abgegebenen Wärmemenge $|Q_1|$ (= Fläche *abfe*) zur aufgewendeten Arbeit W (= Fläche *abcd*): $\varepsilon_W = |Q_1|/W$. Für den (inversen) Carnot-Prozeß gilt $\varepsilon_W = T_1/(T_1 - T_2) > 1$ sowie $\varepsilon_W > \varepsilon_K$.

Hat die Küche einen Balkon, so kann man den Kühlschrank in die Türöffnung stellen, mit der Kühlschranktür hinaus auf die Straße und mit der Rückwand zur Küche. Schalten wir den Kühlschrank ein und öffnen seine Tür, so kühlt er die Straßenluft und erwärmt gleichzeitig Küche, er pumpt also Wärme von der Straße in die Wohnung. Er kann mit wenig Arbeit viel Wärme übertragen, dafür muß nur die Temperaturdifferenz klein sein. Dann wird die von der Zykluskurve umschlossene Fläche klein (Abbildung 44.1).

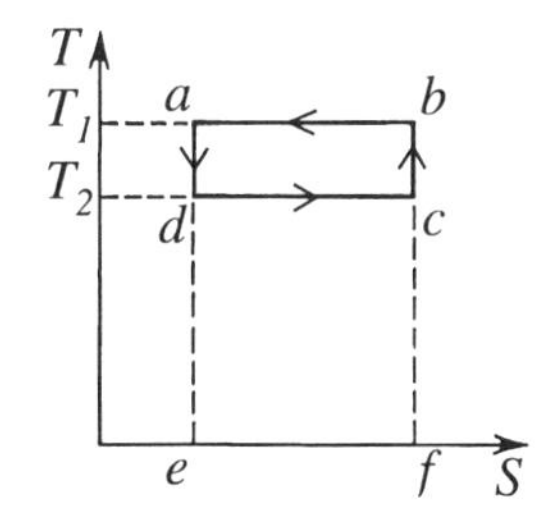

Abb. 44.1: Thomsonsche Wärmepumpe im T-S-Diagramm mit großer Leistungszahl ε_W

Es gibt keinen Fehler in dieser Überlegung. Wir haben nur das Arbeitsregime des Kühlschranks mit einer großen Leistungszahl ε_K benutzt. Die Wärmepumpe ist kein besonders nützliches Gerät, aber es illustriert ausgezeichnet den Unterschied zwischen dem Ersten und dem Zweiten Hauptsatz der Thermodynamik. Der Erste Hauptsatz stellt die Äquivalenz von Wärme und Arbeit fest, der Zweite weist auf ihren prinzipiellen Unterschied hin: Um eine Arbeit zu erhalten, muß man einen Wärmestrom erzeugen; letzterer wird jedoch von einem Entropiezuwachs begleitet, aber er ist nicht unbedingt mit einer großen Änderung der Systementropie verbunden.

Das Paradoxe der Wärmepumpe besteht darin, daß sie eine Temperaturdifferenz mit nur geringem Arbeitsaufwand erzeugt. In dem gewöhnlichen Prozeß der Wärmeleitung verschwindet jedoch die Temperaturdifferenz, ohne Arbeit zu erzeugen. Würde man einen Wärmemotor bauen, der mit der von der Wärmepumpe beinahe gratis erzeugten Temperaturdifferenz arbeitet, dann würde ein solcher Motor nicht mehr Arbeit leisten, als man für die Erzeugung dieser Differenz aufgewendet hat (und wegen der irreversiblen Verluste sogar weniger). Die Ungleichheit im Entropiegesetz wirkt absolut einseitig; es ist leicht, Energie zu verlieren, ohne etwas dafür zu bekommen, aber man kann keine Energie gewinnen, ohne etwas dafür zu bezahlen.

45 Eine Aufgabe zur Entspannung

Zum Thema Wärmeerscheinungen und Temperatur haben wir bereits viel gelernt. Sicherlich versteht der Leser, daß es nicht leicht war, in den Wärmeübergangsprozessen die Entropie zu entdecken, und zu begreifen wie ihr Auftreten in der Physik die ganze Wissenschaft umgestaltete. Es ist gewiß nützlich, an einem einfachen Beispiel zu zeigen, wie man mit dem Begriffspaar Temperatur und Entropie umzugehen hat. Dem soll ein Beispiel aus der Hydrodynamik dienen.

Benutzen wir noch einmal (wie schon in den Abschnitten 10 und 13) zwei Bassins mit verschiedenen Wasserniveaus. Das Wasser darf aus einem Bassin in das andere überfließen. Wir werden zwischen die Bassins eine Turbine stellen, die wie ein Akkumulator Energie speichern kann, indem sie z. B. ein Gewicht anhebt. Wir wollen das System auch mit einer Pumpe versehen, die – wenn nötig – Wasser zurückpumpen kann. So erhalten wir ein primitives Modell eines Wasserkraftwerks. Gibt es keine Reibungsverluste (was in Wahrheit natürlich nicht der Fall ist), dann ist es leicht zu verstehen, daß Wasser so lange von einem Bassin zum anderen überströmt, bis sich die Niveaus ausgeglichen haben. Die potentielle Energie des Wassers wandelt sich in die potentielle Energie des Gewichts um. Sinkt das Gewicht, dann kann man mit Hilfe der Pumpe das gesamte übergeflossene Wasser zurückpumpen. Natürlich gelingt es nicht, alles Wasser zurückzupumpen, es wird Verluste geben, aber wir werden sie vernachlässigen und annehmen, daß unsere Anlage völlig reversibel funktioniert.

Gäbe es keine Turbine, dann würden sich die Niveaus natürlich auch ausgleichen, nur würde sich dann die gesamte Energie nutzlos in Wärme verwandeln, und man könnte das Wasser nicht zurück pumpen. Nachdem wir aber die Energie gespeichert haben, können wir sie für verschiedene Zwecke benutzen. Es ist insbesondere möglich, das Wasser aus einem dritten Bassin, welches sich noch tiefer befindet, in das obere zu pumpen. Um es kurz zu machen, man kann alles tun, was der Energieerhaltungssatz zuläßt.

Wollen wir jetzt eine Kraftmaschine aufbauen, die der eben beschriebenen Anlage möglichst ähnlich ist.

Nehmen wir dazu drei Würfel, die aus demselben Stoff und von denselben Ausmaßen sind. Mögen die Würfel verschiedene Temperaturen haben – zwei sollen 300 K und einer soll 100 K haben. Zu den drei Würfeln gibt es noch eine reversibel arbeitende Kraftmaschine, die mit beliebigem Temperaturgefälle arbeiten kann. Bis zu welcher maximalen Temperatur läßt sich einer von den Würfeln erwärmen[1]?

Nehmen wir zuerst zwei Würfel mit den Temperaturen $T_1 = 300$ K und $T_2 = 100$ K und pressen sie dicht aneinander. Die Temperaturen der Würfel gleichen sich aus. Nehmen wir der Einfachheit halber an, daß die Wärmekapazität C des Würfelmaterials nicht von der Temperatur abhängt, dann stellt sich eine Endtemperatur von 200 K ein, aber ein Teil der Energie verschwindet dabei ungenutzt. Wenn wir die Kraftmaschine zuschalten, dann läßt sich dieser Energieteil wenigstens in Arbeit umwandeln.

Um herauszubekommen, wieviel Arbeit geleistet werden kann, muß man den Zweiten Hauptsatz benutzen. Wir erhalten die maximale Arbeit, wenn der Prozeß reversibel ist, d. h. wenn die Entropie des Gesamtsystems nicht zunimmt und daher die Carnot-Beziehung

$$\frac{Q_1}{T_1} = \frac{|Q_2|}{T_2}$$

erfüllt wird. Erinnern wir uns, Q_1 ist die dem Wärmespender (heißer Würfel mit $T_1 = 300$ K) entnommene Wärme und $|Q_2|$ ist die an den Kühler (kalter Würfel mit $T_2 = 100$ K) abgegebene Wärme.[2] Da vom heißen Würfel die Wärme Q_1 entnommen wird, sinkt dessen Temperatur um

$$\Delta T_1 = -\frac{Q_1}{C}.$$

Analog steigt die Temperatur des kalten Würfels, dem die Wärme Q_2 zugeführt wird, um

$$\Delta T_2 = \frac{Q_2}{C}.$$

Eingesetzt in die Carnot-Beziehung ergibt sich

$$T_1 \cdot \Delta T_2 + \Delta T_1 \cdot T_2 = 0.$$

[1] Diese Aufgabe wurde in Cambridge bei Prüfungen verwendet.

[2] Zur Erinnerung: Dem Arbeitsstoff der Kraftmaschine zugeführte Wärmemengen werden positiv gerechnet, vom Arbeitsstoff abgegebene dagegen negativ.

Das läßt sich auch umformulieren als

$$(T_1 + \Delta T_1) \cdot (T_2 + \Delta T_2) = T_1 \cdot T_2,$$

wenn dabei die kleine Größe $\Delta T_1 \cdot \Delta T_2$ vernachlässigt wird. Diese Gleichung bedeutet: Im Ergebnis des reversiblen Prozesses ändern sich die Temperaturen T_1 und T_2 der beiden Würfel um $\Delta T_1 < 0$ und $\Delta T_2 > 0$ so, daß für die neuen Temperaturen $T_1' = T_1 + \Delta T_1$ und $T_2' = T_2 + \Delta T_2$ gilt:

$$T_1' \cdot T_2' = T_1 \cdot T_2.$$

Da der Prozeß reversibel ist, müssen die Temperaturen der zwei Würfel am Anfang des Prozesses ($T_{1,2}$) und am Ende des Prozesses ($T_{1,2}'$) dieser Beziehung genügen.

Jetzt haben wir alles, was wir für die Berechnung brauchen. Beginnen wir damit, daß wir die Kraftmaschine mit den zwei Würfeln mit $T_1 = 300$ K (als Wärmespender) und $T_2 = 100$ K (als Kühler) betreiben. Dabei gleichen sich deren Temperaturen aus ($T_1' = T_2'$) und die Endtemperatur $T = T_{1,2}'$ ergibt sich aus der Relation

$$T^2 = T_1 \cdot T_2,$$

also $T = (300 \cdot 100)^{1/2} \approx 173$ K.

Am einfachsten wäre es nun, die Arbeit W, die man bei diesem ersten Schritt erhalten hat, in Wärme umzuwandeln und diese Wärme dem dritten Würfel mit $T_3 = 300\,\mathrm{K}$ zu übergeben. Nach dem Ersten Hauptsatz ist

$$W = C(300 + 100 - 2 \cdot 173)\ \mathrm{K} = C\,54\ \mathrm{K}.$$

Die Temperatur des dritten Würfels würde also auf $T_3 + W/C = 354$ K ansteigen. Das ist aber nicht die maximal mögliche Temperaturerhöhung! Die richtige Antwort (es ist eine maximale Erwärmung auf 400 K möglich) beruht darauf, daß wir die gespeicherte Arbeit W benutzen, um eine Wärmepumpe zu betreiben, mit der wir die zwei kalten Würfel mit $T = 173$ K um $|\Delta T|$ auf $T' = T + \Delta T$ abkühlen und den dritten (heißen) Würfel mit $T_3 = 300$ K um ΔT_3 auf $T_3' = T_3 + \Delta T_3$ erwärmen. Dabei wird den beiden kalten Würfeln zusammen die Wärme $C\,2\Delta T$ entzogen und dem heißen Würfel die Wärme $C\,\Delta T_3$ zugeführt. So folgt schließlich wieder aus der Carnot-Beziehung ähnlich wie vorhin

$$T \cdot \Delta T_3 + 2\Delta T \cdot T_3 = 0$$

oder (wenn wir wie oben $\Delta T_3 \cdot \Delta T$ als kleine Größe vernachlässigen)

$$T'^2 \cdot T_3' = T^2 \cdot T_3.$$

Die zweite Gleichung zur Bestimmung von T' (= neue Temperatur der beiden kalten Würfel) und T_3' (= neue Temperatur des heißen Würfels) folgt aus dem Ersten Hauptsatz

$$C(2T' + T_3') = W + C(2T + T_3).$$

Mit $T = 173$ K, $T_3 = 300$ K und $W = C\,54$ K lautet das Gleichungssystem

$$T'^2 \cdot T_3' = (173)^2 \cdot 300 \text{ K}^3,$$

$$2T' + T_3' = 700 \text{ K}.$$

Dessen Lösung

$$T' = 150 \text{ K}, \quad T_3' = 400 \text{ K}.$$

zeigt: Die Temperatur des heißen Würfels läßt sich also bis auf 400 K erhöhen, dabei werden die beiden anderen Würfel bis auf 150 K abgekühlt.

Ein anderer Lösungsweg: Alle Überlegungen lassen sich kürzer und, vor allem, beinahe automatisch durchführen, wenn man die Entropie benutzt. Die Entropie für den Würfel mit konstanter Wärmekapazität C ist[3]

$$S = C \ln T + \text{const.}$$

Die Bedingung der Reversibilität bedeutet, daß sich die Gesamtentropie des Systems, das aus drei Würfeln mit verschiedenen Anfangstemperaturen besteht, bei den betrachteten Wärme- und Arbeitsprozessen nicht ändert. Die maximale Erwärmung eines Würfels wird offenbar dann erreicht, wenn sich die Temperaturen der zwei anderen Würfel ausgleichen (sonst könnte man mit ihrer Hilfe noch Arbeit leisten). Wenn wir uns erinnern, daß die Würfelentropien zu addieren sind, um die Gesamtentropie zu erhalten (die Entropie ist ja eine extensive Größe), finden wir (mit den Abkürzungen $x = T'/\text{K}$ und $y = T_3'/\text{K}$)

$$\ln x + \ln x + \ln y = \ln 300 + \ln 300 + \ln 100$$

oder

$$x^2 y = (300)^2 \cdot 100.$$

Wegen $(173)^2 = 300 \cdot 100$ ist das aber gerade die erste Gleichung zur Bestimmung der neuen Temperaturen T' und T_3', die wir oben auf einem längeren Weg erhalten hatten. Die zweite Gleichung bleibt natürlich dieselbe.

Wenn wir die beiden Aufgaben nocheinmal miteinander vergleichen (die mit den drei Würfeln und die mit den drei Bassins), bemerken wir, daß der potentiellen Energie der Logarithmus der Temperatur (also die Entropie) entspricht und daß bei der Würfelaufgabe nicht nur der Energieerhaltungssatz auftritt, sondern die beiden Hauptsätze der Thermodynamik gebraucht werden: Der Erste legt die Summe der Temperaturen fest, der Zweite die Summe ihrer Logarithmen.[4] Das Wichtigste bei der Würfelaufgabe ist, daß kein Verfahren die Temperatur des kalten Würfels senken kann, der Zweite Hauptsatz verbietet das. Dagegen läßt sich in der Bassinaufgabe die Arbeit, die die Turbine liefert, für das Senken des Wasserniveaus im dritten, tiefer liegenden Bassin benutzen.

[3] Diesen Ausdruck erhielten wir für ein ideales Gas (Abschnitt 38). Bei der Herleitung wurde nur eine Gaseigenschaft – die Unabhängigkeit der Wärmekapazität von der Temperatur – benutzt. Deswegen ist sie auch in unserem Fall gültig.

[4] Der Bedingung gleicher Würfelmassen entspricht die Bedingung gleicher Bassinflächen.

Es ist also sehr nützlich, beide Aufgaben miteinander zu vergleichen.

Abschließend sei nocheinmal daran erinnert, was über die Entropie bei tiefen Temperaturen gesagt wurde. So wird ja die Formel $S = C \ln T + \text{const}$ ungültig, wenn die Temperatur sehr niedrig ist. Für $T \to \infty$ strebt die Entropie nicht gegen $-\infty$, sondern gegen Null, weil jedes System bei $T \to 0$ mit Gewißheit in seinen Grundzustand übergeht und seine Entropie daher verschwinden muß (s. Abschnitt 48). Deswegen muß man im konkreten Fall aufpassen, welche Temperaturen betrachtet werden. Für die Temperaturen, die in der obigen Aufgabe auftreten, gibt es aber keine Probleme.

Nach diesen ausführlichen Diskussionen der Entropie in der phänomenologischen Thermodynamik wollen wir uns ihrer statistischen Deutung zuwenden.

IV Entropie, Statistik und Quantenphysik

46 Die Boltzmannsche Formel und die anderen Eckpfeiler des physikalischen Weltbildes

Bald nach den grundlegenden Arbeiten von W. Thomson (Lord Kelvin, 1824-1907), R. Clausius (1822-1888) und H. W. Nernst (1864-1941) wurde das Gebäude der klassischen Thermodynamik vollendet.[1] Aber zu jener Zeit, als in der phänomenologischen Thermodynamik sozusagen die „Putzarbeiten" gerade abgeschlossen waren, entwickelte sich in Gestalt der kinetischen Gastheorie ein neuer Blick auf die physikalischen Erscheinungen der Wärme. Und man mußte schließlich beides noch miteinander in Einklang bringen, also das, was Bernoulli, Waterston und Maxwell entwickelt hatten (kinetische Gastheorie als Vorstufe und Teil der Statistischen Physik) und das, was Carnot, Mayer, Joule, Kelvin, Clausius und Nernst geschaffen hatten (phänomenologische Thermodynamik des Gleichgewichts).

Vom Maxwellschen Standpunkt war ein Gas einfach ein Ensemble von Teilchen, die sich nach den Gleichungen der Newtonschen Mechanik bewegen. Ein großer Erfolg der kinetischen Gastheorie war zweifellos die Erklärung des Drucks und der inneren Energie. Die Brücke zwischen Mechanik und Thermodynamik sah doch somit eigentlich völlig sicher aus, wäre da nicht eine Schwachstelle gewesen – die Mechanik hatte keinen rechten Platz für die Entropie.

Diesen Platz zu finden war eine außerordentlich schwierige Aufgabe. Als sie 1872 von L. Boltzmann (1844-1906) endlich gelöst wurde, wiederholte sich die alte Geschichte: Boltzmann begegnete dem Unverständnis der Mehrheit seiner Kollegen. Die alte Generation sah keine Gründe für eine Revision der damaligen Wärmelehre, die doch völlig akzeptabel schien.

Boltzmann erkannte, daß die Entropie in der kinetischen Theorie mit ihrer statistischen Beschreibung zwangsläufig in Erscheinung tritt.

Die von ihm entdeckte Formel hat eine sehr einfache Form: $S = k \ln \Gamma$. Sie verbindet die thermodynamische Größe S (= Entropie) mit der statistischen Größe Γ (= statistisches Gewicht des durch V und U makroskopisch charakterisierten Systemzustandes).[2] Der Faktor k wurde später von Planck hinzugefügt, er nannte ihn Boltzmann-Konstante. Diese Beziehung wurde 1877 zum ersten Mal von Boltzmann aufgestellt und 1879 von Maxwell verallgemeinert.

In der Physik gibt es auch noch andere ganz einfache Formeln von vergleichsweise ähnlicher Struktur, die eine tiefe Bedeutung haben, so die Plancksche Formel

$$\varepsilon = \hbar\omega$$

[1] Die phänomenologische Thermodynamik hat danach so vollendet ausgesehen, daß sich der Hilbert-Schüler C. Caratheodori (1873-1950) eine strenge, auf Axiomen begründete Darstellung der Thermodynamik (ganz ähnlich der Mathematik) ausgedacht hat.

[2] Unter dem statistischen Gewicht (man sagt auch thermodynamische „Wahrscheinlichkeit") $\Gamma(V,U)$ versteht man die riesengroße Zahl der Möglichkeiten (Mikrozustände), mit denen ein makroskopischer Systemzustand (kurz Makrozustand) gegebener Energie U und bei gegebenen Volumen V mikroskopisch realisiert weden kann.

und die Einsteinsche Formel

$$E = mc^2.$$

Das sind drei fundamentale Zusammenhänge jeweils zwischen Größen, die zunächst von ganz verschiedener Natur zu sein scheinen, und die Boltzmannsche Formel belegt unter ihnen einen Ehrenplatz. Boltzmann selbst ist als einer der Schöpfer der Statistischen Physik in die Geschichte eingegangen. Nach einem Einschub zum physikalischen Weltbild mit seinen Eckpfeilern folgt die Fortsetzung auf Seite 115.

Erkenntnisprozeß und Weltbild

Wir wollen die Erwähnung der Planckschen Energie-Frequenz-Äquivalenz und der Einsteinschen Energie-Masse-Äquivalenz benutzen, um andere kurze Formeln, die in den weiteren Darlegungen z. T. eine Rolle spielen, sehr summarisch aufzulisten zusammen mit fundamentalen Aussagen (Grundgesetzen) aus den einzelnen Teilgebieten der Physik, die das physikalische Weltbild ganz grob beschreiben. Ein fortgeschrittener Student mag dies als Repetitorium der Grundgebiete der Physik in verbaler Kurzform verstehen, auch wird auf offene Fragen und aktuelle Entwicklungen hingewiesen. Das heutige physikalische Weltbild basiert auf vier allgemeinen Erkenntnissen über Raum, Zeit, Bewegungen und Prozesse:

– Jede physikalische Theorie zur Beschreibung der Bewegung von Teilchen oder zur Ausbreitung von Feldern hat die mit der *Lorentz-Transformation* beschriebene Geometrie von Raum und Zeit zu erfüllen (Einsteinsches Relativitätsprinzip).

– *Energie und Masse* (genauer die träge Masse) sind *äquivalent*. Energie kann weder erzeugt noch vernichtet werden, möglich sind nur Umwandlungen von einer Form in eine andere. Die Entropie eines abgeschlossenen makroskopischen Systems kann nicht abnehmen. Neben dem Abbau und der Zerstörung von Strukturen gibt es die Entstehung, die Bildung von Strukturen und es gibt Evolutionen.

– In mikroskopischen Systemen gibt es den *Teilchen-Welle-Dualismus* und es gelten die Unbestimmtheitsrelationen und das Superpositionsprinzip. Es gibt makroskopische Quantenphänomene.

– Es gibt *fundamentale Wechselwirkungen* (und zugehörige Ladungen) verschiedener Art mit Anziehung oder Abstoßung und mit unterschiedlichen Reichweiten (kurzreichweitig, langreichweitig) und Wechselwirkungsstärken (stark, mittel, schwach, sehr schwach). Die Ladung der Gravitation ist die schwere Masse. Es gilt schwere Masse = träge Masse. Die Masseverteilung bestimmt die Struktur von Raum und Zeit.

Diese Feststellungen werden im folgenden spezifiziert, wobei die Nennung der fundamentalen Teilgebiete dem historischen Erkenntnisprozeß in etwa folgt. Unter Punkt 10. wird schließlich versucht, das sich etablierende, neue Gebiet „Physik komplexer Systeme“ durch eine Sammlung von (Neugier weckenden) Stichworten zu umreißen.

1. Mechanik der Punktmassen und Kontinua Die Newtonsche Bewegungsgleichung $m\vec{a} = \vec{F}$ (als Grenzfall der Einsteinschen Bewegungsgleichung für kleine Geschwindigkeiten) stellt fest, daß die Beschleunigung $\vec{a}$ (Wirkung) zur Kraft

$\vec{F}$ (Ursache) proportional ist mit der trägen Masse m als Proportionalitätsfaktor. Kraftgesetz und Anfangsbedingungen determinieren die künftige und die vergangene Bewegung. So enthält die Newtonsche Mechanik den wichtigen Begriff Determinismus. Bestimmte Kombinationen von Ort und Geschwindigkeit bleiben im Zeitablauf erhalten (Erhaltungsgrößen). Beispiele sind die Summe aus kinetischer und potentieller Energie (falls sie nicht durch Reibung dissipiert wird) und Drehimpuls (in einem Zentralkraftfeld). Erhaltungsgrößen hängen mit Symmetrien des Systems zusammen. Beispiele sind die Invarianz der Bewegungsgleichungen gegenüber Translationen von Raum und Zeit mit Impuls und Energie als zugehörigen Erhaltungsgrößen. Durch Reibung wird die Zeittranslationssymmetrie gebrochen. Es gibt konservative Systeme (ohne Reibung) und dissipative Systeme (mit Reibung). Konservative Systeme können integrabel oder nichtintegrabel sein. Die Systeme können autonom sein oder aber auch von außen getrieben werden (Energiezufuhr). Aktuelle Forschungsthemen sind Chaos und Turbulenz.
2. Elektrodynamik und Optik Nach Maxwell erzeugen elektrische Ladungen und Ströme elektrische und magnetische Felder und nach Lorentz üben solche Felder auf Ladungen und Ströme wiederum Kräfte aus. Zwischen zwei Ladungen Q_1, Q_2 im Abstand r herrscht die Coulomb-Kraft $F = Q_1Q_2/(4\pi\varepsilon_0 r^2)$, zwischen zwei parallelen Strömen I_1, I_2 im Abstand a herrscht die Ampère-Kraft pro Längeneinheit $F/L = \mu_0 I_1 I_2/(2\pi a)$, mit $\varepsilon_0\mu_0 = 1/c^2$ tritt dabei die Größe c auf. Die Maxwellschen Feldgleichungen beschreiben, wie Ladungen und Ströme elektrische und magnetische Felder erzeugen und wie sich solche Felder ausbreiten. Die maximale Ausbreitungsgeschwindigkeit ist c, die Vakuumlichtgeschwindigkeit. Mit der endlichen Laufzeit einer Feldänderung von einem Quellpunkt zu einem Aufpunkt kommt der Begriff Kausalität ins Spiel. Die Feldgleichungen beinhalten auch die Erhaltung der elektrischen Ladung. Im Vakuum sind die Feldgleichungen linear. Für elektromagnetische Wellen im Vakuum (von J. C. Maxwell 1864 vorhergesagt, von H. Hertz 1886 experimentell verifiziert) gilt die Verknüpfung $\nu = c/\lambda$ zwischen Frequenz ν und Wellenlänge λ bzw. $\omega = c \mid \vec{k} \mid$ zwischen Kreisfrequenz $\omega = 2\pi\nu$ und Wellenzahl $\mid \vec{k} \mid = 2\pi/\lambda$ (Dispersionsbeziehung). Elektromagnetische Wellen sind transversal und transportieren Energie und Impuls. Letzterer ist der Grund für den Strahlungsdruck. Wichtige Eigenschaften sind Kohärenz, Interferenz und Beugung. Beschleunigt bewegte Ladungen strahlen und dissipieren dabei ihre kinetische Energie auf die vielen Feldfreiheitsgrade des leeren Raums, so ähnlich wie mechanische Energie durch Reibung in Wärme verwandelt wird. Es gibt (jeweils elektrische und magnetische) Dipolstrahlung, Quadrupolstrahlung usw., dabei bricht die Sommerfeldsche Ausstrahlungsbedingung die Zeitspiegelungssymmetrie der Feldgleichungen. – Lineare oder nichtlineare Materialgleichungen beschreiben das Reagieren (man sagt auch Response) von Substanzen auf schwache äußere Felder. Als Koeffizienten treten dabei Suszeptibilitäten oder Transportgrößen auf. Hinsichtlich magnetischer Eigenschaften unterscheidet man u.a. Dia-, Para- und Ferromagnetismus, bei Letzterem gibt es das Phänomen Hysterese. Hinsichtlich des Ladungstransportes unterscheidet man Leiter, Halbleiter und Isolatoren. In Leitern gilt das Ohmsche Gesetz $\vec{j} = \sigma\vec{E}$ mit σ= elektrische Leitfähigkeit

(oder $I = U/R$ mit R = elektrischer Widerstand). Die beim Stromfluß pro Zeit- und Volumeneinheit erzeugte Joulesche Wärme ergibt sich zu $\vec{j}\vec{E} = \sigma E^2$ (und die pro Zeiteinheit erzeugte Wärme zu $IU = U^2/R$). Eine wichtige Materialgröße für die Ausbreitung elektromagnetischer Wellen in Substanzen ist der frequenzabhängige und komplexe Brechungsindex mit normaler und anomaler Dispersion, sein Imaginärteil hat seine Ursache in der Absorption oder Dämpfung. Aktuelle Forschungsthemen sind nichtlineare Optik, optische Solitonen, photonische Kristalle.
3. Spezielle Releativitätstheorie Sie beseitigt den Widerspruch zwischen den verschiedenen Raum-Zeit-Symmetrieeigenschaften von Newtonscher Mechanik (nichtlorentzinvariant) und Maxwellscher Elektrodynamik (lorentzinvariant). In ihr verknüpft die Einsteinsche Energie-Masse-Äquivalenz $E = mc^2$ zwei ganz verschiedene Begriffe der klassischen Mechanik – Energie E und Masse m, letztere ist gemäß $m = m_0/\sqrt{1-(\vec{v}/c)^2}$ geschwindigkeitsabhängig mit m_0 = Ruhmasse. Die dazu äquivalente Beziehung $E = c\sqrt{(m_0c)^2 + \vec{p}^2}$ zwischen Energie E und Impuls $\vec{p} = m\vec{v}$ enthält die Grenzfälle $E = m_0c^2 + \vec{p}^2/(2m_0)$ für nichtrelativistische (Newtonsche) Geschwindigkeiten $v \ll c$ und $E = c \mid \vec{p} \mid$ für Teilchen mit verschwindender Ruhmasse ($m_0 = 0$), Beispiel Photonen, im Einklang mit $\omega = c \mid \vec{k} \mid$ (siehe Punkt 2.).
4. Quantentheorie Die Plancksche Formel $\varepsilon = \hbar\omega$ und die de-Broglie-Beziehung $\vec{p} = \hbar\vec{k}$ beinhalten mit ihren Zusammenhängen zwischen Energie und Frequenz sowie Impuls und Wellenzahl den Teilchen-Welle-Dualismus der Quantentheorie, dessen Ausbau zur Schrödinger-Gleichung $(-\hbar/\mathrm{i})\dot{\Psi} = H\Psi$ und zur Bornschen Wahrscheinlichkeitsinterpretation der Wellenfunktion Ψ führt und auch in den Unbestimmtheitsrelationen $\Delta x\Delta p \geq \hbar/2$ und $\Delta\varepsilon\Delta t \gtrsim \hbar$ seinen Ausdruck findet, die ihrerseits bei den Besonderheiten des quantenmechanischen Meßprozesses eine wesentliche Rolle spielen. Die Schrödinger-Gleichung ist eine lineare Gleichung. Damit hängt das Superpositionsprinzip zusammen: Kann sich ein System in den Zuständen Ψ_1 und Ψ_2 befinden, so ist auch deren Linearkombination ein möglicher Zustand. Bei Systemen aus gleichartigen Teilchen wirkt das Pauli-Prinzip für Fermionen (Teilchen mit halbzahligem Spin) wie eine abstoßende Wechselwirkung, für Bosonen (Teilchen mit ganzzahligem Spin) wie eine anziehende Wechselwirkung. Potential und Anfangswellenfunktion bestimmen die Wellenfunktion im Zeitablauf. Auch hier spielen wieder Erhaltungsgrößen eine besondere Rolle. Die quantentheoretisch berechenbaren Meßgrößen sind Energien, Aufenthaltswahrscheinlichkeiten, Wirkungsquerschnitte und Übergangswahrscheinlichkeiten. Immer besser beherrscht wird die Lösung der zeitunabhängigen Schrödinger-Gleichung für endliche und ausgedehnte, geordnete und ungeordnete, schwach und stark korrelierte Systeme. Ähnliches gilt für die Lösung der zeitabhängigen Schrödinger-Gleichung zur Beschreibung von Reaktionen und von Übergängen zwischen verschiedenen Energieniveaus. Dazu gehört auch die Kerntheorie mit ihrer Erklärung nuklearer Bindungsenergien, Zerfallskanäle, Lebensdauern und Kernreaktionen sowie die Quantenchemie mit ihrer Erklärung der chemischen Bindung, chemischer Reaktionen und photochemischer Prozesse aus ersten Prinzipien (ab initio) und die mikroskopische Theorie von Festkörpern (Metalle, Halb-

leiter, Isolatoren – ideales und gestörtes Kompaktmaterial, ideale und gestörte, planare und gekrümmte Ober- und Grenzflächen) mit ihren ebenfalls ab-initio-Berechnungen der Elektronenstruktur und daraus folgender elektronischer Eigenschaften, wie z. B. druck- oder temperaturabhängige Phasenumwandlungen. Die kooperativen Phänomene des Magnetismus, der Supraleitung und der Suprafluidität finden in der Quantentheorie der kondensierten Materie ihre Erklärung. Aktuelle Forschungsthemen sind Quantenoptik, Quantencomputer, Quantenkryptographie, Quantenchaos, Quantenkohärenz, Bose-Einstein-Kondensation und kohärente Materiewellen, die Spektroskopie einzelner Atome, Fullerene (C_{60}-„Fußbälle"), Nanoröhren, Quantendrähte, Quantendots, Einzelelekronik, Nanoelektronik (als Teil einer allgemeineren Nanowissenschaft), Magnetoelektronik (die auf der Verwendung spinpolarisieter Elektronen beruht) u.v.a. mehr.

5. Relativistische Quantentheorie und Quantenelektrodynamik Eine Konsequenz der Diracschen Vereinigung von nichtrelativistischer Quantentheorie (sie beschreibt Elektronenbewegungen mit $v \ll c$) und Spezieller Relativitätstheorie zur relativistischen Quantentheorie (sie beschreibt auch Elektronenbewegungen mit $v \lessapprox c$) ist der Elektronenspin $s\hbar$ mit $s = 1/2$ und das magnetische Moment des Elektrons $\mu = g_s \mu_B s$ mit dem Bohrschen Magneton $\mu_B = e\hbar/(2m)$ und dem gyromagnetischen Faktor $g_s = 2$ sowie die Existenz des (dem Elektron entsprechenden) Antiteilchens Positron (1932 entdeckt, 4 Jahre nach Aufstellung der Dirac-Gleichung), m = Elektronenmasse.

Schließlich beschreibt die Vereinigung der relativistischen Quantentheorie nach Dirac mit der Elektrodynamik nach Maxwell die Bewegungen und Wechselwirkungen von Elektronen, Positronen und Photonen einschließlich deren gegenseitiger Vernichtung und Erzeugung. In dieser Quantenelektrodynamik (QED) sind Mechanik, Elektrodynamik, Spezielle Relativitätstheorie und Quantentheorie als asymptotische Grenzfälle enthalten. Die QED liefert unter vielem anderen (statt obigem $g_s = 2{,}0000$) den etwas größeren Wert $g_s = 2{,}0023$ infolge Vakuumpolarisation. Letztere verschiebt auch die Energieniveaus von Atomen, siehe Abschnitt 65. Aktuell wird diese Niveauverschiebung (Lamb shift) in wasserstoffähnlichen Atomen mit sehr großen Kernladungszahlen untersucht. Allgemeiner ist die Frage nach einer QED in starken Feldern. Ein aktuelles Thema ist auch der g_s-Faktor des Myons. Die QED ist die bislang genaueste und am besten getestete Theorie. Von ihrer hohen Präzision zeugen die Zahlen für das magnetische Moment des Elektrons. Theorie und Experiment liefern

$$\mu_{\text{theo}} = 1{,}001\,159\,652\,133(29)\mu_B\,,$$
$$\mu_{\text{exp}} = 1{,}001\,159\,652\,188(4)\mu_B\,.$$

Die Zahlen in Klammern geben an, um wieviel die jeweils letzten Stellen von ihrem wahren Wert abweichen können (also 33 ± 29 und 88 ± 4).

6. Gravitation Das Newtonsche Gravitationsgesetz $F = Gm_1m_2/r^2$ stellt einen Zusammenhang her zwischen den Gravitationsladungen oder schweren Massen $m_{1,2}$, deren Abstand r und der Gravitationskraft F zwischen ihnen mit G = Gravitationskonstante (die übrigens die am wenigsten genau bekannte Naturkonstante ist). Nach Einstein ist die Gleichheit von träger und schwerer Masse die Grundlage der Allgemeinen Relativitätstheorie, deren Feldgleichungen den Zusammenhang zwischen Raum, Zeit und Masseverteilung beschreiben, die wiederum einen expandierenden Kosmos als mögliche Lösung enthalten (Friedman-Kosmos). Eine Konsequenz davon kommt in der Hubbleschen Beziehung $v = HR$ zwischen der Fluchtgeschwindigkeit v einer Galaxie und ihrer Entfernung R zum Ausdruck, siehe Abschnitte 61 und 80. Gearbeitet wird an einer genaueren Bestimmung von G. Mit einem Großprojekt werden Detektoren zum Nachweis und zur Analyse von Gravitationswellen gebaut. Eine bislang offene Frage ist, ob in den Einsteinschen Feldgleichungen ein kosmologisches Glied auftreten sollte (es beschreibt Vakuumfluktuationen und wirkt wie eine zur Newtonschen Anziehung komplementäre Abstoßung) und welche Rolle es in dem Standardmodell der kosmischen Evolution vom heißen und dichten Anfang zum hoch differenzierten Heute – evtl. nur in der sog. inflationären Phase – gespielt haben könnte; diese Inflation oder Aufblähung ist ein früher Phasenübergang im 10^{24} eV = 10^{15} GeV heißen Kosmos zwischen 10^{-42} und 10^{-36}s nach dem Urknall, bei dem große Energiemengen freigesetzt wurden, die die kosmische Expansion enorm beschleunigten. Ein großes ungelöstes Problem ist auch die Aussöhnung von Quantentheorie und Allgemeiner Relativitätstheorie. Gibt es kosmische Strings? Schließlich sei auch die kosmische Dunkelmaterie angesprochen, die sich bislang nur in ihrer Gravitationswirkung bemerkbar macht. Woraus besteht sie? Ihre inhomogene Verteilung, die sich aus anfänglichen Quantenfluktuationen entwickelte, sollte die Galaxienentstehung maßgeblich beeinflußt haben.

7. Schwache und starke Wechselwirkung Zu den Theorien der elektromagnetischen Wechselwirkung und der Gravitation kommen noch die Theorien der schwachen und der starken Wechselwirkung, siehe Abschnitte 67 und 80. Elektromagnetische und schwache Wechselwirkung werden mit der Theorie der elektroschwachen Wechselwirkung einheitlich beschrieben (kleine Vereinigung); die dabei theoretisch vorhergesagten $W^{\pm}$- und Z^0-Teilchen (Nobel-Preis 1979) wurden experimentell gefunden (Nobel-Preis 1984). Mit großer Vereinigung ist die Einbeziehung der starken Wechselwirkung gemeint (Quantenchromodynamik). Auch das von diesem Standardmodell der Elementarteilchen und fundamentalen Wechselwirkungen vorhergesagte top-Quark wurde experimentell nachgewiesen. Gesucht wird u.a. nach dem Higgs-Teilchen H^0 (den Quanten des Higgs-Feldes, eines allgegenwärtigen Hintergrundfeldes), nach den Komponenten der kosmischen Dunkelmaterie. Zu Letzterer könnten vielleicht auch Neutralinos beitragen, das sind bislang hypothetische Partner der Neutrinos, die sich aus einer Theorie der Supersymmetrie ergeben. Diese Supersymmetrie erlaubt auch Umwandlungen von Fermionen in Bosonen und umgekehrt, die im Rahmen des Standardmodells zunächst verboten sind. Dabei sollten die bislang bekannten Teilchen supersymmetrische Partner bekommen. Diskutiert wird eine Theorie der Superstrings in einem 10-dimensionalen Raum (J. Schwarz, M. Green, 1984) bzw. der Supermembranen in einem 11-dimensionalen Raum (E. Witten, 1995). Letztere erlaubt die Einbeziehung der Gravitation. Ist sie damit ein Kandidat für eine Theorie aller Teilchen und Wechselwirkungen? Mit $\hbar = 0$ sollte eine solche Theorie die Allgemeine Relativitätstheorie als asymptotischen Grenzfall enthalten und mit $G = 0$ das Standardmodell, also die relativistische Quantenfeldtheorie der elektroschwachen und starken Wechselwirkung, die von punktförmigen Gebilden – statt von ausgedehnten wie Strings und Membranen – ausgeht. Ein allgemeines Prinzip, das sich bei der Beschreibung der fundamentalen Wechselwirkungen bewährt hat, ist die Forderung, die betreffende Feldtheorie möge invariant gegenüber lokalen Eichtransformationen sein. Das führte zu der schon erwähnten Vorhersage der Eichbosonen $W^{\pm}$ und Z^0.

8. Symmetrien und deren Brechung Von grundlegender Bedeutung in dieser teilchen-, feld- und quantentheoretischen Beschreibung der Materie ist das Aufspüren von äußeren und inneren Symmetrien und zugehörigen Erhaltungsgrößen. Wichtige Beispiele sind die Erhaltung der Energie und der elektrischen Ladung. Ein Beispiel für die Verletzung von Symmetrien ist die wie man auch sagt Brechung der Raumspiegelungssymmetrie (Nobel-Preis 1957 für Vorhersage) und der Zeitspiegelungssymmetrie (Nobel-Preis 1980 für Nachweis) durch die schwache Wechselwirkung, siehe Abschnitt 80.

9. Thermodynamik und Statistik Schließlich verknüpfen die drei Hauptsätze der Thermodynamik die Zustandsgrößen U, S, T (die Existenz Letzterer wird im Nullten Hauptsatz formuliert) mit den Prozeßgrößen $\Delta W = -p\Delta V$ und $\Delta Q = C\Delta T$ gemäß $\Delta U = \Delta W + \Delta Q$, $\Delta S \geq \Delta Q/T$ und es gilt $S \to 0$ für $T \to 0$ und zur Thermodynamik tritt die Statistische Physik mit $S = k \ln \Gamma$. Ein wichtiges Thema der Gleichgewichtsthermodynamik und -statistik sind *Phasenumwandlungen*. Solche erster Art (z. B. fest-flüssig, flüssig-gasförmig, bei der Kristallisation spricht man manchmal auch von konservativer Selbstorganisation) sind durch bestimmte Umwandlungswärmen charakterisiert. Demgegenüber sind kontinuierliche Phasenumwandlungen durch Ordnungsparameter gekennzeichnet, die bei der Umwandlungs- oder kritischen Temperatur verschwinden. Im Falle einer Umwandlung ferro-paramagnetisch verschwindet die Magnetisierung bei der Curie-Temperatur. Solche Umwandlungen sind durch sogenannte kritische Phänomene (nichtanalytisches Verhalten physikalischer Größen mit sogenannten kritischen Exponenten) charakterisiert. Sie resultieren aus den Besonderheiten der Fluktuationen in der Nähe solcher Phasenumwandlungen; dabei gibt es keine charakteristische Längenskala, die Fluktuationen finden auf allen Längenskalen statt. Die Nichtgleichgewichts-Thermodynamik – man sagt auch *Kinetik* (nicht mit der Kinematik der Mechanik zu verwechseln) – befaßt sich mit Prozessen in abgeschlossenen und in offenen Systemen. Offene Systeme werden durch Temperatur-, Druck-, Konzentrations- oder Spannungsdifferenzen getrieben. Insofern bezeichnet man auch solche Differenzen als verallgemeinerte oder thermodynamische Kräfte. Eine ganz einfache Formel der Nichtgleichgewichts-Thermodynamik, die die lineare Reaktion auf eine solche Kraft beschreibt, ist das Fouriersche Gesetz des Transports von Wärme durch Wärmeleitung infolge einer Temperaturdifferenz: Wärmestromdichte = Wärmeleitfähigkeit $\times$ Temperaturdifferenz pro Längeneinheit. Eine ganz ähnliche Struktur haben das Ficksche Gesetz des Massentransports durch Diffusion und das oben schon unter 2. erwähnte Ohmsche Gesetz des Ladungstransports durch elektrische Leitung. Die Beschreibung solcher Transportprozesse mit der Boltzmann-Gleichung erlaubt, Transportkoeffizienten einheitlich auf Relaxationszeiten zurückzuführen und Letztere aus mikroskopischen Eigenschaften zu berechnen. An der Spitze der Nichtgleichgewichts-Statistik steht die Liouville-Gleichung als Grundgleichung, aus ihr lassen sich kinetische Gleichungen herleiten. Ein wichtiges Thema der Nichtgleichgewichts-Thermodynamik ist die bevorzugt in fluider (gasförmiger oder flüssiger) Materie auftretende *Strukturbildung* bei irreversiblen Prozessen offener Systeme mit ihrem Entropieexport zur Strukturaufrechterhaltung (dissipative Strukturen, dissipative Selbstorganisation). Beispiele sind das plötzliche Einsetzen der zellular geordneten Rayleigh-Bénard-Konvektion in einer von unten erwärmten Flüssigkeitsschicht im Schwerefeld ab einer bestimmten Temperaturdifferenz.

10. Komplexe Systeme Im physikalischen Erkenntnisprozeß ist das zunächst qualitative und schließlich quantitative Auffinden und Formulieren der hier unter 1.-9. aufgezählten Grundgesetze und Symmetrieprinzipien der Physik natürlich ein entscheidender, aber eben auch nur ein erster Schritt. Die nächsten Schritte bestehen im immer vollständigeren Erfassen der schier unerschöpflichen Lösungsmannigfaltigkeiten zur Beschreibung der ganzen Vielfalt physikalischer Erscheinungen (und nicht nur dieser, sondern auch derjenigen in Chemie und Biologie, Materialwissenschaft und Mikroelektronik – schließlich kennt die Natur die betreffenden Unterscheidungen nicht). Dieser Aufgabe widmet sich das neuere Querschnittsthema „Physik komplexer Systeme", das weitgehend interdisziplinär ausgerichtet ist und bevorzugt bestimmte kondensierte (feste oder flüssige) Systeme betrifft. Komplex muß dabei gar nicht kompliziert bedeuten, sondern besagt „nur", daß ein solcherart charakterisiertes System bei stetigen Änderungen von Rahmenbedingungen überraschende Materie- bzw. Bewegungszustände annimmt. Dabei spielen Nichtlinearitäten eine große Rolle. Mit der Physik komplexer Systeme werden Frage- und Problemstellungen zusammenfassend bezeichnet, die erst in den letzten $10 \cdots 20$ Jahren unter anderem durch große Rechner wie auch durch neue Experimente einer detaillierteren Untersuchung zugänglich gemacht werden konnten. Das schließt die physikalische Betrachtung von Erscheinungen ein, die (wie z. B. die Dynamik von Schüttgütern, Sand und anderer granularer Materie) schon lange in der Praxis bekannt sind und technisch genutzt werden. Im Grunde sind es Themen der Kern-, Atom-, Molekül-, Festkörper-, Laser-, Fluid-, Plasma- und Kosmosphysik. Dabei finden auch solche Themen ihre Einordnung wie Quasikristalle, Spingläser, die „Levy walks" der Oberflächendiffusion, granulare Materie, poröse Medien, komplexe Flüssigkeiten, makromolekulare Systeme, Polymerdynamik (Reptation), „soft matter", Schäume und die Evolution von Kohärenzen (nichtlineare Spinechos). Sie sind gekennzeichnet durch eine gewisse Komplexität, bei der Nichtlinearitäten und aus ihnen folgende Verzweigungen (Bifurkationen) mit ihren Umschlägen von Quantität in Qualität, ferner Unordnung, Korrelationen, Entladungen, Ferne vom Grundzustand, Ferne vom thermischen Gleichgewicht, ein breites Spektrum von relevanten Längen- und Zeitskalen, Emergenzen neuer Qualitäten, quantenmechanische Ergänzungen klassischer Betrachtungen u. a. m.

eine besondere Rolle spielen. Eine schillernde (eben „komplexe“) Vielfalt von Systemen und Erscheinungen tritt dabei zu Tage, wobei die auffächernde Vielfalt in einer wieder vereinheitlichenden Gegentendenz ihre Ergänzung findet, die in dem Suchen und Finden von Prototypen für gemeinsame Verhaltensweisen besteht, die wiederum durch möglichst wenige Parameter beschrieben werden. Es folgt hier ein summarischer Überblick in Gestalt einer puren Aufzählung von (nicht immer überlappungsfreien oder „orthogonalen“) Stichworten, die das eben pauschal Gesagte etwas spezifizieren soll, wohl wissend, daß es bei deren Lektüre keine aha-Effekte geben kann, aber vielleicht doch ein erstauntes „uff, was es so alles gibt, womit sich die neuere Physik so beschäftigt“ zusammen mit dem Wunsch, sich zu der einen oder anderen Sache durch weiterführende Literatur (hier langt einfach der Platz nicht) kundig zu machen. Zu den mit Komplexität verknüpften Themen Evolution, Information, Entropie, Chaos, Kosmos und Weltbild sei auf solche ausgezeichneten Darstellungen verwiesen wie ”Chaos und Kosmos. Prinzipien der Evolution” von W. Ebeling und J. Freund (Spektrum, Heidelberg, 1994), ”Komplexe Strukturen: Entropie und Information” von W. Ebeling, J. Freund und F. Schweitzer (Teubner, Leipzig, 1998) sowie D. Ruelle, ”Chance und Chaos” von D. Ruelle (Penguin, London, 1993) ”Das Quark und der Jaguar. Vom Einfachen zum Komplexen – die Suche nach einer neuen Erklärung der Welt” von M. Gell-Mann (Piper, München, 1994) und ”Die Entdeckung des Chaos. Eine Reise durch die Chaostheorie” von J. Briggs und F. D. Peat (Deutscher Taschenbuchverlag, München, 1997). Doch hier ist die angekündigte Aufzählung:
a) Ein wichtiges Teilgebiet der Physik komplexer Systeme ist die *nichtlineare Dynamik*, also die Dynamik nichtlinearer (autonomer oder von außen getriebener, konservativer oder dissipativer) Systeme. Wichtige Eigenschaften sind die ungeordneten, eben chaotischen Bewegungen mit ihrer extremen Empfindlichkeit gegenüber kleinen Änderungen der Anfangsbedingungen und die daraus folgende Unvorhersagbarkeit ihres Langzeitverhaltens (siehe das Wetter). Hinzu kommen Verzweigungen oder Bifurkationen bei bestimmten kritischen Parameterwerten, Zeitreihenanalysen, die starke und schwache Synchronisation in getriebenen chaotischen Systemen. Ein Ergebnis der Chaosforschung ist die Chaoskontrolle, die in einfachen Fällen vom Zirkus her als Balancieren oder Jonglieren bekannt ist. Dabei wird durch kleine Änderungen von Systemparametern chaotisches Verhalten in eine stabile Bewegung überführt, mit anderen Worten durch Rückkopplung werden ursprünglich instabile Trajektorien resonanzartig stabilisiert. Die erwähnte sensitive Abhängigkeit der Bewegung von den Anfangsbedingungen (wie schon gesagt macht sie das Langzeitverhalten unvorhersagbar) ergibt sich auch schon bei recht einfachen Systemen mit nur wenigen Freiheitsgraden aus deren Nichtlinearität. Solche Systeme sind dann oft auch ergodisch – bei gegebener Gesamtenergie werden im Zeitablauf (fast) alle Mikrozustände angenommen (die daraus folgende Gleichheit von Zeitmittel und Scharmittel ist die Voraussetzung für die statistische Behandlung eines Vielteilchensystems), siehe Abschnitte 75-78, wo Relaxationsprozesse mit ihren charakteristischen Zeiten diskutiert werden.
In der heutigen Umgangssprache ist das Wort *Chaos* negativ belegt, in der Physik

zeigt sich seine positive Seite: In einer infolge nichtlinearer Dynamik chaotischen Bewegung tauchen immer wieder neue Bewegungszustände auf, werden immer wieder – wie bei einem Schöpfungsprozeß – neue Bewegungen sozusagen ausprobiert. Ist das Phänomen Chaos vielleicht eine Voraussetzung für das Phänomen Schöpfertum? In der altgriechischen Philosophie (Hesiod, Anaximenes, Thales, Heraklit) ist das Chaos als leerer, unermeßlicher Raum, formloser Urstoff oder ungeordneter, ungeformter Weltzustand der Ursprung allen Seins. Aus ihm entstand der Kosmos (mit Nacht, Tag, Erde, Gebirge, Meer und Himmel) durch einen Prozeß der Selbststrukturierung. Das anfängliche Chaos barg also schöpferische Potenzen in sich.

Bemerkenswert ist, daß zwischen Determinismus und Chaos kein Widerspruch besteht. Man spricht auch vom deterministischen Chaos. Bemerkenswert ist ferner dieses: Wenn sich ein klassisches System chaotisch verhält, können in dem zugehörigen Quantensystem irreguläre Fluktuationen auftreten. Beispiele sind die unregelmäßigen Anordnungen der Energieniveaus sogenannter Quantenbillards, die durch ihre spezifischen Randbedingungen charakterisiert sind (z. B. innen Kreis, außen Quadrat, s. auch Stadium-Billard, Sinai-Billard), die die Zahl der fundamentalen Erhaltungsgrößen reduziert. Man spricht dann auch von Quantenchaos. Andere Beispiele für Systeme mit Quantenfluktuationen sind Kernstreuresonanzen, Wasserstoffatom im Magnetfeld, Molekülspektren. Auch die Theorie der Zufallsmatrizen (genauer der Matrizen mit zufälligen Einträgen) mit ihren Universalitätsklassen ist hier zu nennen, eine ihrer Anwendungen ist die advektive Diffusion in porösen Materialien (die Teilchen bewegen sich in einem von außen aufgeprägten Geschwindigkeitsfeld).

In manchen Fällen führt die Nichtlinearität, nämlich bei nichtlinearen Evolutionsgleichungen konservativer (also Reibungen nicht enthaltender) Systeme, zu sog. *Solitonen* (man spricht auch manchmal von dispersiver Selbstorganisation). Solitonen stellen impuls- oder auch stufenförmig lokalisierte Störungen eines nichtlinearen Mediums oder Feldes dar – man spricht auch von solitären Wellen. Die betreffende Energie ist auf ein enges Raumgebiet konzentriert. Beispiele sind Bloch-Wände (= Grenzgebiet zwischen Bereichen entgegengesetzter Magnetisierung von Ferromagneten) und seismische Wasserwellen (Tsunamis). In Systemen mit Reibung (Dissipation) können die nichtlinearen dissipativen Evolutionsgleichungen zu periodischen Mustern und nichtlinearen Wellen führen, wenn eine äußere „Kraft" hinreichend groß ist (Rayleigh-Bénard-Konvektion). Auch der Übergang zu raumzeitlich ungeordneten (chaotischen) Lösungen ist möglich (Raum-Zeit-Chaos). Beispiele für einfache Muster in Reaktions-Diffusions-Systemen der Physik, Chemie und Biologie sind laufende Pulse und Wellen, rotierende Spiralen und hexagonale Strukturen. Andere wichtige Themen sind:

b) Die Erforschung der *Turbulenz*, die sich aus der Nichtlinearität der hydrodynamischen Bewegungsgleichungen ergibt, als ein Beispiel für ein stark korreliertes System weitab vom Gleichgewicht (wie beschreibt man eine turbulente Strömung und ihre Korrelationen zweckmäßig, wie den Übergang laminar-turbulent, welche Rolle spielen astrophysikalische Turbulenzen beim Transport von Energie und

Drehimpuls, bei der Erzeugung und Aufrechterhaltung von dynamischem Druck, bei der chemischen Durchmischung, bei der Erzeugung magnetischer Felder, bei der Evolution von Sternen und Akkretionsscheiben, im interstellaren Medium, beim Sonnenwind, ...?),

c) die verschiedenen Formen der – aus Nichtlinearitäten von Nichtgleichgewichtssystemen resultierenden – *Selbstorganisation* (wobei das hoch-kooperative Wirken von Teilsystemen zu komplexeren Strukturen des Gesamtsystems führt wie z. B. bei bestimmten chemischen Prozessen mit ihren Reaktions-Diffusions-Gleichungen oder beim Laser mit seinem Umschlag inkohärent-kohärent ab einer bestimmten Pumpleistung oder in der Hydrodynamik mit der Rayleigh-Bénard-Konvektion ab einer bestimmten Temperaturdifferenz),

d) die *granulare Dynamik* (also das oben schon erwähnte Verhalten von Schüttgütern, auch das Wandern von Dünen und die Bildung von Barchanen werden dabei untersucht),

e) die *Ratschenphysik*[3], erlaubend mit einer speziell gestalteten, nämlich sägezahnförmigen Festkörperoberfläche, wobei die Zahnform unsymmetrisch ist, die Umwandlung ungeordneter Bewegungen in geordnete Bewegungen (dabei wird der Zweite Hauptsatz der Thermodynamik natürlich nur scheinbar „ausgetrickst"),

f) die Besonderheiten von Systemen, deren Evolution durch zwei ganz verschiedene Zeitkonstanten charakterisiert sind, eine sehr große und eine sehr kleine (Erdbeben, Supernovae-Explosionen) und andere *Entladungsphänomene* wie die für Materialeigenschaften wichtige und zum Bruch führende Bildung und Ausbreitung von Rissen oder wie Blitze mit ihren Verästelungen sowie Lawinenabgänge,

g) die Wechselwirkung von Atomen, Molekülen und Clustern mit *intensivem Laserlicht* und die dabei fern vom Grundzustand auftretenden Anregungen, Fragmentationen und chaotischen Phänomene,

h) die Besonderheiten *mesoskopischer Systeme*, d. s. elektronische Systeme im Grenzbereich zwischen der Mikro- und Makrophysik mit ihren Abweichungen vom Ohmschen Gesetz (da zur klassischen Dynamik Quanteninterferenzeigenschaften hinzutreten),

i) die Phänomene der *starken Elektronenkorrelation* wie
– Hochtemperatursupraleitung (Nobel-Preis 1985) und Kolossalmagnetowiderstand in Übergangsmetalloxiden,
– Kondo-Effekt, schwere Fermionen und gemischte oder intermediäre Valenzen in Verbindungen mit Lanthaniden und Aktiniden, auch in quartenären Borkarbidverbindungen,
– gebrochenzahliger (engl. fractional) Quanten-Hall-Effekt in Halbleitern (Nobel-Preis 1998),
– korrelierte Elektronen in einer Dimension mit ihrer Trennung von Spin und Ladung und
– das Phänomen der *Elektronenlokalisierung* infolge Unordnung wie bei Legierungen und deren Beeinflussung durch die (zunächst vernachlässigte) Coulomb-Wechselwirkung oder durch äußere Magnetfelder.

[3]Zu Quantenratschen siehe Phys. Blätter **56**(5), 45 (2000)

j) Weitere unter der Überschrift Physik komplexer Systeme auftauchende Themen sind u.v.a.: die Frustration bei der Bewegung von Löchern (unbesetzten Plätzen) in Antiferromagneten, die Frustration in Spingläsern, die langsame Dynamik in Gläsern, Flüssigkristalle und Polymere (dafür erhielt P.G. de Gennes den Nobel-Preis 1991, man denke auch an die Anwendung von Flüssigkristallen in der Elektronik als LCD), das Verhalten von weicher Materie, die Physik der Schaumbildung und der Schäume, die Dynamik des in realen Festkörpern auftretenden „Sauerkrautes" der Versetzungen bei plastischer Verformung, der Sprödbruch, die Dynamik fluktuierender Ober- und Grenzflächen, die Entnetzung von Oberflächen (das Gegenteil von Benetzung), wechselwirkende Brownsche Teilchen, nicht-Brownscher Transport, Struktur und Dynamik von Suspensionen, Phasenübergänge in kolloidalen Suspensionen, die Emergenz von Galaxien und Planetensystemen aus sich gravitativ zusammenziehenden Gas- und Staubwolken.
k) Auch die Grenzen zur *Biologie und Medizin* werden überschritten: Brownsche Motoren und Brownsche Pumpen in biologischen Systemen, Darwinsche Evolution von Molekülen in autokatalytischen Reaktionszyklen, der Weg von Molekülen zu biologischen Prozessen, das Reagieren des Immunsystems auf Attacken von Viren und Bakterien und sein Gedächtnis, die statistische Physik neuronaler Netze, Erregungsmuster in biologischen neuronalen Netzen, das Funktionieren des menschlichen Hirns mit phasenumwandlungsähnlichen Vorgängen und Hysterese-Erscheinungen, die Emergenz des Bewußtseins, vom Gehirn zur Psyche, die in der modernen Molekularbiologie für die Konstruktion von Evolutionsbäumen breit genutzte DNA-Sequenz-Ausrichtung.
l) Generell wird die Begrenztheit rein reduktionistischer Betrachtungen erkannt mit der Konsequenz, zu holistischen (ganzheitlichen) Analysen überzugehen, wobei es neuerdings auch Versuche gibt, zwischen starkem und schwachem Reduktionismus zu unterscheiden (H. Markl). Auch die Synergetik (H. Haken) mit ihren interdisziplinären Betrachtungen, die Physik der Evolution (M. Eigen, W. Ebeling), die fundamentale Rolle von Fluktuationen als eine Voraussetzung für Evolutionen (I. Prigogine) und die ansatzweise Ausdehnung solcher Betrachtungen auf biologische und sogar soziale Systeme sind hier zu nennen. Sollte vielleicht auch die gesamte Umweltproblematik einschließlich Klimaforschung mit dem Begriffssystem und Handwerkszeug komplexer Systeme angegangen werden?

Zum Schluß dieser erstaunlichen und bemerkenswerten, hoffentlich etwas Neugier geweckt habenden Aufzählung soll doch noch mit einem generischen Beispiel ein aha-Erlebnis vermittelt werden. Betrachtet wird ein *eindimensionaler anharmonischer Oszillator* mit einem Potential $V(x) = a \cdot x^2 + b \cdot x^4$, wobei b positiv sei. In der Kraft $F(x) = -dV(x)/dx$ führt der erste Term zum Hookeschen Gesetz mit seiner Proportionalität zwischen der Kraft F und der Auslenkung x, der zweite Term liefert eine nichtlineare Beziehung zwischen F und x. Wie ändern sich nun Potential und Bewegungsmöglichkeiten bei Änderung des Parameters a? Solange a auch positiv ist, gibt es nur das eine stabile Gleichgewicht bei $x = 0$. Außerdem ist das System durch eine Rechts-Links-Symmetrie gekennzeichnet, für $x > 0$ und $x < 0$ herrschen dieselben Verhältnisse. Für $a < 0$ dagegen wird das Gleichgewicht bei $x = 0$ instabil und bei $x = \pm\sqrt{|a|/2b}$ entstehen zwei stabile Gleichgewichte, außerdem wird die Symmetrie insofern gebrochen, als sich das Teilchen entweder im rechten oder im linken Potentialminimum befindet bzw. darum herum schwingt. Beginnend bei $x = 0$ (instabiles Gleichgewicht) genügt ein winzig kleiner Anstoß nach rechts oder links, um die Symmetrie nach der einen oder anderen Seite hin zu brechen. So führt die kontinuierliche Änderung eines Parameters zu einer qualitativen Zustands- oder Bewegungsänderung (Umschlag von Quantität in Qualität).

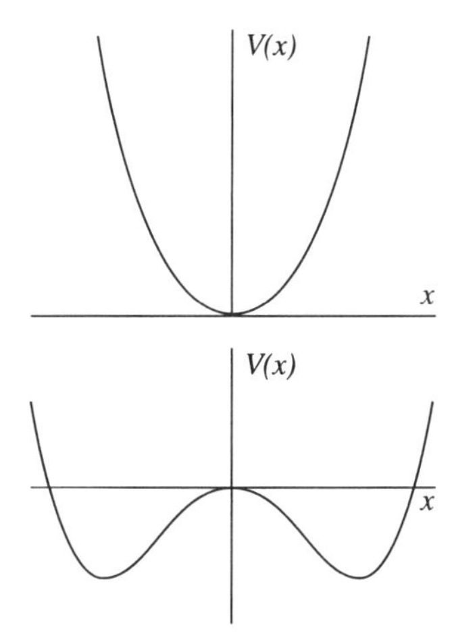

Abb. 46.1: Potentialverlauf $V(x) = a \cdot x^2 + b \cdot x^4$ mit $b > 0$. Für $a > 0$ (oben) gibt es nur das eine stabile Gleichgewicht bei $x = 0$. Für $a < 0$ (unten) gibt es zwei stabile Gleichgewichte bei $x = \pm\sqrt{|a|/2b}$, das Gleichgewicht bei $x = 0$ ist instabil. So kommt es beim Nulldurchgang des Parameters a zu einer qualitativen Änderung der Bewegungsmöglichkeiten: Von Schwingungen um $x = 0$ mit beliebigen Amplituden (oben) zu Schwingungen um $x = \sqrt{|a|/2b}$ *oder* $x = -\sqrt{|a|/2b}$ für nicht zu große Amplituden (unten).

– Mit derselben Mathematik läßt sich übrigens auch der oben schon unter 9. erwähnte, kontinuierliche Gleichgewichtsphasenübergang para-ferromagnetisch beschreiben. Dabei tritt an die Stelle der Auslenkung x die Magnetisierung M, an die Stelle des Potentials $V(x)$ die Freie Energie $F(M)$ und an die Stelle des Parameters a die Temperatur T. Für Temperaturen T oberhalb der Curie-Temperatur T_C ist der paramagnetische Zustand mit verschwindender Magnetisierung $M = 0$ thermodynamisch stabil, dagegen wird für $T < T_C$ infolge der Wechselwirkung zwischen den Spins der paramagnetische Zustand instabil und der ferromagnetische Zustand mit einer spontanen Magnetisierung $M(T) \neq 0$ stabil, wobei eine von zwei möglichen Spineinstellungen realisiert wird in Abhängigkeit von einem sehr schwachen äußeren Magnetfeld, das das System aus dem instabilen Anfangszustand $M = 0$ heraus- und in die eine oder andere Richtung hinein„schubst“. Man nennt das spontane Symmetriebrechung. Bei dieser kontinuierlichen Phasenumwandlung ist die Magnetisierung $M(T)$ der Ordnungsparameter. Er verschwindet am kritischen Punkt, also für $T \lesssim T_C$, und zeigt dabei ein sogenanntes kritisches Verhalten mit einem Skalengesetz gemäß $M \sim (1 - T/T_C)^\beta$ mit β als kritischem Exponenten. Neben β gibt es noch weitere kritische Exponenten, die nahe des

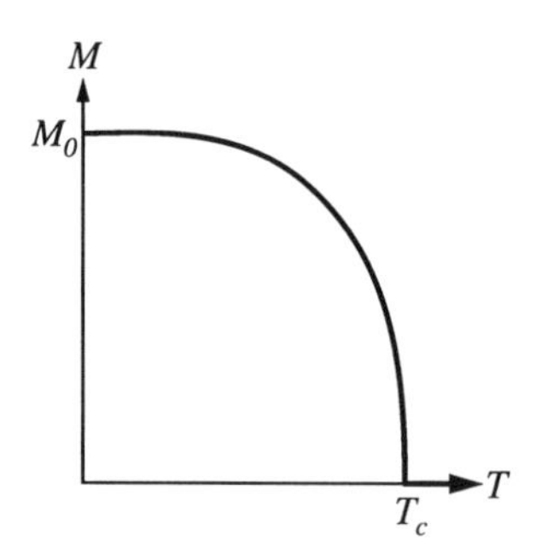

Abb. 46.2: Magnetisierung M eines ferromagnetischen Festkörpers in Abhängigkeit von der Temperatur T. Bei der Curie-Temperatur T_C verschwindet M (Phasenumwandlung ferro-paramagnetisch).

kritischen Punktes z. B. die Wärmekapazität gemäß $C \sim (1 - T/T_C)^{-\alpha}$ und die Suszeptibilität gemäß $\chi \sim (1 - T/T_C)^{-\gamma}$ beschreiben. Nur zwei dieser Exponenten sind unabhängig voneinander (z. B. gilt $\alpha + 2\beta + \gamma = 2$) und sie haben für viele Systeme die gleichen Werte, weil sie nicht von speziellen Materialeigenschaften abhängen, sondern nur von der räumlichen Dimension des betrachteten Systems und davon, ob der Ordnungsparameter ein Skalar oder ein Vektor oder ob er komplex ist. So läßt die Universalität wieder einmal grüßen. – Analog zu den genannten Beispielen gibt es in der nichtlinearen Dynamik viele Fälle, wo die kontinuierliche Änderung von Parametern (hier waren es a oder T) zu qualitativen Änderungen von Zuständen (hier ein Minimum $\rightarrow$ zwei Minima) führen. Soviel sei zur Physik komplexer Systeme im Rahmen des physikalischen Weltbildes gesagt.

11. „Goldener Fonds“ Mit den Punkten 1.-10. ist in ganz großen Zügen der „goldene Fonds“ (Landau) zuverlässigen (weil mit wiederholbaren Experimenten immer wieder überprüfbaren) Wissens über das Verhalten der Natur zusammen mit einigen Entwicklungstendenzen und offenen Fragen im physikalischen Erkenntnisprozeß andeutungsweise skizziert, siehe auch Abschnitte 67, 80. Hinzu kommen die Akkumulation von Erfolgserlebnissen durch theoretische Vorhersagen und deren experimentelle Bestätigungen (predictive power) und die feste Überzeugung (der Konsens darüber), daß diese fundamentalen Naturgesetze immer und überall galten und gelten – von Ewigkeit zu Ewigkeit und wie im Himmel so auch auf Erden (wohl wissend, daß die vom Menschen aus seinen Beobachtungen extrahierten Naturgesetze nicht unabhängig von der Masseverteilung und der sie bestimmenden Raum-Zeit-Struktur sind, die sich mit der kosmischen Evolution vom stärker gekrümmten Anfang zum flacheren Heute verändert hat). Sie beherrschen alles Geschehen in der (unbelebten) Natur, niemals und nirgends passiert etwas (auch nicht in der belebten Natur), was nicht mit ihnen im Einklang wäre. Insofern sind sie allmächtig und stecken einen Rahmen ab, welche Zustände und Bewegungen oder Evolutionen möglich sind und welche nicht. Zugleich erlauben sie, die mehr oder weniger flüchtigen Spuren von Evolutionen zu deuten. Ende des Einschubs zum physikalischen Weltbild.

Doch nach diesem „Höhenflug“ zurück zur Erde, d. h. hier zur Boltzmann-Formel! Um ihren Sinn zu erfassen, fragen wir danach, wie nach Boltzmann die Entropie eines idealen Gases vom Volumen abhängt. Dazu betrachten wir ein Gefäß mit dem Volumen V, in dem sich ein Mol eines idealen Gases befindet. Die Gasatome bewegen sich chaotisch innerhalb des Gefäßes. Im Zeitablauf durchquert jedes Atom mit derselben Häufigkeit (oder Wahrscheinlichkeit) praktisch alle Teile des Gefäßes. Ohne einen großen Fehler zu machen kann man sagen, daß jedes Atom eine Hälfte seiner Zeit in der rechten und die andere Hälfte seiner Zeit in der linken Gefäßhälfte verbringt. Also kann man weiterhin feststellen, daß ein Atom, wenn das Gefäß gedanklich in vier gleiche Teile eingeteilt wird, in jedem von ihnen ein Viertel seiner Zeit verbringt. Diese Überlegungen fortsetzend, kann man sagen, daß in jedem herausgegriffenen Teilvolumen V_0 (unabhängig von seiner Form) ein Atom einen Zeitanteil verbringt, der gleich V_0/V ist, falls V wie gesagt das Volumen des gesamten Gefäßes ist. Dieser Sachverhalt läßt sich auch so ausdrücken: Die Wahrscheinlichkeit, ein Atom im Teilvolumen V_0 zu finden, also die Zahl der dafür günstigen Fälle zur Zahl der überhaupt möglichen Fälle ist gleich V_0/V.

Sammeln wir jetzt alle Zeitintervalle, in denen sich unser Atom im Teilvolumen V_0 befindet (wir nennen es Atom 1) , und folgen wir einem anderen Atom (wir nennen es Atom 2). Das Verhalten und der Aufenthalt des Atoms 1 ist von dem des Atoms 2 völlig unabhängig. Deswegen verbringt auch das Atom 2 einen Zeitanteil V_0/V im Teilvolumen V_0, unabhängig davon, wo das Atom 1 sich befindet. Im Laufe einer makroskopischen Zeit τ befindet sich also das Atom 1 während des Zeitdauer $\tau_1 = (V_0/V)\tau$ im Teilvolumen V_0. Während eines Teils von τ_1, nämlich $\tau_2 = (V_0/V)\tau_1$ befindet sich auch das Atom 2 in demselben Teilvolumen V_0, also gilt $\tau_2 = (V_0/V)^2\tau$. Die Wahrscheinlichkeit, die Atome 1 und 2 gleichzeitig im Teilvolumen V_0 zu finden, ist daher gleich $(V_0/V)^2$. Diese Überlegung läßt sich fortsetzen und auf alle anderen Atome (3, 4, ..., N_A) ausdehnen. Dabei ist N_A die Zahl der Atome, die sich in einem Mol befinden. Diese Avogadro-Zahl $N_A \approx 6 \cdot 10^{23}/\mathrm{mol}$ ist so unvorstellbar groß, dass $(V_0/V)^{N_A}$, also die Wahrscheinlichkeit, alle N_A Atome gleichzeitig statt in dem verfügbaren Gefäßvolumen V nur noch in dem kleineren Teilvolumen V_0 anzutreffen (wobei das übrige Volumen $V - V_0$ leer ist), extrem klein ist. Es kommt also praktisch nicht vor, daß sich das Gas (bei konstanter Temperatur) von selbst auf ein kleineres Volumen komprimiert. Das Reziproke dieser extrem geringen Wahrscheinlichkeit (oder Häufigkeit) für eine Kompression ist das Verhältnis der statistischen Gewichte der durch V und V_0 charakterisierten Makrozustände:

$$\frac{\Gamma}{\Gamma_0} = \left(\frac{V}{V_0}\right)^{N_A}.$$

Dieses Verhältnis gibt an, wievielmal häufiger alle Teilchen gleichzeitig im Gefäßvolumen V statt in dem kleineren Teilvolumen V_0 angetroffen werden.

Wenn wir den Logarithmus von Γ/Γ_0 bilden und die Boltzmann-Formel verwenden, erhalten wir für die Entropiezunahme beim Übergang vom (Anfangs-)-Volumen V_0 zum größeren (End-)Volumen V den Ausdruck

$$S - S_0 = k \ln \left(\frac{V}{V_0} \right)^{N_A}.$$

Wenn wir dies mit der Entropie eines idealen Gases (bei $T = T_0$, Abschnitt 38), also mit

$$S - S_0 = R \ln \frac{V}{V_0},$$

vergleichen, so finden wir $R = N_A k$. Damit haben wir die aus der Thermodynamik bekannte Entropieänderung bei isothermen Prozessen (Zunahme bei Expansion, Abnahme bei Kompression) statistisch begründet und außerdem die Boltzmann-Konstante als Gaskonstante pro Teilchen erkannt.

47 Wie nach Boltzmann die Entropie von der Temperatur abhängt

Die statistische Begründung der Entropiezunahme bei isochorer Erwärmung (Temperaturerhöhung bei konstant gehaltenem Volumen) ist wesentlich komplizierter. Wir wollen eine nicht völlig strenge Betrachtung durchführen.

Dafür erinnern wir uns, was wir im Zusammenhang mit der Maxwellschen Geschwindigkeitsverteilung gesagt haben (Abschnitte 28-31). Dabei interessiert, wie sich die Bewegung der stoßenden Gasteilchen im Geschwindigkeitsraum widerspiegelt. Im Gegensatz zum gewöhnlichen Ortsraum mit den Koordinaten (x, y, z), wo sich ein Atom an einem beliebigen Punkt mit der gleichen Wahrscheinlichkeit befinden kann, nehmen im Geschwindigkeitsraum seine „Koordinaten“ v_x, v_y, v_z nur solche Werte an, daß der Geschwindigkeitsbetrag $v = \sqrt{v_x^2 + v_y^2 + v_z^2}$ in der Nähe des Geschwindigkeitsmittelwertes

$$< v >= \alpha \sqrt{kT_0}$$

liegt. Wir lassen offen, um welche mittlere Geschwindigkeit es sich handelt (mittlere quadratische, mittlere oder wahrscheinlichste – siehe Abschnitt 30), und betrachten daher auch den Faktor α nicht weiter. Der Geschwindigkeitsbetrag ist nach der Maxwell-Verteilung nicht genau $< v >$. Jedoch besitzt ein großer Teil der Gasteilchen Geschwindigkeitsbeträge, die sich von $< v >$ nicht mehr als um $\beta\sqrt{kT_0}$ unterscheiden, wobei β eine weitere Konstante ist; ihren exakten Sinn benötigen wir hier ebenfalls nicht.

Letzteres läßt sich rechtfertigen, wenn man bedenkt, was weiter oben (Abschnitt 30) über Fluktuationen gesagt wurde, d. h. über die Schwankung der Werte von v^2 (oder der kinetischen Energie) um den Mittelwert (die strenge Begründung dafür ist hinreichend kompliziert). Danach befindet sich der überwiegende Teil der Gasteilchen im Geschwindigkeitsraum an solchen Stellen, die dem Geschwindigkeitsmittelwert $\alpha(kT)^{1/2}$ entsprechen und von diesem Mittelwert nicht weiter als etwa $\beta(kT_0)^{1/2}$ entfernt sind.

Im Geschwindigkeitsraum befinden sich also fast alle Atome in einem Gebiet, dessen Volumen annähernd gleich $\beta^3(kT_0)^{3/2}$ ist. Erwärmt man das Gas ($T > T_0$) so vergrößert sich das Gebiet im Geschwindigkeitsraum, in dem sich die überwiegende Mehrheit der Atome befindet, bei Abkühlung ($T < T_0$) verkleinert es sich.

Nun können wir das Verhältnis der statistischen Gewichte so ähnlich berechnen wie wir es im vorigen Abschnitt im gewöhnlichen Ortsraum bei der Volumenänderung getan haben. Für ein einatomiges Gas lautet das Ergebnis:

$$\frac{\Gamma}{\Gamma_0} = \left(\frac{T}{T_0}\right)^{\frac{3}{2}N_A}.$$

Man beachte, daß die oben benutzten Koeffizienten α und β in dieser Formel gar nicht mehr auftauchen; das ist auch der Grund, warum wir uns für sie nicht weiter interessiert haben.

Mit der Boltzmann-Formel ergibt sich somit

$$S - S_0 = \frac{3}{2}N_A k \ln\frac{T}{T_0}.$$

Vergleichen wir dies mit der Entropie des idealen Gases (bei $V = V_0$, Abschnitt 38), also mit

$$S - S_0 = C_V \ln\frac{T}{T_0},$$

so erkennen wir $C_V = \frac{3}{2}N_A k$. Damit haben wir die aus der phänomenologischen Thermodynamik bekannte Entropiezunahme bei isochorer Erwärmung statistisch begründet und außerdem erkannt, daß $\frac{3}{2}k$ zugleich die Wärmekapazität pro Teilchen eines einatomigen idealen Gases bei konstantem Volumen ist.

Bedenkt man noch einmal die Verschiedenheit der Herleitungen (phänomenologisch-thermodynamisch aus übertragenen Wärmemengen und verrichteten Arbeiten und kinetisch-statistisch aus Häufigkeiten und statistischen Gewichten), so muß man doch staunen, wie so unterschiedliche Vorgehensweisen in der Physik letztendlich zu ein- und demselben Ergebnis führen. Diese Möglichkeit, nämlich physikalische Erscheinungen von unterschiedlichsten Standpunkten aus zu betrachten, ist eine spezifische Eigenschaft der modernen Wissenschaft. Das zu erlernen ist die allerwichtigste Aufgabe eines Naturwissenschaftlers.

48 Temperatur und Entropie in Thermodynamik und Statistik

Nachdem wir gesehen haben wie die Boltzmann-Formel für ideale Gase tatsächlich die von der phänomenologischen Thermodynamik her bekannte Abhängigkeit der

Entropie von V und T liefert, wollen wir uns diese fundamentale Beziehung noch auf eine andere, allgemeinere Weise plausibel machen. Dazu vergleichen wir die aus dem Ersten und Zweiten Hauptsatz gewonnene thermodynamische Beziehung

$$\frac{1}{T} = \left(\frac{\Delta S}{\Delta U}\right)_V$$

(siehe Abschnitt 42) mit einem analogen, aber aus statistischen Überlegungen folgenden Ausdruck. Wir fragen nach der Wahrscheinlichkeit dafür, daß ein thermodynamisches System (mit gegebenem Volumen V und in Kontakt mit einem Wärmebad der Temperatur T) eine Gesamtenergie zwischen E und $E + \Delta E$ aufweist. Diese Wahrscheinlichkeit ist trivialerweise proportional zu $\Gamma(V,E)\Delta E$ (= Zahl der Mikrozustände in dem betrachteten Energieintervall) und plausiblerweise (denkt man an die Verallgemeinerung der Maxwell-Verteilung von Abschnitt 28) auch proportional zu dem sogenannten Boltzmann-Faktor $\mathrm{e}^{-E/kT}$. Die Funktion $\Gamma(V,T)$ wird durch das jeweilige System (d. h. dessen Teilchen und deren Wechselwirkung) bestimmt, sie ist für sehr viele (N_A) Teilchen eine sehr rasch anwachsende Funktion von E. Demgegenüber ist der Boltzmann-Faktor $\mathrm{e}^{-E/kT}$ (er beschreibt das thermische Gleichgewicht mit dem erwähnten Wärmebad) eine sehr rasch abfallende Funktion von E. Daher ist die oben genannte, zu $\Gamma(V,E)\mathrm{e}^{-E/kT}$ proportionale Wahrscheinlichkeit eine Funktion von E mit einem sehr scharfen Maximum bei $E \approx U$. Das Maximum ergibt sich aus

$$\Gamma(V, U + \Delta U)\mathrm{e}^{-(U+\Delta U)/kT} = \Gamma(V,U)\mathrm{e}^{-U/kT}.$$

Mit $\mathrm{e}^{-x} \approx 1 - x$, $f(x + \Delta x) = f(x) + \Delta f(x)$ und $\Delta f(x)/[f(x)\Delta x] = \Delta \ln f(x)/\Delta x$ ergibt sich daraus

$$\frac{1}{kT} = \left(\frac{\Delta\Gamma(V,U)}{\Gamma(V,U)\Delta U}\right)_V = \left(\frac{\Delta \ln \Gamma(V,U)}{\Delta U}\right)_V.$$

Der anvisierte Vergleich liefert tatsächlich die Boltzmann-Formel $S = k \ln \Gamma$. Außerdem folgt aus der angegebenen Beziehung bei gegebener Funktion $\Gamma(V,U)$ die kalorische Zustandsgleichung in der Form $T = T(V,U)$, Umstellung liefert $U = U(V,T)$. Eine analoge Betrachtung ergibt

$$p = kT\left(\frac{\Delta \ln \Gamma(V,U)}{\Delta V}\right)_U,$$

aus der bei gegebenem $\Gamma(V,U)$ und mit $U = U(V,T)$ auch die thermische Zustandsgleichung $p = p(V,T)$ folgt.

Im Falle eines idealen Gases führten Überlegungen im Ortsraum (Abschnitt 46) oder Geschwindigkeitsraum (Abschnitt 47) über $\Gamma \sim (VT^{\frac{3}{2}})^{N_\mathrm{A}}$ zum richtigen Ausdruck für die Entropie. Stattdessen muß man im Falle von Quantengasen (wie ^{4}He und ^{3}He) und anderen Quantensystemen (z. B. auch aufgeheizten Atomkernen, s. nächsten Abschnitt), bei denen man Ort und Geschwindigkeit eines Teilchens wegen der Unbestimmtheitsrelation nicht gleichzeitig genau angeben kann, in jedem kleinen, aber nicht zu kleinen Energieintervall ΔE die Zahl der Energieniveaus ermitteln. Das liefert den Ausdruck $\Gamma(V,E)\Delta E$ mit $\Gamma(V,E)$ als systemspezifische Niveau- oder Zustandsdichte. Wie oben folgen dann auch für solche Quantensysteme bei gegebenem $\Gamma(V,E)$ die zugehörigen Zustandsgleichungen.

Eine ganz einfache Konsequenz der Boltzmann-Formel ist der Dritte Hauptsatz. Nach der Quantentheorie befindet sich ein System am absoluten Nullpunkt im Grundzustand. Ist er nicht entartet, hat er das statistische Gewicht $\Gamma = 1$, also ist $\ln \Gamma = 0$ und damit auch $S = 0$, q.e.d.

Sowohl für Quantensysteme wie auch für klassische Systeme (bei denen also Quanteneffekte vernachlässigt werden können) hat $\Gamma(V,U)$ eine Energieabhängigkeit der Art $(U/f)^f$ mit $f =$ Zahl der (aufgetauten) Freiheitsgrade des gesamten Systems ($\sim N_A$). Damit ergibt sich aus der statistischen Darstellung von $1/T$ (siehe oben) $kT \sim U/f$. Die Temperatur ist also ein Maß für die mittlere Energie pro Freiheitsgrad (siehe auch Abschnitt 26).

49 Aufgeheizte Atomkerne

Ein Atomkern ist durch seine Energiewerte charakterisiert, die er annehmen kann.[1] Die Gesamtheit dieser Energiewerte nennt man das Spektrum des Atomkerns.

Hat ein Atomkern viel Energie von außen erhalten, z. B. durch Einfang eines Neutrons, dann kann er sich nach einer solchen Absorption mit annähernd gleicher Wahrscheinlichkeit in einem von vielen „Endzuständen" befinden. Das Kernvolumen ändert sich dabei fast nicht, deshalb wird die Auswahl des Endzustandes nur durch die Anregungsenergie begrenzt.

Im Jahre 1937 hat Bohr vorgeschlagen, Kernreaktionen mit Hilfe des Modells des zusammengesetzten oder „Zwischen"-Kerns (engl. compound nucleus) zu beschreiben. Die Idee dieses Modells besteht darin, die Reaktion, die bei einem Zusammenstoß zwischen einem Neutron und einem Kern stattfindet, mit einem zwei-Etappen-Modell zu beschreiben. Die erste Etappe besteht im Neutroneneinfang durch den Kern. Ist die Energie des Neutrons nicht groß, dann wird es seine Energie schnell verlieren. Das Neutron wird vom Kern angezogen, und diese Bindungsenergie wird sich auf die Nukleonen so verteilen, daß sich dabei innerhalb des Kerns eine statistische Verteilung einstellt. Der Kern wird durch das Neutron aufgeheizt. Je mehr Energie ein Kern bekommt, desto stärker wird er „angeregt" und er kommt in einen Energiebereich, der durch eine hohe, mit der Anregungsenergie schnell anwachsende Zustandsdichte charakterisiert ist.

In einem solchen Zustand kann sich der Kern nicht lange befinden. Der Kern muß, ähnlich einem aufgeheizten Flüssigkeitstropfen, durch „Verdampfen" seine

[1] Jeder Zustand eines Atomkerns wird außer durch seine Energie noch durch eine Reihe weiterer Parameter wie Spin, Parität usw. beschrieben. Damit werden wir uns nicht weiter befassen. Zu ein- und derselben Energie kann es viele verschiedene Zustände geben, die sich durch die erwähnten Parameter unterscheiden; man sagt dann, dieses Energieniveau ist entartet.

Anregungsenergie wieder abgeben und sich auf diese Weise abkühlen. Die Anregungsenergie wird dabei von „verdampfenden“ Teilchen weggetragen.

Dieser Prozeß läßt sich analog der Verdampfung eines erhitzten Tropfens beschreiben. Die Geschwindigkeiten der verdampfenden Moleküle befolgen die Maxwellsche Verteilung, nur mit dem Unterschied, daß hierbei die Geschwindigkeitsverteilung nicht ein (als ein Ganzes) ruhendes Gas, sondern einen Strom[2] der aus der Flüssigkeit austretenden Moleküle, beschreibt. Um den Prozeß der Teilchenverdampfung aus einem angeregten Atomkern zu beschreiben, müßte man dessen Temperatur wissen. Jedoch kennen wir nur die Anregungsenergie und die Zustandsdichte und es ist unmöglich, die Kerntemperatur zu messen. Keines der aus der Temperaturmessung bekannten Geräte ist anwendbar, auch nicht im Prinzip, um eine solche Aufgabe zu lösen. Dennoch läßt sich die Temperatur eines angeregten Atomkerns abschätzen. Die in Abschnitt 48 gewonnene Aussage $kT \sim U/f$ zeigt, wie mit wachsender Anregung auch die Temperatur ansteigt.

Temperaturen angeregter Atomkerne werden üblicherweise nicht in Kelvin, sondern in Energieeinheiten angegeben. Da aber das Joule eine viel zu große Einheit ist, ist es üblich, die Temperatur (wie auch die Anregungsenergie) von Atomkernen in Millionen Elektronenvolt ($1\ \mathrm{MeV} = 1{,}6 \cdot 10^{-13}\ \mathrm{J} = 1{,}16 \cdot 10^{10}\ \mathrm{K}$) anzugeben.

Gegen die Anwendung des Temperaturbegriffs auf Atomkerne könnte man eventuell einwenden, daß die Zahl der Teilchen im Kern nicht groß ist und der Kern daher nicht völlig seine Vorgeschichte vergißt. Nichtsdestoweniger ist in vielen Fällen das Geschwindigkeitspektrum der Neutronen, die aus einem angeregten Kern herausfliegen, dem Geschwindigkeitsspektrum der Moleküle, die aus einem aufgeheizten Tropfen verdampfen, sehr ähnlich. Nur ist die Temperatur, die die Geschwindigkeitsverteilung der Neutronen charakterisiert, sehr viel höher. Man kann zeigen, daß die Temperatur eines Atomkerns bei einer Anregungsenergie von 10 MeV für Kerne mit Nukleonenzahlen von $A \approx 100$ ca. $1{,}0 \ldots 1{,}5$ MeV beträgt. Dies entspricht $\approx 10^{10}$ K. Der aus einem solchen Kern austretende „Neutronendampf“ ist in der Tat sehr heiß!

50 Was ist ein Spingitter?

Hier wollen wir ein (starres) Kristallgitter betrachten, an dessen Gitterpunkten sich identische Spins befinden. Wir wollen an dieser Stelle noch offen lassen, ob es sich um die Spins (Drehimpulse) von Atomen oder von Atomkernen handelt. Mit jedem Spin ist ein magnetisches Moment (proportional zum Spin) verknüpft. Ein ähnliches System – ein System aus Elektronenspins – haben wir bereits besprochen (Abschnitt 32).

Was wir aus der Quantentheorie nur wissen müssen, ist, daß die Projektion

[2] In einer solchen, eine Teilchenstromdichte beschreibende Verteilung erscheint ein zusätzlicher Faktor v_z (z ist die Normale zu der als eben angenommenen Oberfläche), da die Teilchenstromdichte als Produkt aus Teilchendichte und der betr. Komponente der Teilchengeschwindigkeit definiert ist.

eines Spins $s\hbar$ auf die Richtung eines äußeren Magnetfeldes nicht beliebige Werte annehmen kann, sondern nur die $2s+1$ Werte

$$-s\hbar,\ -(s-1)\hbar,\ \ldots,\ (s-1)\hbar,\ s\hbar.$$

Das zugehörige magnetische Moment $\mu \sim s\hbar$ hat ebenfalls $2s+1$ Projektionen auf das Magnetfeld, nämlich

$$-g\mu_0 s,\ -g\mu_0(s-1),\ \ldots,\ g\mu_0(s-1),\ g\mu_0 s.$$

Dabei ist μ_0 eine vom jeweiligen System abhängige Maßeinheit, nämlich das Bohrsche Magneton

$$\mu_\mathrm{B} = \frac{e\hbar}{2m_0} = 5{,}79 \cdot 10^{-5}\ \mathrm{eV/T}$$

für Elektronen (m_0 = Elektronmasse, Abschnitt 32) oder das fast 2000 mal kleinere Kernmagneton

$$\mu_\mathrm{K} = \frac{e\hbar}{2m_\mathrm{P}} = 3{,}15 \cdot 10^{-8}\ \mathrm{eV/T}$$

für Atomkerne (m_P = Protonmasse). Die Einheiten sind so gewählt, daß man nach der Multiplikation mit dem Magnetfeld (gemessen in T = Tesla, siehe Abschnitt 32) die Energie in Elektronenvolt erhält. Der gyromagnetische Faktor g ist der dimensionslose Proportionalitätsfaktor zwischen dem jeweiligen (in Einheiten des betreffenden Magnetons gemessenen) magnetischen Moment und dem jeweiligen (in Einheiten von $\hbar$ gemessenen) Drehimpuls (genauer der dimensionslosen Quantenzahl des Drehimpulsquadrats). Der g-Faktor kann positiv oder negativ sein. Für Protonen ($s = 1/2$) ist $g = +5{,}586$, für Neutronen ($s = 1/2$) ist $g = -3{,}826$. Für einige Kerne ($s = 0, 1/2, 1, 3/2, \ldots$) ist $g < 0$ (wie auch für die Erde!), für andere ist $g > 0$. Beim einzelnen Elektron gilt $g_s = -2{,}002$ für das mit dem Elektronenspin verknüpfte magnetische Moment (proportional zum Spin $s = 1/2$) und $g_l = -1$ für das mit der Bahnbewegung um einen Atomkern verknüpfte magnetische Moment (proportional zum Bahndrehimpuls $l = 0, 1, 2, \ldots$). Bei der Elektronenhülle von Atomen setzt sich der Gesamtdrehimpuls auf komplizierte Weise aus den Bahndrehimpulsen und den Spins der einzelnen Elektronen zusammen; g kann dann Werte zwischen -1 und -2 annehmen.

Im äußeren Magnetfeld B hat ein Spin $s\hbar$ die Energie $\varepsilon_m = -mg\mu_0 B$, wobei m einer der $2s+1$ Werte

$$m = -s, -s+1, \ldots, s-1, s.$$

ist. Dieser Sachverhalt läßt sich auch so formulieren: Der Spin hat im Magnetfeld $2s+1$ Energieniveaus, wobei die Energiedifferenz zwischen benachbarten Niveaus konstant und proportional zum Magnetfeld ist (Zeeman-Aufspaltung).

51 Spingitter im Wärmebad

Es sei zunächst kein Magnetfeld vorhanden. Dann ist $\varepsilon_m = 0$, die verschiedenen Spineinstellungen sind daher energieunabhängig und jeder einzelne Spin kann mit der gleichen Wahrscheinlichkeit eine der $2s+1$ Einstellungen haben. Bildlich stellen wir dies (für $s = 3/2$) so dar, daß auf jedem der $2s+1 (= 4)$ Niveaus mit derselben Energie dieselbe Zahl von Punkten eingetragen wird (Abbildung 51.1). Mit dem Einschalten des Magnetfeldes wird die Entartung gemäß $\varepsilon_m = -mg\mu_0 B$ aufgehoben. Dabei ändert sich die Gleichbesetzung der Niveaus zunächst nicht.

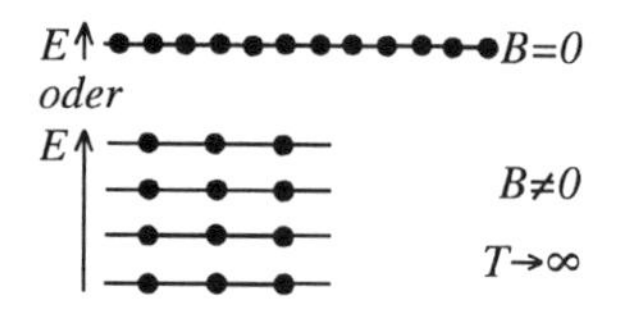

Abb. 51.1: Niveaubesetzung für $B = 0$ (dann sind die Niveaus entartet) und T beliebig *oder* $B \neq 0$ (dann ist die Entartung aufgehoben) und $T \to \infty$.

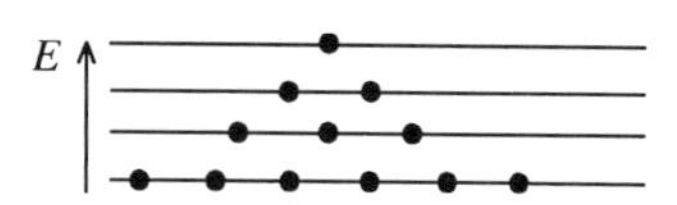

Abb. 51.2: Niveaubesetzung für $B \neq 0$ und $0 < T < \infty$.

Daran änderte sich auch nichts, gäbe es nicht die Wechselwirkung zwischen den Spins. Diese Wechselwirkung sorgt dafür, daß die Spins untereinander Energie austauschen und zwar so, daß dabei eine Umbesetzung stattfindet (die Besetzung der unteren Niveaus nimmt auf Kosten der oberen zu). So relaxiert das Spingitter ins thermische Gleichgewicht. (Wir erinnern uns an die Magnetnadeln von Abschnitt 33: Was dort die Reibung der Magnetnadeln an ihren Auflagepunkten ist, die dafür sorgt, daß die Magnetnadeln zur Ruhe kommen, ist hier die Wechselwirkung zwischen den Spins, die die Gleichgewichtseinstellung bewirkt.)

Nach einer gewissen Relaxationszeit wird die Verteilung der Spins auf die Niveaus mit einer Formel beschrieben, die der Maxwell-Verteilung (Abschnitt 28) ähnelt. Diese Gleichgewichtsbesetzung der Niveaus ist proportional zu dem bereits bekannten Exponenten (Boltzmann-Faktor):

$$n(\varepsilon_m) = A \cdot \mathrm{e}^{-\varepsilon_m/kT} = A \cdot \mathrm{e}^{mg\mu_0 B/kT}.$$

Der Koeffizient A läßt sich aus der Bedingung bestimmen, daß die Gesamtzahl der Spins gegeben ist (Normierung):

$$\sum_{m=-s}^{m=+s} n(\varepsilon_m) = N.$$

Es ist leicht (und wir empfehlen dies dem Leser), diese Summe zu berechnen, sie ist eine geometrische Reihe mit $\mathrm{e}^{g\mu_0 B/kT}$ als dem Verhältnis zwischen benachbarten Gliedern.

Die Niveaubesetzung im thermischen Gleichgewicht ist in Abbildung 51.2 skizziert. Die Verteilung der Spins auf die verschiedenen Einstellungen im Magnetfeld wird durch die Temperatur T bestimmt, T ist der Parameter der Verteilung $n(\varepsilon_m)$. Bei tiefen Temperaturen ist fast nur das unterste Niveau $-s|g|\mu_0 B$ besetzt. Für $T \to \infty$ wird dagegen die Exponentialfunktion (der Boltzmann-Faktor) gleich

Eins, und alle $n(\varepsilon_m)$ werden einander gleich (und der Normierungsfaktor ist dann einfach $A = N/(2s+1)$), siehe Abb. 51.1.

Wie wir gleich sehen werden führt die Verteilung der Spins auf die verschiedenen Einstellungen im Magnetfeld auf etwas Unerwartetes, nämlich auf die Möglichkeit negativer Temperaturen.

52 Negative Temperaturen

Obwohl doch eigentlich der absolute Nullpunkt von allen möglichen Temperaturen die tiefste ist, sprechen die Physiker trotzdem manchmal auch von negativen Temperaturen. Was hat es damit auf sich?

Betrachten wir ein Spingitter mit $s = \frac{1}{2}$, jeder Spin besitzt daher im Magnetfeld nur zwei Zustände (Niveaus) mit $m = \pm\frac{1}{2}$.

Wenn der g-Faktor positiv ist (Spin und magnetisches Moment zeigen in die gleiche Richtung), dann zeigt die Mehrzahl der Spins in Feldrichtung, das Niveau mit der tieferen Energie $\varepsilon_- = -\frac{1}{2}g\mu_0 B$ ist also stärker besetzt. Mit zunehmender Temperatur verringern sich die Unterschiede in der Niveaubesetzung. Schließlich werden bei $T \to \infty$ die Besetzungen beider Spineinstellungen einander gleich: $n(\varepsilon_\pm) = N/2$. Das bedeutet: Durch weitere Zufuhr von Wärme läßt sich nicht erreichen, daß das höhere Niveau stärker besetzt ist als das tiefere. Trotzdem läßt sich eine solche umgekehrte oder „invertierte“ Niveaubesetzung (Besetzungsumkehrung, man spricht auch von Besetzungsinversion) mit Hilfe einer kleinen List verwirklichen. Dafür muß man nur die Richtung des Magnetfeldes schnell umkehren. Um die neue Situation zu beschreiben, muß man in allen Formeln B durch $-B$ ersetzen. Das ist jedoch dasselbe, wie T durch $-T$ zu ersetzen. Die Niveaubesetzung nach der Feldumkehr sieht so aus, als ob die Spintemperatur negativ wäre. Das höhere Niveau (mit der größeren Energie $\varepsilon_+ = +\frac{1}{2}g\mu_0 B$) ist dabei stärker besetzt (Abbildung 52.1)!

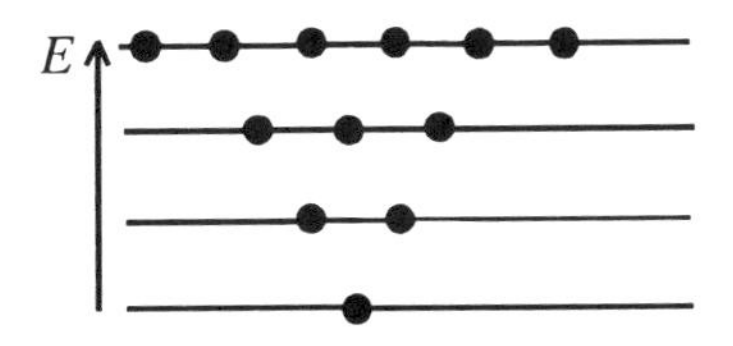

Abb. 52.1: Niveaubesetzung für $B \neq 0$ und $T < 0$.

Gewöhnlich kommt man durch Wärmeentnahme oder Abkühlung zu tieferen Temperaturen. Jedoch kann man durch keinerlei Abkühlung zu Temperaturen „unterhalb“ des absoluten Nullpunktes kommen. Im Falle des betrachteten Spinsystems im Magnetfeld lassen sich aber negative Temperaturen durch eine einfache Umkehr des Magnetfeldes herstellen. Physikalisch gesehen (hinsichtlich der Energie des Systems) „liegen“ diese aber nicht „unterhalb“ $T = 0$, sondern „oberhalb“ $T \to \infty$.

Was wird mit einem solchen (besetzungsinvertierten) Spinsystem im Zeitablauf geschehen? Es ist klar, daß es wieder zum Zustand des thermischen Gleichgewichts zurückkehren wird. Die Spins werden sich dank ihrer elektromagnetischen Wechselwirkung wieder in ihre „richtige" Richtung drehen. Bei der Umkehr des Magnetfeldes wurde dem Spinsystem Energie zugeführt. Und diese zugeführte Energie geht an diejenigen Teile oder Freiheitsgrade des Systems (z. B. Gitterschwingungen) über, die eine „normale" (positive) Temperatur haben und vom Magnetfeld und dessen Umkehr nicht beeinflußt wurden. Ein solcher Prozeß ähnelt der Wärmeübergang, bei der die Energie, die einem System zugeführt wurde, an dessen kältere Teile übergeht.

Dieses Ergebnis läßt sich auch formal mit dem Verhältnis der Niveaubesetzungen

$$\alpha(T) = \frac{n(\varepsilon_+)}{n(\varepsilon_-)} = \mathrm{e}^{-\Delta/kT},$$

diskutieren, wobei $\Delta = \varepsilon_+ - \varepsilon_- = g\mu_0 B$ die Energiedifferenz dieser Niveaus ist. Man sieht, daß sich in einer „normalen" Situation (das untere Niveau ist stärker besetzt und T durchläuft das Intervall von 0 bis ∞) α von 0 bis 1 verändert. Das obere Niveau ist stärker besetzt, wenn T das Intervall von $-\infty$ bis 0 durchläuft; dann ändert sich α von 1 bis ∞. Die Besetzung wird mit einer glatten Funktion von T beschrieben. Der gleichen Besetzung der zwei Niveaus entsprechen zwei Temperaturwerte: $T = \pm\infty$, weil $\alpha(\pm\infty) = 1$.

Die relative Besetzung des oberen Niveaus (also der α-Wert) hängt von der Temperatur auf etwas paradoxe Weise ab. Sie nimmt zu, wenn die Temperatur von Null bis auf Unendlich ansteigt. Aber $T = \infty$ entspricht nicht dem größten Wert von α. Vielmehr kann α noch weiter (von 1 bis ∞) zunehmen, wenn die negative Temperatur von $-\infty$ bis auf 0 ansteigt. In diesem Sinn darf man sagen, daß negative Temperaturen „höher" sind als die höchste positive Temperatur $T = +\infty$. Das Verhalten von α ist einfacher, benutzt man als unabhängige Größe statt T oder kT lieber $\beta = 1/kT$. Es ist leicht zu sehen, daß sich α von 0 bis ∞ ändert, wenn β monoton ohne Sprünge von ∞ auf $-\infty$ abnimmt. Die inverse Temperatur β ist häufig die bequemere Größe.

Die Besetzungsinversion wird in der Lasertechnik praktisch benutzt.

Gibt es wie in dem hier diskutierten Modell nur zwei Niveaus, dann hängt die Temperatur ganz einfach mit dem Logarithmus des Besetzungsverhältnisses zusammen. Gibt es aber (für $s = 1, 3/2, 2, \ldots$) mehrere Niveaus, dann ist die Situation komplizierter. Irgendeine „nicht-richtige" Niveaubesetzung läßt sich dann nicht immer mit nur einem Parameter – der Temperatur – beschreiben.

Falls das Spektrum so beschaffen ist, daß es sich nicht ändert, wenn man die Energien aller Niveaus ε_m durch $-\varepsilon_m$ ersetzt, dann hat der Begriff der negativen Temperatur einen klaren Sinn. Das System von Spins im Magnetfeld hat diese Eigenschaft. Ist der Spin eines Gitterplatzes gleich s, dann besitzt er $2s + 1$ Zustände mit Energien, die eine arithmetische Reihe bilden. Die Abstände zwischen benachbarten Niveaus sind einander gleich, und die Ersetzung von B durch $-B$ verändert nur die Ordnung der Niveaus, ohne ihre Abstände zu ändern, so daß das ganze Niveauschema undeformiert bleibt (nur in sich gespiegelt wird). Dies ist der Grund, warum wir Spins mit magnetischen Momenten im Magnetfeld als ein besonderes Modell betrachtet haben.

Ist das Niveauschema doch nicht so einfach, weil z. B. die Niveauabstände verschieden sind, dann können wir auf keine so einfache Weise die Niveaubesetzungen „umkehren", und, um es streng zu sagen, eine negative Temperatur ist für solche Systeme sinnlos. Aber auch in diesem Fall kann man von Temperaturen sprechen, die für verschiedene Teile des Niveauspektrums verschieden sind, wenn wir die Teile des Spektrums so wählen, daß innerhalb jedes Teils die Niveauabstände gleich sind. In diesem Fall kann man von verschiedenen Temperaturen in verschiedenen Bereichen des Niveauspektrums sprechen. Das Einstellen des Gleichgewichts besteht auch hier in der Änderung der Besetzungen zur richtigen Gleichgewichtsverteilung. Und wieder zeigt uns der Zweite Hauptsatz der Thermodynamik die Richtung der Wärmeströme.

Der Fall ungleicher Niveauabstände tritt in Atomspektren häufig auf, wobei das magnetische Moment eines Atoms wie schon erwähnt eine komplizierte Natur hat, weil es durch die Bewegung vieler Elektronen und deren Spins erzeugt wird. In der Optik und besonders in der Laserphysik ist der Begriff der negativen Temperatur von Bedeutung.

Für alle Überlegungen in diesem Abschnitt war es wichtig, daß das betrachtete System ein nach oben begrenztes Spektrum der Energieniveaus besitzt. Nur in diesem Fall hat das System sowohl ein unterstes Niveau als auch ein oberstes Niveau, und dieses System kann man (falls die Niveauabstände gleich sind) „umkehren", d. h. T durch $-T$ ersetzen und eine Besetzung erhalten, die formal $T < 0$ entspricht.

Für die Translationsbewegung, deren Energie sich von 0 bis ∞ ändern kann, sind negative Temperaturen unmöglich. Für solche Systeme gibt es keine Verteilung, die einer negativen Temperatur entsprechen könnte.

V Tiefe und tiefste Temperaturen

53 Tiefe Temperaturen

Das Interesse an der Erzeugung tiefer Temperaturen ergab sich nicht nur aus praktischen Bedürfnissen. Die Physiker hatten sich schon lange auch für die Frage interessiert, ob es möglich ist, solche Gase wie Luft, Sauerstoff und Wasserstoff in Flüssigkeiten zu verwandeln. Diese Geschichte beginnt im Jahr 1877.

Aber schon fast ein Jahrhundert vor diesem Datum, im Jahre 1783, schrieb A. L. Lavoisier (1743-1794): „... Könnten wir die Erde in ein sehr kaltes Gebiet, z. B. in die Atmosphäre vom Jupiter oder Saturn, bringen, dann würden sich alle unsere Flüsse und Ozeane in Eisberge verwandeln. Die Luft (oder, wenigstens, einige ihrer Komponenten) würde(n) aufhören, unsichtbar zu sein, und sie würde(n) sich auch in eine Flüssigkeit umwandeln. Eine solche Umwandlung würde zeigen, daß es möglich ist, neue Flüssigkeiten zu erzeugen, von denen wir bis jetzt keine Ahnung haben".

Lavoisier hat keinen Weg der Verflüssigung von Luft gesehen, außer den, sie auf einen anderen kalten Planeten zu schaffen.

Es war normal, Wärme zu erzeugen, aber Kälte „zu machen" erlaubte sogar die Phantasie (zunächst) nicht.

Der Bergingenieur L. Callietet (1832-1913) aus der französischen Stadt Chatillon entdeckte im Jahre 1877 Tropfen des flüssigen Azetylens in einem Laborgerät, das unerwartet undicht geworden war. Ein heftiger Druckabfall löste die Entstehung von Nebel aus. Fast zur selben Zeit berichtete R. P. Pictet (1846-1929) aus Genf über die Verflüssigung verschiedener Gase mit der sukzessiven Kaskadenmethode, die in der Erzeugung von flüssigem Sauerstoff bei der Temperatur $-180\,^{\circ}C$ gipfelte. Die Temperatur bei den Experimenten von Callietet wurde auf $-200\,^{\circ}C$ geschätzt. Die erste Verflüssigung von Stickstoff und Sauerstoff gelang 1883 K. Olszewski (1846-1915).

Die Techniker begannen, sich mit dem Bau von Kälteanlagen zu beschäftigen. Der Ingenieur Carl Linde (1842-1934) entwickelte 1875 die erste brauchbare Kompressions-Kälteanlage mit Ammoniak. Das erste Kühlschiff mit einer Fleischladung fuhr im Jahre 1879 von Australien nach England. Wahrscheinlich wurde das erste Patent auf eine Kälteanlage im Jahre 1887 für W. von Siemens (1816-1892) ausgestellt. Eine große Kälteanlage für das Einfrieren von Fisch wurde bereits im Jahre 1888 in Astrachan gebaut. Und zwei Jahre zuvor schrieb die Zeitung „Das Petersburger Tageblatt": „... es kommt darauf an, kalte Temperaturen in die Wohnungen zu bringen. Man plant, dafür Reservoire mit konzentriertem Ammoniak zu errichten, das ein merkliches Absinken der Temperatur durch Verdampfung bewirken kann". Diese Anlagen hatten aber nur geringe Kühlleistungen. Bei dem von Linde erdachten Gegenstromprinzip wird komprimierte Luft über ein Drosselventil entspannt, dabei verflüssigt sie sich teilweise, der Rest wird im Gegenstrom zur Vorkühlung der komprimierten Luft benutzt. Damit stellte er 1895 flüssige Luft her. Eine große technische Anlage zur Erzeugung von flüssiger Luft wurde im Jahre 1902 von dem Ingenieur Clode errichtet.

Alle diese Verflüssigungsmethoden beruhen auf der Kühlung eines Gases beim Ausdehnen bei gleichzeitiger Verrichtung von Arbeit (im Kolben- oder Turbinenmotor) oder beim Ausdehnen ins Vakuum, wobei die Arbeit gegen die Anziehungskräfte der Moleküle innerhalb des Gases selbst geleistet wird.

In diesem Zusammenhang muß man J. Dewar (1842-1923) erwähnen, der im Jahre 1898 Wasserstoff verflüssigte, indem er die Temperatur bis auf ca. 20 K absenkte. Schließlich erzeugte im Jahre 1908 H. Kamerlingh-Onnes (1853-1926) in Holland auch flüssiges Helium. Die Temperatur, die von ihm später erreicht wurde, lag nur um einen Grad über dem absoluten Nullpunkt.

Im Jahre 1939 bewies P. L. Kapitza (1894-1984) die große Effektivität von Verflüssigungsmaschinen, in denen ein Gas mit Hilfe einer Turbine Arbeit leistet: Dabei gibt das sich ausdehnende Gas einen Teil seiner Wärmeenergie durch Druck oder Rückstoß an einen Rotor ab. Diese Turbodetander fanden seitdem große Verbreitung. Auf Kapitza geht auch die Konstruktion einer effektiven Anlage für die Heliumverflüssigung zurück.

54 Phasenumwandlungen und das Auftauen und Einfrieren von Freiheitsgraden

Was passiert, wenn einer Substanz Wärme zugeführt wird? Im einfachsten Fall (verdünntes einatomiges Gas) wird die gesamte zugeführte Wärme für die Erhöhung der kinetischen Energie verbraucht. Wegen $\frac{1}{2}m < v^2 >= \frac{3}{2}kT$ ist dabei die Systemenergie einfach proportional zur Temperatur. Gegenüber diesem idealen Grenzfall gibt es realiter zwei Abweichungen: Die eine hat ihre Ursache in der Wechselwirkung der Atome oder Moleküle, die für kleine gegenseitige Abstände abstoßend, für größere Abstände anziehend ist (dabei wird die zugeführte Wärme auch in potentielle Energie umgesetzt – sogar bis zum Aufbrechen von Bindungen), die andere hat ihre Ursache in der Quantentheorie mit ihren diskreten Energieniveaus (dabei werden Freiheitsgrade sozusagen „aufgetaut“oder „entfrostet“). Beides führt dazu, daß die Wärmezufuhr, also die Erhöhung der Energie eines Körpers nicht so einfach mit der Erhöhung seiner Temperatur einher geht.

So wird, wenn Eis taut, die aufgenommene Wärme für die Umwandlung des Eises in Wasser, also für die Zerstörung der Kristalle aufgewendet. Die spezifische Schmelzwärme des Eises beträgt $3,4 \cdot 10^5$ J/kg, das ist die Energie, die für das Aufbrechen der Bindungen im Kristall benötigt wird. Beim Auftauen bleibt die Temperatur trotz Wärmezufuhr konstant (man spricht daher auch von einem „Haltepunkt“). Die für die Umwandlung erforderliche Wärme heißt Umwandlungswärme (früher sagte man „latente Wärme“). Erst nachdem das gesamte Eis geschmolzen ist, wird die Temperatur wieder anfangen weiter anzusteigen, und sie wird solange ansteigen, wie die Wärmezufuhr nicht unterbrochen wird. Einen analogen Prozeß beobachtet man bei 100 °C, wenn das Wasser anfängt zu sieden. Die Phasenübergänge Eis $\rightarrow$ Wasser und Wasser $\rightarrow$ Dampf mit ihren Schmelz- bzw. Verdampfungswärmen illustrieren den Unterschied zwischen Wärme und Temperatur.

Die einem Körper zugeführte Wärmemenge wird also auf zwei ganz verschiedene Weisen „verarbeitet".

Was hat es mit dem Auftauen quantenmechanisch eingefrorener Freiheitsgrade auf sich? In der klassischen Statistik ergibt sich nach Maxwell und Boltzmann die folgende Verteilung der Energie auf die mikroskopischen Freiheitsgrade eines Systems (Gleichverteilungssatz): Jeder Translations- und jeder Rotationsfreiheitsgrad trägt im Mittel je $\frac{1}{2}kT$ Energie und jeder Schwingungsfreiheitsgrad je kT (wovon je $\frac{1}{2}kT$ auf die kinetische und die potentielle Energie fällt). Die Zahl der Freiheitsgrade, d. h. die Zahl der Koordinaten, die die Position eines Moleküls im Raum festlegen, ist natürlich gegeben. So kommt man in der klassischen Statistik zu dem Schluß, daß die Wärmekapazität von der Temperatur unabhängig ist, und daß man, um die Temperatur z. B. eines Gases um ein Grad zu erhöhen, immer dieselbe Wärmemenge braucht. Das widerspricht aber den Beobachtungen, die Überlegungen der klassischen Statistik bedürfen daher einer Korrektur. Zum Glück wird in der Quantenstatistik festgestellt, daß nicht alle Freiheitsgrade in gleicher Weise an der Einstellung des thermischen Gleichgewichts teilnehmen können. Im Gegenteil, es gibt immer dann eingefrorene Freiheitsgrade, wenn kT klein ist gegen die Abstände benachbarter Energieniveaus (beim harmonischen Oszillator haben sie alle den gleichen Wert $\hbar\omega$) und die daher erst ab einer bestimmten Temperatur ($kT > \hbar\omega$) am thermischen Gleichgewicht teilnehmen können (aufgetaut werden). Ein illustratives Beispiel ist das sukzessive Aufheizen eines Wasserstoffgases (bestehend aus H_2-Molekülen). Zuerst tauen die Rotationsfreiheitsgrade auf und dann die Schwingungsfreiheitsgrade (dabei wächst die Wärmekapazität stufenförmig von $\frac{3}{2}R$ über $\frac{5}{2}R$ auf $\frac{7}{2}R$), dann werden die Molekülbindungen aufgebrochen (Dissoziation, das Gas besteht dann aus verschieden angeregten H_2-Molekülen und H-Atomen), bei weiterer Wärmezufuhr werden die inneren Freiheitsgrade der Atome aufgetaut, die Atome werden angeregt, schließlich beginnt das Losreißen von Elektronen aus den Atomhüllen (Ionisation). Ein solches Gas heißt Plasma, es besteht aus neutralen Atomen in verschiedenen Anregungszuständen, „nackten" Atomkernen (Protonen, Deuteronen, Tritonen) sowie Elektronen und Photonen. Nimmt man statt Wasserstoff ein anderes Gas gibt es im zugehörigen Plasma auch verschieden angeregte Ionen, aber bei sehr hohen Temperaturen besteht es auch nur noch aus „nackten"Atomkernen, Elektronen und Photonen. Bei weiterer Energiezufuhr werden schließlich die inneren Freiheitsgrade der Atomkerne oder gar der Nukleonen aufgetaut (Quark-Gluon-Plasma). In einem Festkörper sind bei tiefen Temperaturen die Schwingungsfreiheitsgrade eingefroren, beim Erwärmen tauen sie auf, die Wärmekapazität wächst bei Nichtmetallen mit T^3 (nach Debye) und sättigt für hohe Temperaturen bei $3R$ (nach Dulong und Petit). In einem Metall tauen zusätzlich auch die Translationsfreiheitsgrade der Leitungselektronen auf, aber viel langsamer, hier wächst die Wärmekapazität nur mit T (nach Sommerfeld).[1]

[1] Gase, bei denen Quanteneffekte nicht vernachlässigt werden können, werden als Quantengase bezeichnet. Dabei unterscheidet man Fermi-Gase und Bose-Gase. Die Leitungselektronen von Metallen sind ein Beispiel für ein Fermi-Gas. Die Hohlraumstrahlung (= Photonengas) ist ein Beispiel für ein Bose-Gas (Abschnitt 59). Erwähnt sei, daß die Gitterschwingungen eines Festkörpers ganz analog

Als nächstes wollen wir eine seltsame Methode zur Erreichung tiefster Temperaturen in Augenschein nehmen.

55 Das Kühlen mit Magnetfeldern

Wir wollen paramagnetische Kristalle betrachten. Deren Atome haben permanente magnetische Momente, die durch ein äußeres Magnetfeld ausgerichtet werden können (wie Kompaßnadeln im Magnetfeld der Erde). Das magnetische Moment eines solchen Atoms hat seinen Ursprung in dem Aufbau der betreffenden Elektronenhülle mit einem resultierenden Drehimpuls. Dieser Gesamtdrehimpuls setzt sich aus Bahndrehimpuls und Elektronenspin zusammen – wir wollen ihn hier kurz Atomspin nennen. Solche paramagnetischen Atomspinsysteme erlauben eine interessante Kühlmethode, die man sich ausdenken kann, wenn man die Quantentheorie und die Thermodynamik gut versteht.

Die Wechselwirkung der Atomspins ist so schwach, daß sie sich selbst bei Temperaturen tiefer als 1 K nicht ferro- oder antiferromagnetisch ausrichten, sondern chaotisch (paramagnetisch) orientiert sind und sich ihre Richtungen im Raum beliebig ändern können. Die zu dieser schwachen Spin-Spin-Wechselwirkung gehörige Curie-Temperatur für die Umwandlung para-ferro-magnetisch liegt weit unterhalb 1 K.

Darauf beruht nun eine raffinierte Methode zur Erzeugung tiefster Temperaturen – die Kühlung mit einem Magnetfeld, kurz magnetische Kühlung.

Wenn man nämlich ein Magnetfeld einschaltet und durch thermischen Kontakt mit einem Wärmebad dafür sorgt, daß sich der Kristall nicht erwärmt (d. h. das Feld wird isotherm eingeschaltet), dann orientieren sich nach kurzer Zeit alle magnetischen Momente in Feldrichtung. Man nennt diesen Vorgang isotherme Magnetisierung. Das anschließende Ausschalten des Feldes erfolgt unter adiabatischen Bedingungen, d. h. wärmeisoliert. Das hat (zunächst) ein ungewöhnliches Bild zur Folge. Obwohl kein Feld mehr vorhanden ist, sind trotzdem alle Spins nach einer Seite hin ausgerichtet und nicht chaotisch orientiert, wie es im thermischen Gleichgewicht doch eigentlich sein müßte. Dieses Bild wäre richtig, gäbe es in Wahrheit nicht noch andere Freiheitsgrade im Kristall, mit denen die Spins wechselwirken. So schwingen ja die Atome um ihre Gleichgewichtslagen (Gitterschwingungen) mit Amplituden, die durch die Temperatur des Kristalls bestimmt sind. Weil bei den Atombewegungen ein schwaches Magnetfeld entsteht, gibt es eine Kopplung zwischen diesen Atombewegungen und den Spineinstellungen. Deswegen befinden sich die Spins nicht in völliger Isolation, sondern in einem Wärmebad mit der Temperatur T.

(als Phononengas) behandelt werden können, was die Analogie zwischen dem Stefan-Boltzmann-Gesetz $U \sim T^4$ (woraus $C_V \sim T^3$ folgt, siehe Abschnitt 58) und dem Debyeschen T^3–Gesetz der Wärmekapazität fester Körper bei tiefen Temperaturen verstehen läßt. Quantengase aus Teilchen mit nichtverschwindender Ruhmasse wie ^{4}He, ^{3}He verhalten sich bei hohen Temperaturen wie klassische Gase, Quanteneffekte treten dann immer mehr zurück.

Daher bleibt auch die durch ein äußeres Magnetfeld (isotherm) bewirkte Spinausrichtung nach dessen (adiabatischer) Abschaltung nicht bestehen. Vielmehr ändern die Atomspins ihre Richtung (als Folge der Wechselwirkung mit den Gitterschwingungen) und orientieren sich wieder chaotisch – so, daß alle möglichen Spinprojektionen wieder mit der gleichen Wahrscheinlichkeit auftreten. Das System kehrt wieder in seinen paramagnetischen Zustand zurück. Man nennt diesen Relaxationsprozeß adiabatische Entmagnetisierung. Dabei wird zwischen den Atomspins und den Gitterschwingungen Energie ausgetauscht.

Auf den ersten Blick ist es aber schwierig zu verstehen, in welche Richtung die Energie übertragen wird, ob sich die Gitterschwingungen verstärken oder abschwächen.

Um diese Frage zu beantworten, muß man die Entropie zu Hilfe nehmen. Die Entropie des Spinsystems muß zunehmen; daher muß ein Wärmestrom vom schwingenden Gitter, das sich im thermischen Gleichgewicht befindet, zu den geordneten Spins fließen. Die Spins kehren dabei wieder in den chaotischen Zustand zurück (alle Spinorientierungen sind dann wieder gleich wahrscheinlich), gleichzeitig werden die Gitterschwingungen dabei etwas schwächer.

Das bedeutet, der Kristall kühlt ab. So folgt es aus der Theorie. In Abbildung 55.1 ist schematisch dargestellt, wie sich Temperatur und Entropie in einem

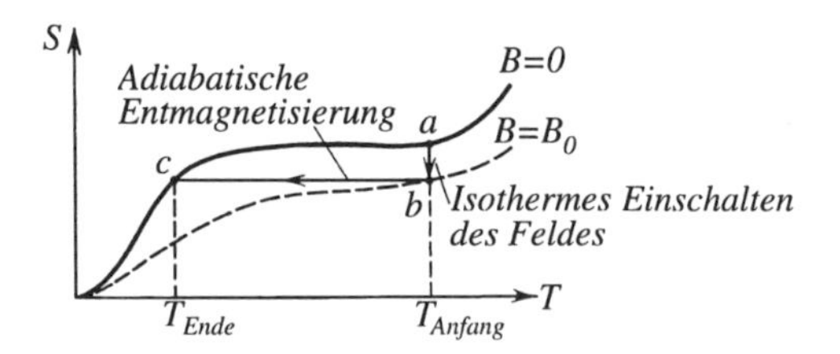

Abb. 55.1: Die Entropie eines Spinsystems als Funktion der Temperatur ohne Feld ($B = 0$) und mit Feld ($B = B_0$). Isotherme Magnetisierung längs ab, adiabatische Entmagnetisierung längs bc

solchen paramagnetischen Atomspinsystem ändern. Zu beachten ist dabei, daß für Temperaturen unterhalb 1 K praktisch die gesamte Entropie eines paramagnetischen Kristalls von seinen Atomspins herrührt und dementsprechend vom äußeren Magnetfeld B abhängt (der Beitrag der Gitterschwingungen ist sehr klein). Die obere Kurve beschreibt die Abhängigkeit der Entropie von der Temperatur, wenn das äußere Magnetfeld gleich Null ist, die untere Kurve gilt für eingeschaltetes Feld. Beide Kurven treffen sich in demselben Punkt bei $T = 0$. Das ist eine Folge des Nernstschen Theorems, das wir in Abschnitt 42 besprochen haben. Wird das Feld so schnell ausgeschaltet, daß sich dabei die Entropie nicht ändert, kommt es zur adiabatischen Entmagnetisierung und die Temperatur nimmt ab, weil die Punkte mit demselben Wert von S auf verschiedenen Kurven bei verschiedenen T liegen. Experimente haben diese Voraussagen bestätigt. Könnte man sich solch eine raffinierte Methode ausdenken, ohne die Feinheiten der Theorie zu kennen?

Die Methode der magnetischen Kühlung wurde im Jahre 1926 von W. F. Giauque (1895-1982) in den USA und unabhängig von ihm (sogar einige Wochen früher) von P. J. W. Debye (1884-1966) in Deutschland vorgeschlagen. Mit Hilfe dieser Methode wurden Temperaturen bis ca. 0,001 K erzielt, also 1 mK (= ein Millikelvin = ein Tausendstel Kelvin). Leider gelingt es nicht, noch tiefere Temperaturen mit dieser Methode zu erreichen, weil das Spinsystem bei diesen tiefen Temperaturen in seinen ferromagnetischen Zustand übergeht (alle Spins zeigen dann in dieselbe Richtung). Diese perfekte Ausrichtung entsteht spontan bei tiefen Temperaturen (unterhalb der Curie-Temperatur) durch die oben erwähnte schwache Spin-Spin-Wechselwirkung. (Die bei diesen tiefen Temperaturen nur noch sehr geringfügige Wärmebewegung der Atome spielt dabei keine Rolle.) Um diesen störenden Effekt (Phasenumwandlung para-ferro-magnetisch) klein zu halten, benutzt man paramagnetische Salze, bei denen die Spin-Spin-Wechselwirkung der paramagnetischen Ionen durch viele dazwischen liegende nichtmagnetische Ionen verringert wird, was zu einer niedrigeren Curie-Temperatur führt. Ein Beispiel ist Cermagnesiumnitrat $Ce_2Mg_3(NO_3)_{12}\cdot 24\ H_2O$ mit seinen paramagnetischen Cerionen Ce^{3+}. Mit der adiabatischen Entmagnetisierung erreicht man aber keine tiefere Temperatur als 1 mK.

Es ist jedoch möglich, zu noch tieferen Temperaturen vorzudringen, wenn man sehr starke Magnetfelder – von einigen Tesla – benutzt. In solchen Feldern lassen sich dann sogar die (viel schwächeren) magnetischen Kernmomente ausrichten und alle oben beschriebenen Schritte werden dann nicht mit den (durch die Elektronen verursachten) Spins der Atome, sondern mit den Spins ihrer Atomkerne durchgeführt. Mittels adiabatischer Entmagnetisierung solcher Kernspinsysteme (z. B. Kupferatomkerne) sollte man (falls bereits die isotherme Magnetisierung durch Vorkühlung bei 10 mK vorgenommen wird) Temperaturen von 0,001 mK erreichen können, also 1 μK (= ein Mikrokelvin = ein Millionstel Kelvin).

Im Jahre 1956 erreichten N. Kurti et al. auf diese Weise die Temperatur von 16 μK. Leider ist dieser Kälterekord nicht völlig real, da er nur für kurze Zeit aufrechterhalten werden kann. Die Atomkerne wechselwirken nämlich sehr schwach mit den Hüllenelektronen (man nennt das Hyperfeinwechselwirkung) und für die Kerne ist es fast unmöglich, dem Gitter Entropie zu entziehen. Tatsächlich erwärmt sich zwar das System der Kernspins langsam und kühlt dabei das Gitter, aber die Gittertemperatur nimmt trotzdem nicht ab – dem Gitter gelingt es nämlich, die an das Kernspinsystem abgegebene Wärme aus der Umgebung wieder zu ersetzen (trotz allerlei Schlichen der Experimentatoren). Die zweistufige Entmagnetisierung des Kernspinsystems einer Kupferprobe ermöglichte es, 1987 eine Kernspintemperatur von weniger als 0,06 μK zu erreichen. Die tiefste bisher erreichte *homogene* Temperatur (Kernspins, Elektronen *und* Gitterschwingungen) beträgt 1,5 μK (F. Pobell, 1995).

Es gibt auch noch andere (nichtmagnetische) Verfahren zur Erzielung tiefster Temperaturen.

So setzt ja das Lösen eines Salzes bekanntlich die Temperatur der Lösung herab („Kältemischung"). Dieser einfache und von „normalen" Temperaturen her gut bekannte Effekt half den Physikern. Wenn man nämlich analog hierzu ein Gas aus Heliumatomen mit der Atommasse 3 (^{3}He) in gewöhnlichem flüssigen Helium mit der Atommasse 4 (^{4}He) auflöst, sinkt auch die Temperatur einer solchen Lösung. Auf diese Weise erhält man Temperaturen bis 1 mK.

Aber es gibt ein noch raffinierteres Verfahren; es wurde von I. Ya. Pomerantschuk (1913-1966) erfunden. Dabei wird auch wieder ^{3}He verwendet.

Um zu verstehen, worin dieses Verfahren besteht, muß man die Entropiekurven der zwei ^{3}He-Phasen (fest und flüssig) in der Nähe des absoluten Nullpunktes betrachten (Abbildung 55.2).

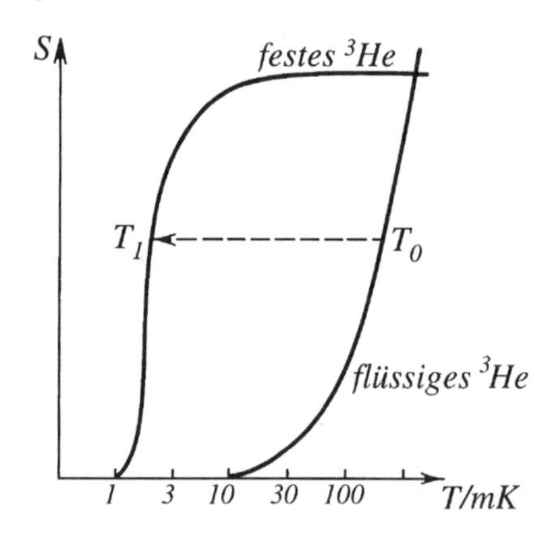

Abb. 55.2: Entropie von ^{3}He in der flüssigen und der festen Phase mit Abkühlung von T_0 nach T_1

Nach der Quantentheorie befinden sich alle Systeme am absoluten Nullpunkt im Zustand mit der allertiefsten Energie (im Grundzustand) und die zugehörige Entropie ist gleich Null[1] und die Energie ist minimal. Deshalb, und das ist sehr wichtig, ist die Entropie der beiden Phasen (der flüssigen und der festen) dieselbe bei $T = 0$ und der Übergang von einer Phase zur anderen erfolgt ohne Entropie- und Energieänderung. Diese Eigenschaft wurde von Nernst postuliert. Das ist eine der Aussagen des Dritten Hauptsatzes der Thermodynamik (Abschnitt 42).

Es ist wichtig für das Pomerantschuk-Verfahren, daß die Kurve für die feste Phase über der für die flüssige Phase liegt. Mit dieser Eigenschaft hat die Natur das ^{3}He ausgestattet. Würden die Kurven anders liegen, könnte es dieses Verfahren nicht geben.

Das Wesen des Verfahrens läßt sich anhand der Abbildung 55.2 verstehen. Wir führen den Kühlprozeß durch, indem wir die Flüssigkeit adiabatisch verdichten und sie so in die feste Phase überführen. Dabei nimmt – wie es in der Abbildung zu sehen ist – die Temperatur ab. Auf diese Weise hat man Temperaturen von ca. 1 mK erhalten. Bei 2 mK wird das flüssige ^{3}He allerdings suprafluid (ähnlich dem

[1] Um exakter zu sein: Sie geht in eine Konstante über, die für beide Phasen gleich ist. Ein Vergleich der Entropiewerte verschiedener Stoffe, die sich nicht ineinander umwandeln, ist sinnlos.

^4He bei 2 K). In diesem Temperaturbereich hat sich eine ungewöhnlich vielfältige und interessante Welt physikalischer Erscheinungen aufgetan. Ihre Besprechung sprengt leider den Rahmen unseres Themas.

Äußerlich ist das Pomerantschuk-Verfahren der magnetischen Kühlung ähnlich. Tatsächlich ist diese Analogie sogar noch viel tiefer. Der ganze Effekt beruht nämlich darauf, daß die ^3He-Kerne einen Spin haben (die Kerne des gewöhnlichen ^4He haben keinen Spin). Im flüssigen ^3He werden nun die Spins bei sehr tiefen Temperaturen geordnet, d. h. parallel zueinander gestellt. Im festen ^3He dagegen sind sie bis zur Temperatur von ca. 3 mK ungeordnet. Der Übergang vom flüssigen zum festen Zustand ist deswegen mit dem adiabatischen Ausschalten des Magnetfeldes vergleichbar (die Spins werden dabei in Unordnung gebracht), dagegen ist der umgekehrte Übergang eine Magnetisierung. Die Entropie der festen Phase (bei derselben Temperatur) ist wegen der ungeordneten Spins größer als die Entropie der Flüssigkeit mit ihren geordneten Spins. Es ist noch anzumerken, daß in Wirklichkeit das Bild der Spineinstellung im festen ^3He komplizierter ist, für die Erklärung des Effekts ist jedoch das beschriebene Schema ausreichend.

Die Physik der tiefen und tiefsten Temperaturen mit ihren besonderen Erscheinungen ist in eine neue Epoche eingetreten. Der Milli-, Mikro- und Nanokelvinbereich verspricht nicht wenige Überraschungen. Zu den besonders eindrucksvollen Erscheinungen zählen solche makroskopischen Quantenphänomene wie
– die Supraleitung, die in Metallen (z. B. Pb, Nb_3Ge) oder aus Nichtmetallen aufgebauten metallischen Systemen (z. B. $(TMTSF)_2ClO_4$ oder $(SN)_x$, ein Polymer) unterhalb einer jeweils charakteristischen Temperatur (der Sprungtemperatur von maximal 23 K) auftritt, wobei 1986 die sogenannten keramischen Hochtemperatursupraleiter mit ihren besonders hohen Sprungtemperaturen von 40 K, 77 K, 93 K (für $YBa_2Cu_3O_{6,93}$), ja sogar 130 und 160 K entdeckt wurden, und
– die Suprafüssigkeit, die in den Quantenflüssigkeiten ^4He und ^3He unterhalb 2,18 K bzw. 2,6 mK auftritt.

Bei beiden Phänomenen ist wichtig, daß in den betreffenden Systemen Anregungen existieren, an denen alle Teilchen auf Grund ihrer Wechselwirkung beteiligt sind und die der Bose-Statistik mit ihrer Besonderheit, der Bose-Einstein-Kondensation, gehorchen. Man spricht von bosonischen Anregungen oder Quasiteilchen. – 1997 gelang es, mit der Laserkühlung, die es erlaubt, Atomstrahlen auf 1 μK abzukühlen (siehe Abschnitt 71), die Bose-Einstein-Kondensation direkt nachzuweisen. – Zu den Besonderheiten der Tieftemperaturphysik zählen auch Spingläser (mit ihren komplexen Phänomenen u. a. der Kombination von Frustration und Unordnung). Schließlich seien noch die in gewöhnlichen Gläsern bei tiefen und tiefsten Temperaturen beobachteten Quantenphänomene erwähnt.

VI Strahlung und Kosmologie

56 Wärme und Strahlung

Zu jener Zeit, als die Kalorikumslehre noch populär war, hatte die Frage große Streitigkeiten ausgelöst, wohin das Kalorikum verschwindet, wenn Wärme in Strahlung übergeht.

Im Carnot-Zyklus findet bei den isothermen Etappen Wärmeübertragung vom Wärmespender zum Arbeitsgas und vom Arbeitsgas zum Kühler durch unmittelbaren Kontakt und Wärmeleitung statt. Bei den adiabatischen Etappen findet sich die Erwärmung oder Abkühlung des Arbeitsgases in der Zu- oder Abnahme der kinetischen Energie seiner Moleküle wieder. So sind die physikalischen Prozesse der Wärmeübertragung, der Erwärmung und Abkühlung verständlich und gaskinetisch plausibel. Aber Wärme wird nicht nur durch den unmittelbaren Kontakt von einem Körper zum anderen übertragen. Die Sonne überträgt Wärme durch den Kosmos auf die Erde. Schon Archimedes (287-212 v.u.Z.) wußte, daß man Wärmestrahlen mit Hilfe von riesigen Spiegeln fokussieren kann. Viele Physiker des 18. Jahrhunderts befaßten sich mit Experimenten[1] zur Fokussierung von Wärmestrahlen. Sie kamen endlich zu dem Schluß, daß Licht und Wärme Erscheinungen derselben Art sind, und darum sollten Wärme wie auch Licht Ätherschwingungen sein. Dieser Irrtum verschwand nicht so bald.

Die Natur hat mit den Physikern manchmal eigenartige Spiele getrieben. Erst glaubten sie, daß sich das Licht in einem Äther ausbreitet, dann zeigte sich, daß es ihn gar nicht gibt. Erst glaubten sie, daß Wärme mit einem Kalorikum verbunden ist, dann stellte sich heraus, daß es gar kein Kalorikum gibt und Wärme sogar mittels elektromagnetischer Wellen übertragen werden kann.

Wenn aber Licht auch Wärme überträgt, dann kann es, wenigstens im Prinzip, auch Arbeitsstoff einer Kraftmaschine sein. Das Licht muß dann aber auch Energie, Entropie und Temperatur besitzen. Noch mehr, für das Licht sollte dann auch ein thermisches Gleichgewicht ganz sinnvoll sein.

Hätte Newton recht und würde Licht aus einzelnen Teilchen bestehen, dann würde seine Beschreibung als ein ideales Gases Chancen zum Erfolg haben. Jedoch, obwohl Licht aus Photonen besteht, ist es unmöglich, genau zu bestimmen, wie viele Photonen sich in einem gegebenen Volumen (einem Hohlraum) befinden, die Photonen werden von den Wänden laufend absorbiert und emittiert, ihre Zahl schwankt ständig um einen Mittelwert, der von der Temperatur abhängt.

Ein erwärmter Körper strahlt Licht aus: Bei tiefen Temperaturen ist das die

[1] Im Jahre 1778 trat zum ersten Mal der Begriff „Strahlungswärme" in dem Buch „Über Licht und Feuer" von K. W. Scheele (1742-1786) auf. Scheele hatte bemerkt, daß es außer der Wärme, die über einem Feuer zusammen mit der Luft aufsteigt, auch Wärme gibt, die wir fühlen können, indem wir mit dem Gesicht zum Feuer stehen. Aber Wärme wurde von Glas aufgehalten, Licht dagegen nicht, das brachte die Gelehrten lange in Verlegenheit: „Licht und Wärme sind verschiedene Dinge" schlossen sie daraus.

Infrarotstrahlung[2], bei hohen die sichtbare Strahlung, im Kosmos strahlen die Galaxien im Röntgen-Bereich und sogar im γ-Strahlungsbereich. Die Strahlung einer beliebigen Quelle wird durch die Spektraleigenschaften beschrieben, d. h. durch die Angabe der Energie, die auf verschiedene Teile des Spektrums entfällt. Was für die Atome eines idealen Gases die Geschwindigkeitsverteilung ist (Abschnitt 28), ist für die Strahlung die spektrale Verteilungsfunktion. Wenn man mit einem Histogramm beginnt, d. h. mit einem Diagramm, das zeigt, wieviel Energie in dem Spektralbereich mit der Breite $\Delta\nu$ für Frequenzen in der Nähe von ν enthalten ist (als Symbol für die physikalische Größe Frequenz wird auch f verwendet, wir wollen hier und im folgenden ν benutzen), dann kann man anschließend dieses Histogramm durch eine kontinuierliche Funktion ersetzen und von der spektralen Verteilung der Strahlungsenergie sprechen. Wir wollen sie mit $u(\nu)$ bezeichnen, $u(\nu)\Delta\nu$ gibt die Strahlungsenergie pro Volumeneinheit im Frequenzintervall zwischen ν und $\nu + \Delta\nu$ an. Summiert man über alle Frequenzintervalle, ergibt sich die integrale Strahlungsenergie pro Volumeneinheit: $u = \Sigma_\nu u(\nu)\Delta\nu$. Diese integrale Strahlungsenergiedichte multipliziert mit dem Volumen V des Hohlraums ergibt schließlich die gesamte Strahlungsenergie: $U = V\,u$.

Die Ideen einer Strahlungstemperatur und einer spektralen Verteilungsfunktion für die Strahlungsenergie eines erwärmten Körpers waren der erste Erfolg der neuen Physik. Viel Arbeit wurde geleistet, um die Idee des thermischen Gleichgewichts für die Beschreibung der Strahlung auszunutzen. Die Sache begann damit, daß man einen Hohlraum betrachtete, in dem sich elektromagnetischen Wellen befinden. Die Gefäßwände, die eine bestimmte Temperatur T haben, die dauernd durch ein Wärmebad aufrechterhalten wird, können diese Wellen in den Hohlraum hinein emittieren und von ihm auch absorbieren.

Heutzutage nennt man einen solchen Hohlraum Resonator. In einem Resonator wird gewöhnlich ein elektromagnetisches Feld mit einem sehr schmalen, beinahe monochromatischem Spektrum erzeugt, aber man kann den Resonator auch auf eine solche Weise „verstimmen", daß in ihm Wellen mit den verschiedensten Frequenzen auftreten.

Die Strahlungswärme, nach der Terminologie des 19. Jahrhunderts, wird die ganze Zeit von den Wänden innerhalb des Resonators abgegeben, aber, weil die Wände ihre Energie nicht beliebig lange abgeben können, muß sich schließlich ein thermisches Gleichgewicht, das nur durch die Größe T bestimmt wird, einstellen. Im Gleichgewichtszustand muß die von den Wänden emittierte Energie mit der von den Wänden absorbierten Energie exakt kompensiert werden. Die Kompensation muß für jedes Intervall der Strahlungsfrequenzen erfüllt sein. So ist es natürlich anzunehmen, daß im Gleichgewicht die Strahlung dieselbe Temperatur T hat wie die Wände.

---

[2]Man kann sagen, daß im allgemeinen die Strahlung eines erwärmten Körpers alle Frequenzen ν enthält, aber der Hauptteil der Energie ist in einem vergleichsweise schmalen Spektralbereich um ν_{max} konzentriert. Wo dieses Maximum liegt und wie Energiedichte und Strahlungsintensität (Energiestromdichte) von der Frequenz abhängen – das waren die Fragen, mit denen sich die Physiker zum Ende des 19. Jahrhunderts beschäftigten.

Aus all diesen Überlegungen folgt, daß das elektromagnetische Feld in einem Resonator mit einem idealen Gas in dem Sinne vergleichbar ist, daß das Feld mit den Wänden Energie austauscht (die Strahlung wird absorbiert und emittiert) und daß dieser Prozeß zum thermischen Gleichgewicht führt, so wie auch die Atome eines idealen Gases durch Energieaustausch mit den Wänden in das thermische Gleichgewicht kommen.

Als diese Aufgabe formuliert wurde, schien ihre Lösung anfangs als viel zu schwierig. Hier ergab sich nämlich eine Katastrophe, die in der Physikgeschichte als Ultraviolettkatastrophe bekannt wurde.

57 Die Ultraviolettkatastrophe

Der erste Versuch zur Herleitung einer Strahlungsformel bestand darin, die Atome der Gefäßwände als Gas oder richtiger als ein Kollektiv schwingender Ladungen zu betrachten. Jede dieser schwingenden Ladungen oder Oszillatoren hat nach dem Maxwellschen Theorem im Mittel die Energie kT (je $\frac{1}{2}kT$ fällt auf die kinetische und die potentielle Energie). Danach konnte man auch die Dichte der Strahlungsenergie berechnen. Die Zahl der Oszillatoren ist nach Rayleigh (der als erster diese Formel entwickelte) für jedes Frequenzintervall zwischen ν und $\nu + \Delta\nu$ proportional zu $\nu^2\Delta\nu$.[1] Dabei entstehen aber Schwierigkeiten mit dem Gleichverteilungssatz. Indem Rayleigh annahm, daß sich die Hohlraumstrahlung im thermischen Gleichgewicht mit den Hohlraumwänden befindet, und jedem Oszillator der Hohlraumwand die Energie kT zuschrieb, erhielt er nämlich für die spektrale Verteilung der Strahlungsenergiedichte die (später so genannte) Rayleigh-Jeans-Formel

$$u(\nu) = \frac{8\pi\nu^2}{c^3}kT.$$

Diese stimmt zwar bei niedrigen Frequenzen ν mit den Beobachtungen überein, aber mit wachsender Frequenz ν geht die Zahl der Oszillatoren gegen unendlich, und wenn wir mit dem Gleichverteilungssatz nach wie vor jedem Oszillator die „volle“ (voll aufgetaute) Energie kT zuschreiben, wird auch die gesamte Strahlungsenergie $U = Vu = V\Sigma_\nu u(T,\nu)\Delta\nu$ unendlich. Das elektromagnetische Feld, das vom Standpunkt der kinetischen Gastheorie betrachtet wird, erweist sich mithin als „unersättlich“: Wieviel Energie eine Wand auch abgegeben hätte, die gesamte Energie wäre in Schwingungen mit immer höheren Frequenzen umgewandelt worden. Das thermische Gleichgewicht zwischen einer Wand und einem elektromagnetischen Feld erweist sich im Rahmen der klassischen Physik als unmöglich.

Einen Versuch, diese Ultraviolettkatastrophe aus dem Weg zu räumen, machte W. Wien (1864-1928). Er interessierte sich für die Energieverteilung im ultravioletten Spektralintervall und fand, daß sie durch

$$u(\nu) = a\nu^3 e^{-b\nu/T}$$

[1] Im Detail ergibt sich $2 \cdot 4\pi\nu^2\Delta\nu/c^3$, wobei der Faktor 2 daher rührt, daß es zu jeder ebenen elektromagnetischen Welle zwei Polarisationsrichtungen gibt.

gut beschrieben wird. Dabei sind a und b gewisse Konstanten. Der Sinn dieser Formel war unklar. Sie hatte mit der kinetischen Theorie der klassischen Statistik nichts zu tun und war ihrerseits für niedrige Frequenzen ungültig.

Die Situation war damit recht sonderbar. Die eine Formel (nach Rayleigh und Jeans) sollte vom theoretischen Standpunkt aus eigentlich gültig sein, aber sie ergab Unsinn. Die andere (nach Wien) wurde zwar mit der Katastrophe bei hohen Frequenzen fertig, war aber offenbar bei niedrigen Frequenzen ungültig. Die Überlegungen enthielten also irgendwelche Mängel. Diese waren in den Grundlagen der Theorie verborgen, und die Logik allein konnte nicht helfen, sie zu finden. Man mußte diese Logik der klassischen Physik ändern, man mußte die klassische Physik verlassen. Das hat Planck getan.

58 Das Plancksche Wirkungsquantum – eine neue Naturkonstante

Der Schlüssel zur Lösung des Rätsels war in der Wienschen Formel versteckt. In ihr fällt das Auftreten der neuen Konstante b im Exponenten auf. Damals multiplizierte niemand die Temperatur mit der Boltzmann-Konstante (sie wurde, wie schon gesagt, erst von Planck eingeführt). Schreiben wir aber den Exponenten als $bk\nu/kT$, dann tritt in der spektralen Verteilungsformel anstatt des Koeffizienten b ein neuer Koeffizient bk auf. Die Dimension dieses neuen Koeffizienten bk ist Energie $\times$ Zeit (= Dimension einer Wirkung) oder auch Länge $\times$ Impuls (Dimension eines Drehimpulses). Die Wiensche Formel läßt erkennen, daß es unmöglich ist, diesen Koeffizienten aus irgendwelchen Überlegungen oder Gleichungen der klassischen Physik herzuleiten. Es war notwendig, die klassische Physik aufzugeben und eine neue Hypothese (die Quantenhypothese) aufzustellen, ohne zunächst nach deren tieferer physikalischer Bedeutung zu fragen.

Planck verstand sehr gut, wie ungewöhnlich seine Hypothese war. Aber sie konnte die Physik retten, und das war eine ausreichende Begründung, warum er sich nicht scheute, sie zu verteidigen. Die Hypothese bestand in der Annahme, daß die Atome (wir nannten sie oben Oszillatoren) der Wände des Gefäßes, in dem sich die Strahlung befindet, elektromagnetische Wellen nur als Portionen – als Quanten mit der Energie $h\nu$ – emittieren oder absorbieren können und daß h eine universelle Konstante ist. Diese Annahme genügte, um die Ultraviolettkatastrophe aus der Welt zu schaffen. Da h die physikalische Dimension einer Wirkung (= Energie $\times$ Zeit) hat, spricht man auch vom Planckschen Wirkungsquantum.
Viel später schrieb Planck aus Berlin an R. Wood (1868-1955):

> „Lieber Kollege! Während meines Abendessens in Grinthy Hall haben Sie den Wunsch ausgesprochen, daß ich Ihnen ausführlicher über den psychologischen Zustand schreibe, der mich einst zur Postulierung der Hypothese von der Quantenenergie gebracht hat. Jetzt erfülle ich Ihren Wunsch. Mit kurzen Worten kann ich meine Handlungen als einen Verzweifelungsakt beschreiben, weil ich meiner Natur nach friedfertig bin und keine zweifelhaften

Abenteuer liebe. Aber ich kämpfte sechs Jahre erfolglos, angefangen 1894, mit dem Problem des Gleichgewichts zwischen Strahlung und Materie: ich wußte, daß dieses Problem für die Physik fundamental ist; ich kannte die Formel, die die Energieverteilung in einem normalen Spektrum beschreibt; deswegen war es notwendig, eine theoretische Erklärung – um jeden Preis – zu finden. Die klassische Physik war hier nutzlos (außer den zwei Hauptsätzen der Thermodynamik), das verstand ich .... Ich war bereit, meine bisherigen physikalischen Anschauungen zu opfern. Boltzmann erläuterte, auf welche Weise das thermodynamische Gleichgewicht durch ein statistisches Gleichgewicht entstand; wenn wir diese Gedanken auch für das Gleichgewicht zwischen Materie und Strahlung entwickeln, dann entdecken wir, daß man die Umwandlung der (kontinuierlichen) Oszillatorenergie in (gequantelte) Strahlung mit Hilfe der Annahme vermeiden kann, daß die Energie selbst von Anfang an in Form von Quanten existiert. Das war eine rein formelle Annahme, und ich überlegte in Wirklichkeit nicht lange darüber, nur glaubte ich, daß ich, trotz aller Umstände, möge es kosten, was es wolle, zum notwendigen Ergebnis kommen mußte.“

Das, was Planck gesagt hat, bedarf einer Erläuterung. Dafür muß man sich ein Gefäß – einen Kasten – vorstellen, in dem sich ein elektromagnetisches Feld befindet. In den Wänden seien Elektronen, die sich nicht frei bewegen können; sie schwingen vielmehr, als ob sie mit elastischen Federn an die Wand gebunden wären. Man soll nicht denken, daß ein solches Bild zu grob ist, die Gesetze des thermischen Gleichgewichts sind unabhängig von der konkreten Beschaffenheit des Systems, und das obige Modell mit den elastisch gebundenen Elektronen führt zu demselben Ergebnis, wie ein beliebiges anderes Modell. Es ist aber notwendig, zwei Bedingungen zu beachten: Erstens, die Frequenzen der Elektronenschwingungen sollen beliebig sein, damit die Elektronen elektromagnetische Strahlung von beliebiger Frequenz emittieren und absorbieren können; zweitens, die Elektronen müssen in einem thermischen Gleichgewicht mit der Wand sein, damit ihre Bewegungen durch eine Temperatur beschrieben wird.

Leider ist es nicht leicht, die Plancksche Formel zu entwickeln. Dafür ist es nötig, die Energieverteilung von Oszillatoren zu berechnen. Wir wollen sofort das Endergebnis angeben. Die von Planck hergeleitete Strahlungsformel hat die folgende Form:

$$u(\nu) = \frac{8\pi\nu^2}{c^3}\frac{h\nu}{e^{h\nu/kT} - 1}.$$

Das Besondere der Planckschen Formel läßt sich bei hohen Frequenzen erkennen. Planck nahm wie gesagt an, daß Energie nur in Form von endlichen Portionen – Quanten – ausgestrahlt und absorbiert werden kann. Die Energiequanten ε werden mit der Frequenz ν durch die Formel

$$\varepsilon = h\nu$$

verknüpft. Planck hat entdeckt, daß dadurch die Ultraviolettkatastrophe beseitigt wird und daß sich für die Energieverteilung eine sinnvolle Formel ergibt.

Für jede Temperatur T läßt sich das Spektrum in zwei Teile einteilen: In dem einen sind die Frequenzen ν höher als kT/h, im anderen sind sie niedriger als kT/h. Die Größe $h\nu_{\max} \sim kT$ charakterisiert grob jene Stelle im Spektrum, an der der größte Teil der Energie konzentriert ist. Dort hat die spektrale Verteilung $u(\nu)$ ihr Maximum: $u_{\max} = u(\nu_{\max})$. Das Wiensche Verschiebungsgesetz besagt $\nu_{\max} \sim T$ oder $\lambda_{\max} \sim 1/T$.[1]

Ist $h\nu$ viel größer als kT, dann wird der Exponent im Nenner sehr groß und man kann die Eins vernachlässigen. Es ergibt sich

$$u(\nu) \approx \frac{8\pi\nu^2}{c^3} h\nu e^{-h\nu/kT} .$$

Wir sehen, daß die Plancksche Formel die Wiensche Verteilungsfunktion für hohe Temperaturen asymptotisch enthält. Die spektrale Verteilung nimmt in diesem Grenzfall sehr schnell (exponentiell) mit wachsender Energie ab. Deswegen gibt es bei hohen Frequenzen keine Katastrophe.

Es sieht ganz so aus, als ob die Schwingungen des elektromagnetischen Feldes, die den hohen Frequenzen entsprechen, im thermischen Gleichgewicht praktisch keine Energie erhalten. Das ist eine Folge der Planckschen Quantenhypothese. Nach den Vorstellungen der klassischen Theorie (Gleichverteilungssatz) müßte eigentlich jede Schwingung die mittlere Energie kT besitzen. Wenn $kT \gg h\nu$ ist, so entsprechen dieser Energie etliche Quanten, deren Zahl ist $kT/(h\nu) \gg 1$. Wenn dagegen $kT \ll h\nu$ ist, dann ist die thermische Energie kT viel zu klein auch nur für ein einziges Quant. Die Oszillatoren können kein halbes oder viertel Quant ausstrahlen: Solche Portionen gibt es in der Natur nicht. Deshalb werden Quanten mit hoher Frequenz praktisch nicht ausgestrahlt, daher fehlen sie auch in der Hohlraumstrahlung. Diese Freiheitsgrade der Hohlraumstrahlung, also die Frequenzen ν, deren Energiequanten $h\nu$ groß im Vergleich zu kT sind, sind „eingefroren". Mit abnehmender Temperatur frieren immer mehr Schwingungen ein. Beim absoluten Nullpunkt sind schließlich alle Schwingungsfreiheitsgrade eingefroren: Strahlungsenergie und Strahlungsentropie verschwinden.

Das Phänomen des Einfrierens von Freiheitsgraden hat schon Nernst lange vor dem Entstehen der Quantenvorstellungen entdeckt, als er darüber nachdachte, wie sich die Entropie in der Nähe des absoluten Nullpunktes verhalten muß (siehe Abschnitt 42).

Wenn man sich die Plancksche Formel für den anderen Grenzfall, also bei niedrigen Frequenzen ($h\nu \ll kT$) anschaut, kann man in diesem Bereich den Exponen-

---

[1] Genauer gilt $\nu_{\max} = 2{,}822kT/h$. Die dazu gehörige Wellenlänge ist $c/\nu_{\max} = 0{,}3544hc/kT = 5{,}098 \cdot 10^{-3}\,\mathrm{mK}/T$. Erfolgt die spektrale Zerlegung nicht mit $u(\nu)\Delta\nu$ nach Frequenzen, sondern mit $\tilde{u}(\lambda)\Delta\lambda$ ($=u(\nu)\Delta\nu$) nach Wellenlängen, so hat $\tilde{u}(\lambda)$ sein Maximum bei $\lambda_{\max} = 0{,}2014hc/kT = 2{,}898 \cdot 10^{-3}\,\mathrm{mK}/T$. Für $T = 2{,}7$ K (das ist die Temperatur der kosmischen Reliktstrahlung, siehe Abschnitt 61) ergibt sich $\lambda_{\max} = 1{,}1$ mm, für $T = 6000$ K (das ist die Temperatur der Sonnenoberfläche) ergibt sich $\lambda_{\max} = 0{,}48\,\mu$m (das sichtbare Spektrum geht von 0,38 bis 0,78 μm).

ten nach der Formel $e^\alpha \approx 1+\alpha$ für $\alpha \ll 1$ ersetzen und man erhält die Rayleigh-Jeanssche Formel:

$$u(\nu) = \frac{8\pi\nu^2}{c^3}kT.$$

Das Merkwürdige an ihr: Die Plancksche Konstante h ist aufeinmal verschwunden. Bei niedrigen Frequenzen ν, wenn das Energiequant $h\nu$ „klein“ ist, gilt also der Gleichverteilungssatz der klassischen Statistik: Die Zahl der Freiheitsgrade des elektromagnetischen Feldes – das sind wie schon gesagt $8\pi\nu^2/c^2$ pro Frequenzintervall $\Delta\nu$ und Volumeneinheit – wird mit kT, der Energie pro Freiheitsgrad, multipliziert.

Mit seiner Quantenhypothese hat Planck eine erstaunliche Intuition gezeigt. Gibt es doch praktisch keine logische Kette, die ihn zu der Entdeckung hätte geführt haben können.

Planck selbst hat über die realen Quanten – die Quanten des elektromagnetischen Feldes (die Photonen) – nicht nachgedacht. Die Quanten waren für ihn Energieportionen, die ein Oszillator abgibt. Erst fünf Jahre später hat Einstein darauf hingewiesen, daß, wenn ein Quant Energie besitzt, es auch das Recht auf eine selbständige Existenz hat als ein Teilchen (Photon) mit einer Energie ε und einem Impuls $\vec{p}$. Seine Besonderheit ist: Es hat keine Ruhmasse.[2]

Summiert man die Beiträge aller Frequenzintervalle auf ($u = \Sigma_\nu u(\nu)\Delta\nu$), so ergibt sich für diese integrale Strahlungsenergiedichte das Stefan-Boltzmannsche Gesetz

$$u = aT^4.$$

Für die Strahlungsenergie selbst bedeutet das $U = aT^4V$ (woraus sich für die zugehörige Wärmekapazität $C_V = 4aT^3V$ ergibt, siehe drei Seiten weiter). Dabei ist

$$a = 8\pi\frac{\pi^4}{15}\frac{k^4}{h^3c^3} = 7,56\cdot 10^{-16}\frac{\mathrm{J}}{\mathrm{m^3\,K^4}}.$$

In dieser Formel kommen gleichzeitig drei fundamentale Konstanten vor: k, h und c – die Boltzmann-Konstante k aus der klassischen Theorie, die Plancksche Konstante $\hbar$ aus der Quantenmechanik und die Lichtgeschwindigkeit c aus der Maxwellschen Theorie des elektromagnetischen Feldes.

Letztere läßt auch aus der Dichte u der Strahlungsenergie auf den Druck p schließen, den die Hohlraumstrahlung auf die Hohlraumwände ausübt: $p = u/3$. So

[2] Aus der klassischen Mechanik folgt, daß die kinetische Energie einer Masse m mit dem Impuls $p = mv$ durch $mv^2/2 = p^2/(2m)$ gegeben ist. Die Spezielle Relativitätstheorie zeigt, daß dies nur eine Näherung für kleine Geschwindigkeiten $v(\ll c)$ ist. Der allgemeine Zusammenhang zwischen Energie und Impuls lautet $\varepsilon = c\sqrt{(mc)^2+p^2}$ mit der nichtrelativistischen Näherung $\varepsilon \approx mc^2 + p^2/(2m)$ für kleine Impulse $p \ll mc$ (mc^2 =Ruhenergie) und $\varepsilon = cp$ für Teilchen mit verschwindender Ruhmasse $m = 0$. Im letzteren Fall folgt aus der Planckschen Beziehung $\varepsilon = h\nu$ und der Maxwellschen Dispersionsbeziehung elektromagnetischer Wellen, $\nu = c/\lambda$, die de Brogliesche Beziehung $p = h/\lambda$. Diese gilt wie die Plancksche Beziehung auch für Teilchen mit endlicher Ruhmasse m. Mit $\hbar = h/2\pi$ und $\omega = 2\pi\nu$ (= Kreisfrequenz) und $k = 2\pi/\lambda$ (= Wellenzahl) lauten die Plancksche und die de Brogliesche Beziehungen $\varepsilon = \hbar\omega$ und $p = \hbar k$ und die Maxwellsche Dispersionsbeziehung lautet $\omega = ck$.

wie die Teilchen eines gewöhnlichen Gases beim Reflektieren an den Gefäßwänden jeweils den Impuls $2 \cdot mv$ übertragen (und so den Druck erzeugen) tun dies analog auch die Photonen, allerdings mit dem Photonenimpuls h/λ (statt mit dem Gasteilchenimpuls mv).[3] Eine kleine Anregung zum Nachdenken ist der Vergleich des Stefan-Boltzmann-Gesetzes für die Strahlungsenergie mit dem Debyeschen T^3-Gesetz für die Wärmekapazität fester Körper nach dem Motto „Lernt mir den Zauberstab der Analogie gebrauchen" (Novalis): Woraus ergibt sich ihre Ähnlichkeit, worin unterscheiden sie sich? Eine andere bedenkenswerte Frage ist: Warum gibt es zu der Dulong-Petitschen Regel der Festkörperphysik kein Analogon beim Photonengas?

Das Stefan-Boltzmannsche Gesetz schreibt man oft nicht für die Dichte der Strahlungsenergie, sondern für die Energiemenge, die ein Körper mit der Temperatur T pro Zeit- und Flächeneinheit ins Vakuum ausstrahlt:

$$\text{Energiestromdichte} = \sigma T^4.$$

Dabei ist $\sigma = ac/4 = 5{,}67 \cdot 10^{-8}\,\mathrm{W/(m^2\,K^4)}$.[4]

Dividiert man die Energiedichte u durch die Energie einer Schwingung, d. h. durch kT, dann erhalten wir $5{,}48 \cdot 10^7\, T^3/(\mathrm{K} \cdot \mathrm{m})^3$, das ist in etwa die Zahl der Quanten (oder Photonen) pro Volumeneinheit.[5] Die Zahl der Photonen ist also nicht konstant, sondern nimmt mit der Temperatur zu. Darin unterscheidet sich das Photonengas von einem idealen Gas, in dem die Zahl der (nichtwechselwirkenden) Atome bekanntlich fest vorgegeben ist.

Die Plancksche Entdeckung bekam ihren tieferen physikalischen Inhalt, als Einstein herausfand, daß das elektromagnetische Feld aus Quanten (oder Photonen) besteht und daß die Oszillatoren der Hohlraumwände Teilchen emittieren und absorbieren, die sich mit Lichtgeschwindigkeit bewegen und keine Ruhmasse besitzen (das sind die charakteristischen Eigenschaften der Photonen).

Das Auftreten der Photonen in der Physik war so unerwartet und ihre Existenz war so schwer erfassen, daß erst im Jahre 1924 die Photonen als ein Gas behandelt und die Gesetze der Statistischen Physik auf sie angewandt wurden.

---

[3] Der Strahlungsdruck oder Lichtdruck wurde um 1900 von P. N. Lebedew (1866-1912) nachgewiesen. Beispiele für das Wirken des Strahlungsdrucks sind: Die stabile Existenz unserer Sonne (wie auch die aller anderen 100 Milliarden × 100 Milliarden Sonnen unseres Kosmos) beruht über lange Zeit (einige Milliarden Jahre) auf der exakten Balance zwischen nach außen gerichtetem Gasdruck und Strahlungsdruck und der nach innen gerichteten Gravitation. Und: Der Strahlungsdruck des Sonnenlichts bewirkt die Ausbildung von Kometenschweifen, die stets von der Sonne fortweisen. Aber vor allem: 300.000 ⋯ 500.000 Jahre nach dem Urknall macht der Wegfall des Strahlungsdrucks im kosmischen Wasserstoff-Helium-Gas (4000 ⋯ 3000 K heiß) zusammen mit der inhomogen verteilten kosmischen Dunkelmaterie den Weg frei für Gravitationsinstabilitäten, die letztlich zur Bildung von inhomogen verteilten Galaxien, Galaxienhaufen, Galaxiensuperhaufen und zugehörigen „voids" (großen Leerräumen) führten, also zu dem Kosmos, so wie er sich uns heute darbietet.

[4] Der Faktor $1/4 = (1/2) \cdot (1/2)$ hat seinen Ursprung darin, daß die Abstrahlung in einen Halbraum erfolgt (das liefert den einen Faktor 1/2) und daß bei der Strahlung eines Flächenelements die Größe, unter der es erscheint, vom Beobachtungswinkel abhängt. Die mathematische Konsequenz dieses Lambertschen Gesetzes liefert den anderen Faktor 1/2.

[5] Eine strenge Rechnung liefert $\overline{N}/V = 0{,}37(a/k)T^3 = 2{,}03 \cdot 10^7\, T^3/(\mathrm{K} \cdot \mathrm{m})^3$. Die Beziehung $\overline{N}/V = 1/\lambda_T^3$ definiert die thermische de Broglie-Wellenlänge $\lambda_T = 0{,}51hc/(kT)$.

59 Das Photonengas

Im Jahre 1924 entdeckte der junge indische Physiker S. Bose (1894-1947), daß man die Plancksche Verteilung auf ähnliche Weise wie auch die Maxwellsche Verteilung erhalten kann, wenn man nur die Hohlraumstrahlung als ein System sehr vieler (nichtwechselwirkender) Photonen behandelt. Dabei darf man natürlich nicht vergessen, daß die Photonen keine gewöhnlichen Atome oder Moleküle sind, da sie keine Ruhmasse haben. Bose bedachte dies und fand, daß die Plancksche Verteilungsformel nichts anderes ist, als die Gleichgewichtsverteilung eines solchen Photonengases, das sich so als einfachstes Beispiel einer bestimmten Sorte von Quantengasen erwies, die später auch Bose-Gase genannt wurden.

Diese Herleitung von Bose hat Einstein so gefallen, daß er dessen Artikel (aus dem Englischen) ins Deutsche übersetzte und ihn an die „Zeitschrift für Physik" schickte.[1] Danach wurde das Photonengas ein Beispiel eines neuen idealen Gases (eines idealen Quantengases), dessen Zustandsgleichung von der des klassischen idealen Gases (Abschnitt 10) verschieden ist.

Die Herleitung der Zustandsgleichungen des Photonengases ist komplizierter als die Herleitung der Zustandsgleichungen des gewöhnlichen idealen Gases. Aber es ist lohnend, sich mit dieser Herleitung zu befassen.

Bisher haben wir eine Formel für die Strahlungsenergiedichte u (Abschnitt 58). Wenn wir diese Energiedichte mit dem Gefäßvolumen V multiplizieren, erhalten wir die gesamte (innere) Energie der Hohlraumstrahlung:

$$U = aT^4V.$$

Das ist die kalorische Zustandsgleichung des Photonengases. Um die Energie um ΔU zu vergrößern, muß man die Temperatur um einen gewissen Wert ΔT erhöhen:

$$U + \Delta U = a(T + \Delta T)^4V.$$

Für kleine ΔT gilt

$$(T + \Delta T)^4 = T^4(1 + \frac{\Delta T}{T})^4 \approx T^4(1 + \frac{4\Delta T}{T}),$$

damit erhält man

$$U + \Delta U = U + 4aT^3V\Delta T.$$

Die Energiezunahme ΔU ist also mit der Temperaturerhöhung ΔT durch die Beziehung

$$\Delta U = 4aT^3V\Delta T$$

verknüpft. Der Vergleich mit

$$\Delta U = C_V\Delta T$$

[1] Das war seinerzeit eine „Hauptzeitschrift".

liefert die Wärmekapazität der Hohlraumstrahlung bei konstantem Volumen:

$$C_V = 4aT^3V.$$

Damit können wir nun berechnen, um welchen Wert sich die Entropie ändert. Wir wissen, daß

$$\Delta S = \frac{\Delta Q}{T} = \frac{C_V \Delta T}{T},$$

weil die Wärme, die dem Photonengas zugeführt wird, gänzlich für die Zunahme seiner inneren Energie verwendet wird. Also gilt

$$\Delta S = 4aT^2V\Delta T\,.$$

Nun müssen wir erraten, wie die Entropie von der Temperatur abhängt, sodaß die Entropieänderung mit der obigen Formel übereinstimmt. (Mit anderen Worten: Wir haben eine Differentialgleichung zu lösen.)

Nehmen wir an, daß die Entropie S gemäß

$$S = AT^B$$

von der Temperatur T abhängt. Das ist ein Ansatz mit zunächst unbekannten Koeffizienten A und B, die noch zu bestimmen sind. Wenn wir S und T um die kleinen Größen ΔS und ΔT erhöhen, so folgt aus dem Ansatz

$$S + \Delta S = A(T + \Delta T)^B \approx AT^B + ABT^{B-1}\Delta T,$$

also

$$\Delta S = ABT^{B-1}\Delta T.$$

Der Vergleich mit der obigen Formel für ΔS ergibt sofort

$$B = 3, \quad A = \frac{4}{3}aV.$$

Somit haben wir den Ausdruck für die Strahlungsentropie gefunden:

$$S = \frac{4}{3}aT^3V.$$

Die Entropie S ist also proportional zu T^3 und damit auch zur mittleren Photonenzahl $\overline{N} = 0,37(a/k)T^3V$. Für $T \to 0$ verschwinden daher S (in Übereinstimmung mit Nernst, Abschnitt 42) und $\overline{N}$.

Man kann zeigen, daß sich die Hohlraumstrahlung wie ein Gas verhält, das man mit Arbeitsaufwand verdichten kann und das umgekehrt beim Ausdehnen selbst Arbeit verrichtet. Wir wollen das Hohlraumvolumen von V auf $V + \Delta V$ vergrößern. Die Temperatur soll durch Kontakt mit einem Wärmebad konstant bleiben und der Prozeß soll reversibel sein. Dann nimmt bei dieser isothermen Volumenzunahme auch die Entropie zu:

$$\Delta S = \frac{4}{3}aT^3\Delta V.$$

Weil mit der Entropiezunahme eine Wärmezufuhr $\Delta Q = T\Delta S$ verbunden ist, gilt

$$\Delta Q = \frac{4}{3}aT^4\Delta V.$$

Andererseits nimmt die Strahlungsenergie bei isothermer Expansion um den Wert

$$\Delta U = aT^4\Delta V$$

zu. Wir sehen also, daß die Energie weniger zugenommen hat als Wärme zugeführt wurde. So muß es auch sein, weil ein Teil der zugeführten Wärme in abgegebene Arbeit umgewandelt wurde. Diese ergibt sich aus den zwei letzten Formeln zu[2]

$$|\Delta W| = \frac{1}{3}a^4T\Delta V.$$

Andererseits ist die Arbeit nach ihrer Definition bekanntlich gleich dem Produkt aus Gasdruck und Volumenzunahme, d. h.

$$|\Delta W| = p\Delta V.$$

Daraus folgt der (vorhin schon erwähnte) Strahlungsdruck

$$p = \frac{1}{3}aT^4.$$

Das ist die thermische Zustandsgleichung des Photonengases.

Man sieht sofort, daß sie sich von der Zustandsgleichung des idealen Gases ($pV = RT$) sehr stark unterscheidet. So wächst der Druck viel stärker mit T. Am merkwürdigsten ist, daß der Druck vom Volumen unabhängig ist, d. h., daß man das Photonengas isotherm verdichten kann und daß dabei sein Druck nicht zunimmt. Dieses Verhalten scheint dem gesunden Menschenverstand zu widersprechen. Das aber ist gar nicht so merkwürdig, wenn man bedenkt, daß die Zahl der Photonen nicht erhalten bleibt (im Unterschied zu den Teilchen eines gewöhnlichen idealen Gases). Beim Verdichten des Photonengases verschwindet ein Teil der Photonen, sie werden von den Gefäßwänden absorbiert; bei der Gasausdehnung werden wieder neue Photonen erzeugt. Mit der Erzeugung und Vernichtung von Photonen durch die Hohlraumwände im Vergleich zur bloßen Reflexion der Teilchen eines gewöhnlichen Gases an den Gefäßwänden hängen auch die unterschiedlichen Darstellungen des Drucks durch die (innere) Energie zusammen: $pV = U/3$ beim Photonengas und $pV = 2U/3$ beim einatomigen idealen Gas.[3] Beides wiederum ist mit den unterschiedlichen Ruhmassen verknüpft ($= 0$ für Photonen und $\neq 0$ für Gasteilchen).

[2]Zum Vorzeichen von ΔW siehe Abschnitte 15 und 17 und Fußnote 2 von Abschnitt 45.

[3]Bei Gasen aus zwei- oder mehratomigen Molekülen führt das Auftauen der Rotations- und Schwingungsfreiheitsgrade zu anderen Vorfaktoren, z. B. 2/5 oder 2/7.

Wird die Entropie des Photonengases konstant gehalten (das entspricht einem adiabatischen oder isentropischen Prozeß), dann sind Volumen und Temperatur durch die Adiabatengleichung

$$V\,T^3 = \text{const}$$

miteinander verknüpft (adiabatische Expansion des Photonengases). Wenn wir die Isothermen- und die Adiabatengleichungen kennen, können wir das Carnotsche Theorem überprüfen, falls wir ein Photonengas als Arbeitsstoff benutzen.

Das Photonengas besitzt noch eine Besonderheit: Es ist immer ideal. Die Photonen haben keine Wechselwirkung miteinander (sie stoßen nicht zusammen) und deswegen stellt sich ihr thermisches Gleichgewicht nur über die Gefäßwände durch Absorption und Emission ein. Zur Erinnerung: Ein gewöhnliches Gas ist nur bei hohen Temperaturen oder großer Verdünnung genähert ideal, sonst führt die Wechselwirkung der Gasteilchen zu Abweichungen vom Verhalten eines klassischen idealen Gases.

Könnte man ein Photonengas im thermischen Gleichgewicht exakt realisieren und verstünde man es, seinen Druck zu messen, hätten wir ein ideales Thermometer, das ohne jegliche Korrekturen die thermodynamische Temperatur messen könnte. Das wäre das exakteste Thermometer der ganzen Welt. Leider ist es sehr schwierig, den Lichtdruck zu messen, aber noch schwieriger ist es, die Bedingungen des thermischen Gleichgewichts zu erfüllen. Deswegen ist es bisher (noch?) nicht möglich, das Photonenthermometer in seiner reinen Form zu realisieren, obgleich das Prinzip eines solchen Thermometers für die Abschätzung der Temperaturen von Sternen bereits längst genutzt wird. Würde das Strahlungsspektrum eines Sternes mit der Stefan-Boltzmannschen Gleichung beschrieben, so wäre jeder Stern zugleich sein eigenes Thermometer. Aber dafür müßte er ein schwarzer Strahler sein.

60 Schwarze Strahler im Kosmos

Nicht jeder erwärmte Körper strahlt das mit der Planckschen Formel beschriebene Spektrum aus. Die Spektren können ganz verschieden sein. Manchmal bestehen sie aus einzelnen Linien, mitunter aus Bändern. Damit ein Körper wirklich ein Plancksches Spektrum hat, muß sich die emittierte Strahlung im thermischen Gleichgewicht mit dem emittierenden Körper befinden. Nur dann „vergißt" sie alles über den Prozeß ihrer Entstehung.

Im 19. Jahrhundert dachte man sich verschiedene Modelle für einen solchen Prozeß aus. Eines von diesen, das populärste, war ein geschlossenes Gefäß, genauer ein Hohlraum mit einer kleinen Öffnung. Einen solchen Hohlraum nennt man auch einen „schwarzen Strahler". Die Strahlung, die von den Hohlraumwänden vielmals reflektiert wird einschließlich Absorption und Emission, ähnelt einem Gas aus Atomen oder Molekülen, das rasch in das thermische Gleichgewicht mit den Gefäßwänden übergeht. Ein schwarzer Srahler hat die Eigenschaft, die gesamte auf ihn auftreffende elektromagnetische Strahlung zu absorbieren, bei gegebener Temperatur hat er das größte Emissionsvermögen.

Irgendein strahlender Körper ist eine umso bessere Realisierung eines idealen schwarzen Strahlers, je besser sein Strahlungsspektrum durch eine Plancksche Verteilung beschrieben wird.

Man kann sich die Verwunderung der Physiker vorstellen, als sich herausstellte, daß das ganze Weltall von einem (sehr kalten) Photonengas erfüllt ist, das durch ein Plancksche Verteilung beschrieben wird. Diese kalten Photonen tragen wunderbarerweise Informationen über längst vergangene Zustände des Weltalls und geben das markanteste Indiz für seine Expansion und Evolution nach dem Urknall.[1]

61 Die kosmische Reliktstrahlung

A. A. Penzias (geb. 1933) und R. W. Wilson (geb. 1936) entdeckten im Jahre 1965 zufällig (bei der Suche nach einem geeigneten Frequenzfenster zur Nachrichtenverbindung mit Satelliten), daß aus dem Kosmos gleichmäßig aus allen Richtungen schwache Mikrowellen mit Wellenlängen im cm-Bereich zu uns kommen. (Übrigens glaubten sie zuerst an Störungen ihrer Antennen u. a. durch gewesene Darminhalte von Tauben – wie doch im konkreten Fall der animalische Entropieexport die Forschung behindern kann!) Sorgfältige Messungen ergaben, daß diese isotrope und niederenergetische kosmische Strahlung durch eine Plancksche Verteilung mit einem Strahlungsmaximum bei Wellenlängen von $1 \cdots 2$ mm beschrieben wird, was der Strahlung eines schwarzen Strahlers mit einer Temperatur von etwa 2,7 K entspricht. Wo mag sie herkommen? Es wurde die Hypothese ausgesprochen, daß diese kosmische Mikrowellen- oder Hintergrundstrahlung ein Relikt der stürmischen Prozesse ist, die im Weltall stattfanden, als es in seiner Frühphase vor ca. 15 Milliarden Jahren sehr heiß und sehr dicht war. Schließlich stellte sich heraus, daß die Existenz einer solchen inzwischen stark abgekühlten kosmischen Reliktstrahlung (man spricht auch von der 3-Kelvin-Strahlung) von G. A. Gamow (1904-1968) lange vorher vorausgesagt worden war, nur war diese Voraussage in Vergessenheit geraten. Auch war sie bereits 1955 von Émile Le Roux entdeckt, aber nicht mit der kosmischen Evolution in Verbindung gebracht worden. Erst 1965 war die Zeit reif für die richtige, nämlich „archäologische" Deutung.

Wenn man sich in der Zeit zurückbewegt, dann nimmt die Dichte der Materie im Weltall und mit ihr auch die Temperatur gewaltig zu. In diesem frühen Zustand des Weltalls wurden ständig Photonen erzeugt und vernichtet, indem z. B. Elektron-Positron-Paare annihilierten bzw. Photonen sich in Elektron-Positron--

[1] Ein anderes Indiz ist die Häufigkeitsverteilung leichter Atomkerne in der kosmischen Materie. Das ist vor allem das Zahlenverhältnis von ^{1}H-Kernen oder Protonen (92%) zu ^{4}He-Kernen oder α-Teilchen (8%), hinzu kommen mit sehr geringem Anteil Deuteronen sowie ^{3}He- und andere Kerne. Diese Zahlen zeugen von der Entstehungsgeschichte (primordiale Nukleosynthese) der leichten Atomkerne. Zusammen mit der Reliktstrahlung sind sie die „archäologischen" Befunde der kosmischen Evolution.

Paare verwandelten. Zwischen allen Teilchen dieses Urplasmas gab es ein thermisches Gleichgewicht.

Wie oben gesagt expandiert das Weltall und die Teilchenenergien nehmen dabei ab. Für diese Expansion spricht folgende Beobachtung. Die fernen Objekte – Galaxien (insbesondere Quasare) und ihre Ansammlungen (Haufen und Superhaufen) – senden uns eine Strahlung, deren Wellenlängen im Vergleich zu denselben Linien in den Spektren derselben Elemente auf der Erde zum Bereich der längeren Wellen hin verschoben sind: Das ist die sogenannte Rotverschiebung. Deutet man diese Verschiebung der Spektrallinien als das Ergebnis eines Doppler-Effekts, so folgt daraus, daß sich die fernen Strahler von uns immer weiter entfernen. Deren Fluchtgeschwindigkeit v erweist sich als proportional zu ihrem Abstand R von uns: $v = HR$ (s. auch Abschnitt 46), wobei H die Hubble-Konstante ist, benannt nach dem Astronomen E. P. Hubble (1889-1953), der diese Abhängigkeit im Jahre 1929 entdeckt hat.[1]

Die reziproke Hubble-Konstante beträgt ca. $(1 \cdots 2) \cdot 10^{10}$ Jahre. Von dieser Größenordnung ist das Alter unserer Welt. Bei der Expansion des Weltalls sinkt die mittlere Energie der Teilchen, deswegen sinkt auch die Temperatur des gesamten anfangs sehr heißen Teilchengemischs. Dem Hubbleschen Gesetz gemäß wächst die Wellenlänge der zugehörigen thermischen Strahlung linear mit den kosmischen Abständen, so daß mit zunehmendem Alter des Weltalls auch die thermische Wellenlänge λ_T zunimmt, gleichzeitig sinken die Photonenenergien $h\nu \sim 1/\lambda_T$ und die Temperatur $T = h\nu/k \sim 1/\lambda_T$.

Solange der Energieaustausch zwischen den Photonen und den übrigen Teilchen des Urplasmas (das sich in ein hauptsächlich aus Wasserstoff, zum geringeren Teil aus Helium bestehendes Urgas umwandelt, indem Protonen und α–Teilchen Elektronen einfangen) intensiv abläuft, sind die Temperaturen aller Komponenten des Urplasmas bzw. Urgases gleich: es herrscht thermisches Gleichgewicht. Bei der Expansion und der damit verbundenen Abkühlung kommt aber ein Moment, wo es für die Photonen schwierig wird, ihre Energie „abzugeben“, weil diese nicht mehr ausreicht, um neutrale Wasserstoffatome zu ionisieren und es auch keine anderen effektiven Prozesse gibt, um die Photonenenergie zu verändern. Im Weltall gibt es weder Wände noch sonstwelche Oszillatoren, die den Photonen ab diesem Zeitpunkt hätten helfen können, ihre Temperatur mit ihrer Umgebung (den anderen Komponenten des Urgases) zu koordinieren. Die Photonen geraten in eine Isolation, ähnlich wie die Kernspins im Festkörpergitter (Abschnitt 55). Diese kosmische Phasenumwandlung, bei der die Photonen der damaligen Wärmestrahlung von den

[1] Die Rotverschiebung wurde zwar schon im Jahre 1914 von V. M. Slipher (1875-1969) entdeckt. Doch erst Hubble hat aus seinen Beobachtungen die Beziehung zwischen der Geschwindigkeit v des „Auseinanderfliegens“ (Fluchtgeschwindigkeit) und dem Abstand R hergeleitet. – Sterne, die auf uns zufliegen, zeigen eine Blauverschiebung: Die Wellenlängen sind zum Bereich der kürzeren Wellen hin verschoben. – Die Deutung als Doppler-Effekt ist eine brauchbare Vorstellung für nicht zu weit entfernte Galaxien, so daß der eigentlich gekrümmte Raum genähert als nicht gekrümmt angesehen werden kann. Für weitentfernte Objekte ergibt sich die Rotverschiebung nach Friedmann aus der Evolution der Raumkrümmung, die mit einer Absenkung des Gravitationspotentials verbunden ist.

übrigen Teilchen (hauptsächlich neutrale Wasserstoffatome sowie auch – aber viel weniger – neutrale Heliumatome) abkoppeln und ein weitgehend isoliertes Photonengas bilden, findet 300.000 Jahre nach dem Urknall bei einer Temperatur von ca. 3000 K statt. Die kosmische Reliktstrahlung als ein abgekoppeltes Teilsystem des Kosmos entsteht. Sein Strahlungsmaximum liegt bei Wellenlängen von $1 \cdots 2\,\mu$m. Bei der weiteren Abkühlung verlieren die Photonen dieser Strahlung praktisch keine Energie mehr durch Wechselwirkung, aber ihre Wellenlängen vergrößern sich mit der zunehmenden Expansion des Weltalls. Sie nehmen auf dieselbe Weise zu wie die Entfernung zwischen den Galaxien. So kann man auch von einer Rotverschiebung der kosmischen Reliktstrahlung sprechen (mit einem Strahlungsmaximum bei anfänglichen $1 \cdots 2\,\mu$m bis zu den heutigen $1 \cdots 2$ mm).

Weil aber $\nu\lambda = c$ gilt (Maxwellsche Dispersionsbeziehung elektromagnetischer Wellen) und die Lichtgeschwindigkeit c konstant bleibt, nimmt die Strahlungsfrequenz ν mit der Zeit ab und mit ihr auch die Photonenenergie $h\nu$.

Sehen wir uns noch einmal die Plancksche Formel an: In ihr tritt als Argument die Kombination $h\nu/kT$ auf. Deswegen ändert sie sich nicht, wenn man zu einer tieferen Temperatur übergeht und gleichzeitig die Frequenzen entsprechend skaliert. Wie gesagt kühlt sich das Photonengas bei der kosmischen Expansion ab, seine Temperatur sinkt umgekehrt proportional zum Radius des Weltalls (oder zur Entfernung zwischen den Galaxien):

$$T \sim \frac{1}{R}.$$

Damit ergibt sich mit dem Volumen des Weltalls $V \sim R^3$ die merkwürdige Formel

$$V\,T^3 = \text{const.}$$

Eine solche Formel ist uns bereits begegnet. Sie beschreibt die adiabatische Expansion des Photonengases (Abschnitt 59). Das Photonengas, das das Weltall ausfüllt, dehnt sich aus wie in einem riesigen Gefäß mit einem beweglichen Kolben!

Anfangs haben die astrophysikalischen Beobachtungen für die Prüfung dieser Theorie nicht genügend Daten geliefert, weil die Messungen nur für eine Wellenlänge durchgeführt wurden. Aber neue Messungen haben bestätigt, daß das Strahlungsspektrum beiderseits des Maximums mit der Planckschen Kurve tatsächlich hinreichend gut beschrieben wird (die Abweichungen betragen weniger als 1%). Die Temperatur, die dieser Kurve entspricht, ist gleich $2{,}728(\pm 0{,}002)$K. Heute gilt als sicher, daß die kosmische 2,7 K-Strahlung ein Relikt jener thermischen Photonen ist, die in der Frühphase der kosmischen Evolution erzeugt wurden und damals von der übrigen Materie abkoppelten. Die Dichte dieser heutigen Mikrowellenphotonen beträgt 412 Photonen/cm^3 (zum Vergleich: die mittlere Nukleonendichte beträgt lediglich 0,1 Proton oder Neutron pro m^3).
Aber diese Reliktstrahlung befindet sich nicht exakt im thermischen Gleichgewicht. Das hat seine Ursache in der Restwechselwirkung der Photonen mit den in den Weiten des Kosmos verteilten Atomen, Ionen, Elektronen und Molekülen.

Also ist die Reliktstrahlung vom Standpunkt der Thermodynamik aus weniger ideal als ein ideales Gas im Labor. Unser Weltall ist wie ein Wärmebad, in dem die Temperatur $2,7$ K herrscht und das aber mit der übrigen Materie des Kosmos nur schwach wechselwirkt.

Die sorgfältige Temperaturmessung der aus verschiedenen Himmelsrichtungen kommenden Reliktstrahlung zeigt schwache Anisotropien, Dichtefluktuationen im frühen Kosmos andeutend, die Keime für die späteren Galaxien gewesen sein mögen. Die über mehrere Grad gemittelte Großraumanisotropie von $(0,0132 \pm 0,0002)$ K hat ihre Ursache in der Erdbewegung. So beträgt die Bewegungsgeschwindigkeit des Sonnensystems relativ zur Reliktstrahlung ca. $c/1000 \approx 300$ km/s.[2] Zum Vergleich dazu wollen wir uns daran erinnern, daß die Geschwindigkeit der Erde auf ihrer Bahn um die Sonne 30 km/s beträgt. So ähnelt die Reliktstrahlung einem absoluten Sytem, relativ zu dem man die Geschwindigkeit kosmischer Objekte messen kann.

Aus dem Standardmodell der kosmischen Evolution folgt schließlich noch, daß es außer dem Photonenhintergrund im Weltall einen Neutrinohintergrund geben muß, dessen Temperatur (etwas niedriger als die der kalten Reliktphotonen) ca. 2 K ist. Auf welche Weise man solche kalten Reliktneutrinos nachweisen könnte, weiß bis heute niemand. Das bleibt eine schwierige Aufgabe für künftige Forscher. Die Neutrino-Astronomie ist erst am Anfang ihrer Entwicklung. Schließlich sollte es im Kosmos auch noch einen Hintergrund von Gravitationswellen[3] geben, aber auch die Gravitationswellen-Astronomie ist erst ganz am Anfang ihrer Entwicklung.

62 Schwarze Löcher und wie sie entstehen

Zu den Merkwürdigkeiten in der Geschichte des Temperaturbegriffs zählt nicht nur die Entdeckung der kosmischen Reliktstrahlung mit ihrer charakteristischen Temperatur (von 3000 K in der Frühphase des Kosmos und 2,7 K in seinem heutigen Zustand), sondern auch die Vermutung, daß es im Kosmos Schwarze Löcher geben sollte und diesen jeweils auch noch Entropie und Temperatur zuzuordnen sei.

Es gibt sogar von dem einen zum anderen Thema eine logische (besser eigentlich kosmogonische) Überleitung insofern, als das seinerzeitige Abkoppeln der thermischen Strahlung im frühen, durch Homogenität gekennzeichneten Kosmos den Weg frei machte für dessen Inhomogenisierung durch Gravitationsinstabilitäten. Die Phase der Bildung vielfältiger Strukturen und damit auch vieler räumlich und zeitlich unabhängiger Evolutionen mit zahlreichen schöpferischen Hervorbringungen von vorher nicht Dagewesenem beginnt.

[2] Das ist übrigens zugleich die typische Geschwindigkeit, mit der sich durch gravitative Kontraktion die größten Strukturlängen im Kosmos bilden, was bei 10 Milliarden Jahren zu typischen Ausdehungen kosmischer „Zellen" von 10 Millionen Lichtjahren führt.

[3] Gravitationswellen sind eine Vorhersage der Allgemeinen Relativitätstheorie. Am Beispiel von PSR 1913+16 (= zwei umeinander kreisende Neutronensterne) wurde die Emission von Gravitationswellen nachgewiesen. Der damit verbundene Energieverlust bewirkt, daß sich – wie beobachtet – die beiden Sterne spiralförmig aufeinander zubewegen.

Damit ist folgendes gemeint: Traten vor der Abkopplung in dem homogenen Kosmos mit seinem Urplasma – bestehend im wesentlichen aus Protonen (= Wasserstoffkerne), α–Teilchen (= Heliumkerne, das Hauptprodukt der primordialen oder urzeitlichen Nukleosynthese), Elektronen und Photonen – zufällige, durch Gravitation begünstigte und verstärkte großräumige Dichteschwankungen auf, so wurden diese durch den damals allgegenwärtigen Strahlungsdruck immer wieder schnell „ausgebügelt".

Bei der Abkühlung, die mit der kosmischen Expansion verbunden ist, kommt es aber zu einem bestimmten Zeitpunkt zu einer Art Phasenumwandlung, indem die Energie der Photonen nicht mehr ausreicht, die sich bildenden Wasserstoffatome wieder zu zerstören (zu ionisieren). Thermodynamisch gesehen besteht der Kosmos von da an aus zwei unabhängigen Untersystemen, die sich fortan unabhängig voneinander entwickeln.[1] Während die Strahlung mit der Expansion kontinuierlich abkühlt, fehlt seitdem in dem Wasserstoff-Helium-Gas der homogenisiernde Einfluß der Strahlung und zufällige großräumige Dichteschwankungen werden durch die allgegenwärtige Gravitation beständig verstärkt (solange bis sie durch Gegenkräfte gestoppt werden). Solche (durch die inhomogene Verteilung der kosmischen Dunkelmaterie begünstigte) Dichtefluktuationen wurden durch das plötzliche Ausscheren der bis dahin immer wieder homogenisierend wirkenden Strahlung sozusagen „festgeschrieben" und bildeten vor 1 Million Jahren die Keime für den heutigen extrem inhomogenen Kosmos mit seinen gewaltigen Leerräumen (kosmischen „Zellen") und seinen 100 Milliarden Galaxien, die hierarchisch zu „lokalen" Galaxiengruppen, Galaxienhaufen und Galaxiensuperhaufen und zugehörigen „voids" (großen Leerräumen) geordnet sind, so die Neigung der aus Atomen bestehenden Materie zu Verklumpungen anzeigend.[2] Jede Galaxie enthält wieder 100 Milliarden Sterne und jeder dieser 100 Milliarden $\times$ 100 Milliarden (= 10 Trilliarden) Sterne entstand aus einer Gaswolke durch deren gravitative Kontraktion (jeweils die Möglichkeit der Bildung eines Planetensystems einschließend). Während sich wie gesagt die abgekoppelte thermische Strahlung des gesamten Frühkosmos durch die kosmische Expansion einer ständigen Rotverschiebung unterliegt, kommt es konträr dazu in den sich gravitativ kontrahierenden Gaswolken zu lokalen Verdichtungen und als Folge davon zu (natürlich wieder mit Strahlung verbundenen) Aufheizungen. In jedem so entstehenden Stern halten sich Gravitation und Gesamtdruck (der sich aus Gasdruck und Strahlungsdruck zusammensetzt) die Waage und ermöglichen auf diese Weise die Existenz des Sterns.

Liegt die Masse der Gaswolke unter einem kritischen Wert von Bruchteilen der Masse unserer Sonne, entsteht ein Brauner Zwerg. In einer Gaswolke mit einer größeren Masse kommt es zu einer so starken Verdichtung und Aufheizung,

---

[1] Wie oben schon gesagt, kommen noch die ebenfalls abgekoppelten und sich mit der Expansion lediglich abkühlenden Untersysteme der Neutrinos und der Gravitationswellen des Urknalls hinzu.

[2] Nach theoretischen Untersuchungen von J. B. Seldowitsch (1914-1987) führt eine Anfangsmasse von einer Million Sonnenmassen (M_{So}) zu einem Sternhaufen, von 100 Milliarden M_{So} zu einer Galaxie (= 100.000 Sternhaufen), von 100 Billionen M_{So} zu einer „Plinse" (= 1000 Galaxien). Dort, wo sich diese Plinsen „berühren", gibt es eine erhöhte Galaxiendichte.

daß die Verschmelzung der Wasserstoffkerne zu Heliumkernen mit gleichzeitiger Energiefreisetzung einsetzt. Der Stern wird zu einem stellaren Fusionsreaktor und beginnt hell zu erstrahlen: Ein Stern wird geboren. Von da ab gibt es im Kosmos zwei Arten von elektromagnetischer Strahlung: Die Reliktstrahlung, die vom Urknall zeugt, und die Strahlung, die von der Existenz von Sternen zeugt.

Woher nimmt ein Stern die Energie für seine Strahlung? Ähnlich wie bei chemischen Reaktionen wird ja auch bei Kernreaktionen (hier Wasserstoffkerne $\rightarrow$ Heliumkerne) Bindungsenergie freigesetzt. Diese wird in Form von Photonen abgestrahlt. Deren Energie ist gleich der Differenz zwischen den Ruhmassen des Heliumkerns und der beiden Wasserstoffkerne. So wird ein (kleiner) Teil der Ruhmasse von Protonen und Deuteronen durch Photonen in die Weiten des Kosmos geschleudert.

Für die weitere Entwicklung eines solcherart Wasserstoff zu Helium „verbrennenden" Sterns gibt es wieder eine Bifurkation. Liegt die Sternmasse nämlich unter dem kritischen Wert von 1,5 Sonnenmassen (man spricht von der Chandrasekhar-Grenze), so endet der Stern (nachdem sein Kernbrennstoff verbraucht ist[3]) mit der Zwischenstufe Roter Riese als Weißer Zwerg. Liegt die Sternmasse über diesem kritischen Wert, kommt es (nachdem der Kernbrennstoff vornehmlich zu Eisen verbrannt ist) infolge eines Gravitationskollapses zu einer Supernova-Explosion, bei der einerseits gewaltige Gasmassen ins Weltall geschleudert werden[4], die dann wieder für neue Gaswolken und Sternbildungen als Ausgangsmaterial verfügbar sind (dabei wird auch durch Bildung der Atomkerne schwerer als Eisen das Periodische System der Elemente komplettiert), und andererseits im Zentrum eine dichte Massenkonzentration zurückbleibt. Was das ist, hängt wieder von der Startmasse des explodierenden Sterns ab: Unterhalb eines weiteren noch höheren kritischen Wertes (Volkoff-Grenze = 20 Sonnenmassen) ist es ein Neutronenstern[5],

---

[3]Bei genügend massereichen Sternen werden durch die stärkere Gravitation Dichte und Temperatur so hoch, daß dann sogar die Fusion der Heliumkerne einsetzt. So „verbrennt" dann Helium zu Beryllium. Auf diese Weise werden der Reihe nach die vorher nicht vorhanden gewesenen Atomkerne des Periodischen Systems der chemischen Elemente synthetisiert (stellare Nukleosynthese), allerdings nur bis zum Eisen, was seine Ursache darin hat, daß Eisenkerne die höchste nukleare Bindungsenergie pro Nukleon haben. Sterne vom Typ unserer Sonne sind kosmische Elementebrüter. – Je massereicher und damit auch heißer ein Stern ist, um so größer ist sein Energieumsatz, um so schneller verbraucht er seinen Wasserstoffvorrat. Für Sterne wie unsere vor 5 Milliarden Jahren entstandene Sonne ist das erst nach weiteren 5 Milliarden Jahren der Fall, für massereichere Sterne aber schon nach einigen Millionen Jahren. Sterne mit 10facher Sonnenmasse sind schon in 10 Millionen Jahren ausgebrannt („Dicke leben nicht so lange"). Seit dem Urknall können also schon sehr viele Sterne entstanden und wieder vergangen sein.

[4]Auch in unserer Galaxis wurden Supernovae beobachtet, und zwar in den Jahren 1054 (diese Explosion war sogar bei Tageslicht zu sehen, sie hinterließ eine gigantische Gaswolke, die wir heute als den 3500 Lichtjahre entfernten Krebsnebel sehen, sowie in dessen Zentrum einen rasch rotierenden Neutronenstern), 1572 (im Sternbild Taurus) und 1604 (im Sternbild Ophiuchus). In anderen Galaxien wurden mehr als 180 Supernovae entdeckt, z. B. am 23. 2. 1987 Sanduleak 69202 in der Großen Magellanschen Wolke. Der Cirrusnebel im Sternbild Schwan entstand aus einer Supernovae vor 300.000 Jahren.

[5]Neutronensterne wurden 1932 (also im Jahr der Entdeckung des Neutrons) von L. D. Landau (1908-1968) theoretisch vorhergesagt. Mit der Theorie der Neutronensterne haben sich auch 1933-34

oberhalb ist es ein aus dem bisher abgesteckten Rahmen herausfallendes seltsames Gebilde.

Während bei den genannten normalen „Sternleichen" Braune Zwerge, Rote Riesen / Weiße Zwerge und Neutronensterne der Gravitation durch Gegenkräfte (Gasdruck, Strahlungsdruck, Druck entarteter Fermi-Gase) Einhalt geboten wird, gibt es bei den genannten seltsamen Gebilden kein Halten mehr. Es gibt dann keinerlei Gegenkräfte mehr, die der allgegenwärtigen Gravitation Paroli bieten könnten, es kommt zu einem Gravitationskollaps. Die Materie stürzt durch die Gravitation getrieben unaufhaltsam in sich zu einem Punkt zusammen: Nach der Allgemeinen Relativitätstheorie allein (d. h. ohne Berücksichtigung der Quantentheorie) entsteht eine Singularität in der Raumzeit.[6]

Das zugehörige Gravitationsfeld verschwindet aber nicht und mit diesem Feld verbunden ist der nur durch die Masse bestimmte Schwarzschild-Radius[7] oder Gravitationsradius

$$R_g = \frac{2G}{c^2}M$$

(G = Gravitationskonstante, c = Lichtgeschwindigkeit). Durch ihn wird der Raum um das zu einer Singularität gewordene Sternzentrum in wunderbarer Weise zweigeteilt. Ein Körper, der sich in einer Entfernung kleiner als R_g befindet, kann sich nur noch nach innen auf das singuläre Zentrum zubewegen, eine Bewegung nach außen ist ausgeschlossen. Auch ein Körper, der sich in der Nähe eines solchen Sternrestes in Abständen größer als R_g befindet, unterliegt natürlich der anziehenden Gravitation. Im freien Fall bewegt er sich auf das Sternzentrum zu und nähert sich dabei dem Gravitationsradius R_g, wobei die Gravitationskraft unbegrenzt anwächst: An die Stelle der Newtonschen Formel $\sim 1/r^2$ tritt die Einsteinsche $\sim 1/(r^2\sqrt{1-R_g/r})$. Einem außen ruhenden Beobachter erscheint dies allerdings infolge der gravitativen Rotverschiebung[8] als Fallbewegung mit einer exponentiell abnehmenden Geschwindigkeit, die mit der Annäherung an R_g asymptotisch verschwindet. Aus dem gleichen Grund geht die Frequenz und mit ihr die Energie der Photonen, die die Information vom Fallen des Körpers nach außen

---

F. Zwicky (1898-1974) und Walter Baade (1893-1960) befaßt: Sie vermuteten, daß Neutronensterne in Supernovae entstehen. 1939 führen R. Oppenheimer (1904-1967) und G. Volkoff erste Rechnungen zur Struktur von Neutronensternen durch. Neutronensterne wie auch Elektronensterne (= Weiße Zwerge) verdanken ihre Existenz dem Pauli-Prinzip der Quantentheorie (das für Fermionen wie eine Abstoßungskraft wirkt), wobei im einen Fall Neutronen, im anderen Fall Elektronen dichte Fermi-Gase bilden, deren Druck die Gravitation kompensiert und so einen Gravitationskollaps verhindert. Neutronensterne sind durch die Gravitation zusammengehaltene Riesenatomkerne (mit Dichten wie in Atomkernen, aber Radien von 10···20 km). Die 1967 entdeckten Pulsare sind extrem schnell rotierende Neutronensterne mit extrem starken Magnetfeldern.

[6] Solche lokalen Singularitäten wie auch die des Urknalls weisen auf die Gültigkeitsgrenzen der Allgemeinen Relativitätstheorie hin.

[7] K. Schwarzschild (1873-1916) hat sich damit befaßt, die Feldgleichungen der Allgemeinen Relativitätstheorie zu lösen. 1916 hat er als erster die Größe R_g eingeführt.

[8] Damit meint man die Vergrößerung der Wellenlänge eines von einem Gravitationszentrum wegfliegenden Photons. Umgekehrt verkleinert sich die Wellenlänge eines Photons, das auf ein Gravitationszentrum zufliegt: gravitative Blauverschiebung.

tragen, gegen Null. Damit wird der fallende Körper unsichtbar, für den außen ruhenden Beobachter verschwindet, erlischt er, der seltsame Stern hat ihn einfach verschluckt. Aber: Nicht der Körper verschwindet, sondern nur die Möglichkeit von ihm zu erfahren. Für die Außenwelt ist seine Spur, die er hinterläßt, nur seine Masse, um diese wächst die Masse des seltsamen Sterns und damit auch dessen Gravitationsradius R_g. Das Eigenartige: Der Körper selbst, der auf das singuläre Sternzentrum zufällt, „erlebt" beim Passieren des Gravitationsradius scheinbar „gar nichts Besonderes", außer, daß es von da an absolut kein Zurück mehr gibt und daß er schließlich außerordentlich starken Kraftdifferenzen ausgesetzt ist, die ihn letztlich zerreißen.

Für solch einen Materie zerfetzenden und auf Nimmerwiedersehen verschluckenden Himmelskörper hat J. A. Wheeler (geb. 1911) 1969 den düsteren Namen „Schwarzes Loch" gewählt. (Es gibt auch die Bezeichnung gefrorener oder eingefrorener Stern.) Und die das Schwarze Loch im Abstand R_g umgebende „magische", weil semipermeable „Haut" [9] heißt in der Allgemeinen Relativitätstheorie Ereignishorizont. Nach dem Gesagten könnte man sich einen mutigen Kosmonauten vorstellen, der auf ein Schwarzes Loch zur Erforschung desselben zufliegt, aber sobald er den Ereignishorizont passiert hat, kann er keine Nachrichten mehr über das Erlebte nach außen senden. Ein Schwarzes Loch ist eine Raumzeitregion, aus der nichts entkommen kann. Wenn ein Schwarzes Loch Materie verschlingt, wird für einen äußeren Beobachter jedwede Struktur zerstört, jede Individualität oder Identität wird ausgelöscht. Es findet eine totale „Anonymisierung" statt. Das Einzige, was von einem (in ein Schwarzes Loch hineinstürzenden) Körper verbleibt, ist seine Masse (sowie gegebenfalls seine elektrische Ladung und sein Drehimpuls). Im allgemeinen wird ein Schwarzes Loch durch seine Masse sowie seinen Drehimpuls, seine elektrische Ladung und sein Magnetfeld charakterisiert. Die Größen Radius, Temperatur, Entropie und Lebensdauer werden durch die Masse bestimmt, das Magnetfeld durch Masse, Drehimpuls und Ladung.

Eine historische Remineszenz: Bereits im Jahre 1783 stellte der englische Gelehrte J. Michell (1724-1793) im Rahmen der Newtonschen Gravitationstheorie das Folgende fest. Wenn ein Stern mit einem sehr großen Radius (500 mal größer als der Sonnenradius) und mit einer Dichte gleich der Sonnendichte existiert, dann „... wird das von einem solchen Himmelskörper ausgestrahlte Licht wegen seiner eigenen Schwere auf ihn zurückfallen". Etwas später (im Jahre 1799) hat P. S. Laplace (1749-1827) dasselbe wiederholt. Diese Voraussage, die sich aus richtigen (obgleich falsch, weil nichtrelativistisch, hergeleiteten) Formeln ergab, fand später in der Allgemeinen Relativitätstheorie ihre strenge Formulierung und Begründung.

Nach der Newtonschen Gravitationstheorie kann man so überlegen: Damit eine Masse dem Gravitationsfeld eines Himmelskörpers (Radius R, Masse M) entrinnen kann, braucht sie nach dem nichtrelativistischen Energiesatz mindestens

[9] Sie ist von außen nach innen, also für hineinfallende Körper völlig durchlässig, aber nach außen hin für alles, also auch für Licht, absolut undurchlässig. Sie ist eine merkwürdige Innen-Außen-Schranke, die einem äußeren Beobachter das Innere eines Schwarzen Lochs als etwas „Jenseitiges" erscheinen läßt.

die Entweichgeschwindigkeit (man sagt auch zweite kosmische oder Parabelbahn-Geschwindigkeit) $\sqrt{2GM/R}$. Setzt man diese gleich der Lichtgeschwindigkeit c, so kann kein Körper mit $v < c$ und nicht einmal Licht das Anziehungsfeld des Sterns verlassen und so bestimmt die Masse des Sterns einen charakteristischen Radius: $R_g = 2GM/c^2$. In dieser klassischen Betrachtung ist R_g die Entfernung vom Massenmittelpunkt des Sterns, in der die Entweichgeschwindigkeit gleich der Lichtgeschwindigkeit ist. Daß die Allgemeine Relativitätstheorie exakt denselben Ausdruck für den Gravitationsradius eines Sterns liefert, ist ein Zufall. Für „normale“ Sterne ist der geometrische Radius R (viel) größer als R_g. Für unsere Sonne ($R = 1{,}39 \cdot 10^9$ km, $M = 1{,}99 \cdot 10^{30}$ kg) gilt z. B. $R_g \approx 3$ km.

Gibt es für die theoretische Vorhersage Schwarzer Löcher bestätigende Belege? Im Sternbild Cygnus gibt es den Doppelstern X-1. Dessen eine Komponente ist als „normaler“ Stern sichtbar. Es gibt Grund zu der Annahme, daß die unsichtbare Komponente ein Schwarzes Loch mit 6facher Sonnenmasse ist, das mit seinem starken Gravitationsfeld von seinem sichtbaren Kompanion ständig Materie absaugt, die sich in einer Akkretionsscheibe spiralförmig auf den Ereignishorizont des Schwarzen Loches zubewegt. Dabei wird diese Materie durch innere Reibung so heiß (1 Million Kelvin), daß gewaltige Energiemengen in Form von Röntgen-Strahlung freigesetzt werden. Tatsächlich ist dieses Doppelsternsystem mit geeigneten Teleskopen als eine starke Röntgen-Quelle zu „sehen“, deren einfachste Erklärung die eben angegebene ist. Schwarze Löcher wie in X-1 mit „nur“ einigen Sonnenmassen nennt man stellare Schwarze Löcher, weil sie jeweils aus dem Gravitationskollaps eines einzigen massereichen Sterns hervorgegangen sind. Es gibt Abschätzungen, nach denen von den 100 Milliarden Sternen unserer Galaxis einige Millionen das Entwicklungsstadium Schwarzes Loch erreicht haben könnten.

Unterliegt gar eine ganze galaktische Zentralregion einem Gravitationskollaps, so entsteht ein galaktisches oder supermassives Schwarzes Loch, dessen Masse um mehrere 100.000 oder Millionen oder gar Milliarden Male größer ist als die Masse unserer Sonne. Sterne, die einem solchen Gebilde zu nahe kommen, werden durch die gewaltige Gravitation (Gezeitenkräfte) auseinander gerissen und wieder sollte sich die Materie spiralförmig dem Schwarzen Loch nähern und dabei so erhitzen, daß sie zu einer starken Quelle von Radiowellen und Infrarotstrahlung wird.[10] Aus Messungen der Mikrowellenstrahlung der 21 Millionen Lichtjahre entfernten Galaxis NGC4258 (oder M106) mit einem Netz von Radioteleskopen zwischen Hawaii und den Jungferninseln erhärtet sich der Hinweis auf ein supermassives Schwarzes Loch, das auf engstem Raum (Radius 0,42 Lichtjahre) 36 Millionen Sonnenmassen beinhaltet. Auch im Zentrum unserer Galaxis (Milchstraße) gibt es eine kompakte Radioquelle, die sehr wahrscheinlich solch ein Schwarzes Loch ist; es trägt die Bezeichnung SgrA*, ist im Sternbild „Schütze“ zu sehen, enthält 2,9 Millionen Sonnenmassen und hat einen Durchmesser von 0,03 Lichtjahren (zum Vergleich: die

[10] Daß sich bei supermassiven Schwarzen Löchern die spiralende Materie weniger stark erhitzt als bei den kleineren, stellaren Schwarzen Löchern, liegt daran, daß das Gravitationsfeld außerhalb des Ereignishorizonts wegen der viel größeren Masse – daraus folgt auch ein viel größeres R_g – viel schwächer ist (Gravitationskraft $\sim M/R_g^2 \sim 1/M$).

Scheibe unserer Galaxis hat einen Durchmesser von 100.000 Lichtjahren, der kugelförmige Kernbereich hat einen Durchmesser von 16.000 Lichtjahren, unser Planetensystem hat eine Ausdehnung von 0,01 Lichtjahren). Computersimulationen zeigen, daß sich dieses Schwarze Loch im Laufe der Entwicklung unserer Galaxis durch Gravitationskollaps innerhalb von 10 Mio Jahren gebildet hat (oder bilden wird). Beobachtungen mit dem Hubble-Teleskop zeigen: Die elliptische Galaxie M87 enthält eine Gasscheibe von 130 Lichtjahren Durchmesser, die um ein supermassives Zentralobjekt von 2 Milliarden Sonnenmassen und einer Ausdehnung von 0,02 Lichtjahren kreist, und die Galaxie NGC4261 im Virgohaufen zeigt offenbar eine Scheibe aus Staub und Gas, die spiralförmig von einem supermassiven Schwarzen Loch mit 1,2 Milliarden Sonnenmassen und 0,01 Lichtjahren Ausdehnung aufgesaugt wird. Weitere Schwarze Löcher werden in den Zentren der Galaxien NGC3115, M31 (Andromeda-Galaxie) und M32 (Zwergbegleiter von M31) vermutet.

Schließlich sind „kleine" Schwarze Löcher (mit Massen weit unterhalb der Sonnenmasse) denkbar, die nicht durch Gravitationskollaps entstanden sind, sondern durch lokale Fluktuationen mit extremem Überdruck in dem sehr sehr dichten und heißen Frühkosmos zu einer Zeit, als es noch gar keine Galaxien und Sterne gab. Solche Schwarzen Löcher – gäbe es sie – wären Relikte lokaler Inhomogenitäten mit überdurchschnittlich hoher Dichte, die durch den Umgebungsdruck zu Schwarzen Löchern komprimiert wurden. Man nennt sie primordiale oder urzeitliche Schwarze Löcher.

Wichtige Beiträge zur Theorie der Entwicklung von Sternen stammen von A. S. Eddington (1882-1944), S. Chandrasekhar (geb. 1910) und R. Oppenheimer (1904-1967). Einer, der viel über Schwarze Löcher gearbeitet hat, ist Stephen W. Hawking (geb. 1942). Aus seiner Feder stammt das Buch „Die illustrierte Geschichte der Zeit", Rowohlt, 1997. Auch von J. B. Seldowitsch (1914-1987), R. Penrose (geb. 1931), J. D. Bekenstein, und anderen stammen wichtige Beiträge.

Es treten folgende Fragen auf: Wie ändert sich das von der Allgemeinen Relativitätstheorie entworfene Bild von Schwarzen Löchern, wenn man die Effekte der Quantentheorie berücksichtigt, d. h. eine einheitliche Theorie schafft, in der Allgemeine Relativitätstheorie und Quantentheorie ausgesöhnt sind? Gibt es Zusammenhänge zwischen den Raumzeitsingularitäten Schwarzer Löcher und der des Urknalls? Alles unterliegt der Evolution: Was aber wird aus einem Schwarzen Loch? Welche thermodynamischen Eigenschaften (Entropie und Temperatur) hat ein Schwarzes Loch? Damit hat sich J. Bekenstein befaßt (siehe Abschnitt 64). Hawking erkannte schließlich, daß Schwarze Löcher sogar strahlen und zwar wie ideale schwarze Strahler, wobei sie paradoxerweise um so heißer werden, je mehr sie strahlen (siehe Abschnitte 60 und 65).

63 Wie heiß oder kalt sind Schwarze Löcher?

„Einfache" Gedankenexperimente erlauben, die Thermodynamik Schwarzer Löcher schrittweise zu erfassen, indem die Quantentheorie mit ihrem Wirkungsquantum $\hbar \neq 0$ sukzessive berücksichtigt wird.[1] Dabei wird ein Gefäß mit spiegelnden Wänden, das mit Hohlraumstrahlung (Achtung: In dessen Planckscher Verteilung ist die Quantentheorie enthalten!) gefüllt ist, aus einem Abstand $r > R_g$ auf das Schwarze Loch zu quasistatisch herabgelassen und an den Ereignishorizont herangeführt und durch Öffnen eines Verschlusses wird das Photonengas der Hohlraumstrahlung in das Schwarze Loch entlassen. Eine erste Überlegung dieser Art führte zu dem Schluß, daß mit Hilfe eines Schwarzen Lochs Wärme vollständig in (beim Herablassen gewinnbare) Arbeit umgewandelt werden kann, was einem Wirkungsgrad von exakt gleich Eins oder einer Temperatur des Schwarzen Lochs von exakt $T = 0$ entsprechen würde.

Allerdings ergab eine verfeinerte Überlegung (bei der die thermische Wellenlänge des Maximums der Hohlraumstrahlung, die Gefäßdimension und deren Vergleich mit R_g eine Rolle spielt), daß dieser Schluß nur genähert für sehr große Schwarze Löcher richtig ist und genauer $T \sim 1/M$ gilt. Je größer ein Schwarzes Loch ist, desto kälter ist es, je kleiner es ist, desto wärmer oder gar heißer ist es.

Zu einer endlichen Temperatur $T(\neq 0)$ gehört auch eine endliche Entropie $S(\neq 0)$. Da ein nichtrotierendes und ladungsloses Schwarzes Loch nur seine Masse als einzige physikalische Eigenschaft hat, kann S nur von M abhängen. Aber wie?

J. Bekenstein verglich zwei sehr allgemeine Theoreme und leitete daraus die Vermutung $S \sim M^2$ ab. Das eine Theorem stammt aus der Thermodynamik und besagt, daß die Entropie S eines sich selbst überlassenen Körpers nur zunehmen kann. Das andere Theorem folgt aus der Allgemeinen Relativitätstheorie und besagt, daß die Oberfläche A eines Schwarzen Lochs auch nur zunehmen kann (Hawking 1972). Versuchweise könnte man also $S \sim A$ ansetzen. Da $A = 4\pi R_g^2$ und $R_g \sim M$, also $A \sim M^2$, würde auch $S \sim M^2$ gelten.

Die physikalischen Dimensionen von A und M^2 sind klar (Länge^2 bzw. Masse^2). Erinnern wir uns, was wir zur Dimension von S wissen. S hat die Dimension der Boltzmann-Konstante k (also Energie/Temperatur oder J/K). S/k ist mithin dimensionslos.[2] Also muß es für die Proportionalität $S/k \sim A$ einen Koeffizienten mit der physikalischen Dimension (1/Länge)^2 geben, für $S/k \sim M^2$ einen Koeffizienten mit der Dimension (1/Masse)^2 und für $T \sim 1/M$ einen Koeffizienten mit der Dimension Masse $\times$ Temperatur. Wie findet man diese Koeffizienten? Zunächst

[1] Hierbei handelt es sich nur um die allereinfachsten Verknüpfungen von Allgemeiner Relativitätstheorie und Quantentheorie. Deren eigentliche Aussöhnung oder Vereinigung steht noch aus.

[2] Ja, man kann sogar in $T \cdot dS$ diesen Vorfaktor k von S auf T „überwälzen", dann wäre in diesem Maßsystem die neue Entropie dimensionslos und die neue Temperatur hätte die Dimension Energie, siehe Abschnitte 18 und 26. Siehe auch Abschnitt 38, wo die Entropiedifferenz eines idealen Gases ausschließlich durch das dimensionslose Volumenverhältnis und das dimensionslose Temperaturverhältnis bestimmt wird.

einmal wäre es hilfreich, gäbe es universelle oder natürliche Einheiten für Länge, Masse, Temperatur usw. (s. hierzu den nächsten Abschnitt). Danach verbliebe noch als Aufgabe, die dimensionslosen Zahlenfaktoren zu bestimmen.

64 Die Planckschen Einheiten

In der Mikrowelt allein (Quantentheorie, Elektrodynamik) gibt es keine universelle Länge, die als Bezugsgröße dienen könnte. Es ist unmöglich, aus den zwei Naturkonstanten $\hbar$ und c eine Länge (oder eine Zeit) zu bilden. Dafür braucht man zusätzlich eine Masse m. Die Kombination $\hbar/mc$ stellt nämlich eine Länge dar (für $m =$ Elektronenmasse ist das die Compton-Wellenlänge).

Auch in der Allgemeinen Relativitätstheorie allein gibt es keine universelle Länge, aus G und c kann keine Länge gebildet werden. Wieder aber läßt sich mit Hilfe einer Masse m eine Länge als Gm/c^2 darstellen.

Bilden wir aus $\hbar/(mc)$ und Gm/c^2 das geometrische Mittel $(\hbar G/c^3)^{1/2}$, dann kürzt sich die Masse heraus. Das ist die von Planck vorgeschlagene universelle oder natürliche Längeneinheit.

Nachdem Planck die zwei Naturkonstanten $\hbar$ und k eingeführt hatte, bemerkte er, daß ein neues (natürliches) Einheitensystem aufgestellt werden kann, das keine weiteren künstlichen Bezugsgrößen mehr erfordert. Das sind die folgenden Einheiten:

$$\begin{array}{rrll}
\text{Länge} & l_\mathrm{P} = & \left(\frac{G\hbar}{c^3}\right)^{1/2} & = 5{,}110 \cdot 10^{-31}\ \mathrm{m}, \\
\text{Zeit} & t_\mathrm{P} = & \left(\frac{G\hbar}{c^5}\right)^{1/2} & = 1{,}7016 \cdot 10^{-43}\ \mathrm{s}, \\
\text{Masse} & m_\mathrm{P} = & \left(\frac{\hbar c}{G}\right)^{1/2} & = 6{,}189 \cdot 10^{-9}\ \mathrm{kg}, \\
\text{Energie} & \varepsilon_\mathrm{P} = m_\mathrm{P} c^2 = & \left(\frac{\hbar c^5}{G}\right)^{1/2} & = 0{,}5563 \cdot 10^{9}\ \mathrm{J}, \\
\text{Temperatur} & T_\mathrm{P} = \frac{\varepsilon_\mathrm{P}}{k} = & \frac{1}{k}\left(\frac{\hbar c^5}{G}\right)^{1/2} & = 4{,}029 \cdot 10^{31}\ \mathrm{K}.
\end{array}$$

Mit den letzten zwei Zeilen gilt auch $\varepsilon_\mathrm{P} = kT_\mathrm{P} = 3{,}4724 \cdot 10^{18}$ GeV. Die Planckschen Einheiten sind nützlich für die Behandlung solcher Systeme, wo sowohl Quanteneffekte als auch Gravitationseffekte wesentlich sind. Gerade das dürfte auf Schwarze Löcher sowie auf den Urknall als singuläre Erscheinungen zutreffen.

Jedoch sind die Planckschen Einheiten nicht nur nützlich, sondern sie sind auch von prinzipieller Bedeutung. Ihre Existenz besagt, daß in der gesamten Natur einheitliche Maßstäbe existieren, die gleichzeitig sowohl mit den Quanten- als auch mit den Relativitätseigenschaften alles materiellen Seins verbunden sind. Die Plancksche Konstante bestimmt den Zusammenhang zwischen Energie und Frequenz oder Impuls und Wellenzahl (Quantenskala), die Lichtgeschwindigkeit den Zusammenhang zwischen Masse und Energie (Energieskala). Es ist doch nur natürlich anzunehmen, daß auch die Planckschen Einheiten die physikalischen

Skalen bestimmter Prozesse oder Objekte festlegen. Das Schwarze Loch (mit seiner Temperatur und Entropie) scheint ein günstiger Kandidat für die Anwendung der Planckschen Einheiten zu sein.

Mit den Planckschen Einheiten nehmen die Bekensteinschen Proportionalitäten die Form

$$\frac{T}{T_P} \sim \frac{m_P}{M} \qquad \text{und} \qquad \frac{S}{k} \sim \frac{A}{l_P^2} = 16\pi \left(\frac{M}{m_P}\right)^2$$

an. Offen sind die dimensionslosen Vorfaktoren. Und offen ist auch, wie man eine von Null verschiedene Temperatur T mit der Vorstellung vereinbaren soll, daß der betreffende Körper nicht strahlt. Jedenfalls war das ein Rätsel, bis Hawking 1975 erkannte: Schwarze Löcher strahlen nicht nur, sie zerstrahlen sogar, d. h. sie verdampfen in Strahlung, allerdings mit sehr unterschiedlichem Tempo (große – sehr sehr langsam, kleine – schneller). Wieder half dabei die Quantentheorie weiter.

65 Die Hawking-Strahlung Schwarzer Löcher

Für das Folgende muß man sich vor Augen halten:
1. Nach der Allgemeinen Relativitätstheorie hat eine Masse m außerhalb des Ereignishorizonts stets positive Gesamtenergien (das schließt die Ruhenergie mc^2 ein). Am Ereignishorizont wird die Gesamtenergie einer ruhenden Masse (wieder einschließlich mc^2) gerade Null. Unterhalb des Ereignishorizonts sind Energien beiderlei Vorzeichens möglich.
2. Nach der Quantenfeldtheorie ist das Vakuum nicht einfach „Nichts", nicht völlig „leer", sondern aufgrund der Unbestimmtheitsrelation (das Produkt aus den Schwankungen von Feld und zeitlicher Änderung des Feldes ist $\geq \hbar$) ein waberndes „Etwas". Damit ist gemeint: Es gibt Vakuumfluktuationen oder Quantenfluktuationen, bei denen Teilchen-Antiteilchen-Paare entstehen und wieder vergehen. Solche Paare können allerdings nur kurzzeitig existieren, da ihre dauerhafte Bildung den Energiesatz verletzen würde. Man spricht daher auch von virtuellen Paaren.[1]
Beides zusammen sorgt dafür, daß die sonst nur virtuelle Erzeugung von Teilchenpaaren am Ereignishorizont in dem Sinne real wird, daß ein Photon (mit positiver Energie) ins Unendliche wegfliegt und gleichzeitig ein Photon (mit negativer Energie) in das Schwarze Loch stürzt.[2] Die Energie des Photonenpaares ist Null, der Energiesatz wird also nicht verletzt, vielmehr arbeitet das ganze System wie ein Flaschenzug, bei dem die eine Last heruntergelassen wird und sich auf ihre Kosten die andere hebt. Das in das Schwarze Loch hineinfliegende Photon verringert mit seiner negativen Energie die Masse des Schwarzen Loches, exakt diese Massendifferenz wird von dem wegfliegenden Photon ins Weltall transportiert. (Zur Erinnerung: Der Photonenenergie $h\nu$ ist die Masse $h\nu/c^2$ äquivalent.)

---

[1] So ist das Vakuum eher mit einem polarisierbaren Dielektrikum vergleichbar. Vakuumpolarisationen durch das elektrische Feld eines Atomkerns machen sich spektroskopisch als kleine Verschiebungen von Energieniveaus bemerkbar (Lamb-Shift).

[2] In der Quantenelektrodynamik gibt es eine ähnliche Vorhersage, nach der ein sehr starkes elektrisches Feld Elektron-Positron-Paare erzeugen sollte (statische Paarerzeugung).

Durch diese Hawking-Strahlung nimmt nicht nur die Masse, sondern auch die Entropie eines Schwarzen Loches ständig ab. Beides wird – wie auch bei gewöhnlichen Sternen – von den wegfliegenden Photonen ins Weltall transportiert.[3] Gleichzeitig wird mit M auch R_g und damit sein Ereignishorizont (seine Oberfläche) kleiner. So zeigt sich also, daß das allein aus der Allgemeinen Relativitätstheorie geschlußfolgerte Theorem über die Zunahme der Oberfläche eines Schwarzen Loches bei Berücksichtigung der Quantentheorie nicht streng gilt. Vielmehr nehmen mit der Masse auch die Oberfläche und die Entropie eines Schwarzen Loches ab und zwar durch einen Photonenstrom, der nach Hawking von diesem Schwarzen Loch an seiner Oberfläche erzeugt wird und eben seine Masse und Entropie wegträgt. So löste sich durch die Hawkingsche Entdeckung das oben genannte Rätsel in Wohlgefallen auf.

Im einzelnen ist die Theorie dieses Prozesses sehr kompliziert. Jedoch ist das Ergebnis sehr einfach. Das Schwarze Loch emittiert Photonen, deren Spektrum eine Plancksche Verteilung mit der Temperatur

$$T = \frac{1}{8\pi}\frac{m_P}{M}T_P$$

ist. Die Bekensteinsche Proportionalität wird also durch den Hawkingschen Zahlenfaktor $1/(8\pi)$ ergänzt. Für die Entropie ergibt sich analog

$$S = \frac{1}{4}\frac{A}{l_P^2}k = 4\pi\left(\frac{M}{m_P}\right)^2 k.$$

Das ist die Thermodynamik Schwarzer Löcher. Man beachte, daß ein gewöhnliches Gas oder auch ein Photonengas zwei thermodynamische Freiheitsgrade (z. B. V und T) hat im Unterschied zu einem Schwarzen Loch, das nur eine physikalische Eigenschaft hat, nämlich seine Masse, die auch noch mit der Zeit abnimmt. Eliminiert man die Masse, ergibt sich die merkwürdige Beziehung $S \sim 1/T^2$. Mit $U = Mc^2$ gilt auch $U \sim 1/T$ (was auch ungewöhnlich ist) und mit $V \sim R^3$ gilt $V \sim 1/T^3$ (letzteres gilt auch für die kosmische Reliktstrahlung, nur mit dem Unterschied, daß dabei V durch die kosmische Expansion zunimmt, während bei einem Schwarzen Loch V durch die Hawking-Strahlung abnimmt).

Während ein gewöhnlicher Stern genähert wie ein schwarzer Strahler strahlt und sich dabei abkühlt, strahlt ein Schwarzes Loch exakt wie ein idealer schwarzer Strahler, der aber dabei mit der Zeit scheinbar paradoxerweise immer heißer wird. Solange die Temperatur gering ist, entstehen nur Photonen- sowie Neutrino-Antineutrino-Paare. Erreicht aber die Temperatur den Wert 10^{10} K, sind typische Photonenenergien von der Größenordnung 1 MeV, sodaß von da an neben Photonenpaaren auch Elektron-Positron-Paare entstehen können. Bei 10^{13} K, also 1 GeV,

[3] Allgemein beruht die Aufrechterhaltung einer dissipativen oder Nichtgleichgewichts-Struktur weitab vom thermischen Gleichgewicht auf einem ständigen Entropieexport (um die ständige Entropieproduktion im Innern auszugleichen). Ein Stern bewirkt das durch seine Strahlung in die Weiten des Weltalls, Lebewesen durch Stoffwechsel mit ihrer Entropiedifferenz zwischen Nahrung und Ausscheidung.

beginnt sogar die Bildung von Proton-Antiproton-Paaren. Ein Schwarzes Loch ist wie eine gigantische kosmische Maschine, die im großen Maßstab Sternmaterie (Protonen, Neutronen, Elektronen), also Teilchen – und zwar Fermionen – mit endlicher Ruhmasse mit einer sehr stark masseabhängigen Verweilzeit (s. nächsten Abschnitt) „umarbeitet“ in Strahlung (Photonen), also in Teilchen – und zwar Bosonen – mit verschwindender Ruhmasse, sowie in Teilchen-Antiteilchen-Paare.[4]

66 Das Verdampfen eines Schwarzen Loches

Durch seine Hawking-Strahlung befindet sich ein Schwarzes Loch – ähnlich wie auch ein gewöhnlicher strahlender Stern – mit seiner Umgebung nicht im thermischen Gleichgewicht. Sie reduziert seine Masse, gleichzeitig nimmt seine Temperatur zu. Mit der Temperaturzunahme vergrößert sich aber wiederum die Intensität der Hawking-Strahlung und die Temperatur nimmt noch mehr zu. Schließlich muß das Schwarze Loch vollständig und in endlicher Zeit zerstrahlen, sich in Photonen und andere Teilchen umwandeln.

Die Lebensdauer eines Schwarzen Loches zu berechnen, ist nicht kompliziert. In einem etwas vereinfachten Schema läßt sich dafür das Stefan-Boltzmann-Gesetz für die Strahlung einer Oberflächeneinheit eines Schwarzen Loches benutzen und das Ergebnis wird mit dem Flächeninhalt der Oberfläche, $A = 4\pi R_{\mathrm{g}}^2$, multipliziert. Die Antwort lautet folgendermaßen. Die Lebensdauer τ eines Schwarzen Loches mit der Masse M ist

$$\tau = 2 \cdot 10^{-18} (M/\mathrm{kg})^3 \ \mathrm{s}.$$

Aus dieser Formel ist ersichtlich, daß für $M = 10^{12}$ kg (das könnte ein „kleines“ Schwarzes Loch aus der Zeit des Urknalls sein) die Lebensdauer $\tau = 2 \cdot 10^{18}$ s ist, das ist annähernd das Lebensalter des Weltalls ($\approx$ 15 Milliarden Jahre = $5 \cdot 10^{17}$ s). Urzeitliche Schwarze Löcher mit kleinerer Masse wären danach längst verdampft. Urzeitliche Schwarze Löcher mit etwa $M = 10^{12}$ kg – falls sie existieren – würden gerade „heute“ das Zeitliche segnen. Es gibt Überlegungen, nach denen die Zerstrahlung in der Endphase explosiv verlaufen und als Blitz von γ-Strahlung in Erscheinung treten sollte. Bis jetzt gibt es dafür jedoch noch keine bestätigenden Beobachtungen. (Die letzten 10^6 kg zerstrahlen in 0,1 s; dabei werden 10^{23} J freigesetzt, das entspricht der Explosion von einer Million Wasserstoffbomben.) Stellare oder gar supermassive Schwarze Löcher mit Massen von $10^{30\cdots 39}$ kg besitzen dagegen mit 10^{66} Jahren praktisch (d. h. bezogen auf das Weltalter) unendliche Lebensdauern. Die Formel für die Temperatur eines Schwarzen Loches läßt sich auch einfach als

$$T = \frac{10^{23}}{M/\mathrm{kg}} \ \mathrm{K}$$

[4] Im Vergleich dazu sind normale Sterne stellare Maschinen, die nukleare Bindungsenergie (das ist die Energie, die frei wird, wenn Nukleonen auf Grund ihrer starken Wechselwirkung in gebundene Zustände übergehen) in Photonen und Neutrinos umwandeln und dabei auch leichte und mittelschwere Atomkerne (bis Eisen) erbrüten.

aufschreiben. Für $M = 10^{12}$ kg ergibt sich $T = 10^{11}$ K (diese Temperatur hätte ein urzeitliches Loch, das heute verdampft, anfangs im dichten und heißen Urplasma gehabt), für $M = 10^{30}$ kg (das ist etwa die Sonnenmasse) ergibt sich dagegen $T = 10^{-7}$ K $= 0,1$ μK. Für alle stellaren und erst recht für die supermassiven Schwarzen Löcher ist die Temperatur also praktisch gleich Null. Diese kosmischen Objekte sind extrem kalt, sie sind sogar noch viel kälter als die 3-Kelvin-Strahlung und absorbieren diese (sowie andere Strahlung). Sie absorbieren mehr als sie (gemäß Hawking) emittieren. (Weil sie so extrem kalt sind, wären sie zugleich ideale Kühler, die einen Carnot-Zyklus mit einem Wirkungsgrad von praktisch gleich Eins zu realisieren gestatten würden.)

Beim Verschwinden eines Schwarzen Loches gibt es in seiner Endphase noch zweierlei zu bedenken: Die extremen Temperaturen eines verschwindenden Schwarzen Loches sind mit einer sehr heftigen Ausstrahlung in die kalte Umgebung verbunden. Dieser irreversible Prozeß läuft äußerst schnell ab. Wie wird er adäquat beschrieben? Und: Erreicht die Masse bei ihrer Abnahme infolge Hawking-Strahlung den Wert 10^9 kg – dem entsprechen etwa 10^{36} Nukleonen (= Protonen oder Neutronen)! –, beträgt der Radius nur noch $3 \cdot 10^{-14}$ cm. Das ist ungefähr der Radius eines einzigen Nukleons (10^{-13} cm)! Für die richtige Beschreibung solcher extremen Situationen reicht die bisherige unvollkommene Berücksichtigung der Quantentheorie und Thermodynamik nicht aus. Vielmehr bedarf es hierzu einer umfassenderen „endgültigen" Theorie, in der Allgemeine Relativitätstheorie und Quantentheorie sowie Nichtgleichgewichts-Thermodynamik asymptotisch aufgehoben sind.

Halten wir uns noch einmal vor Augen, wie die Probleme aus der Welt geschafft wurden, die mit der Idee eines Schwarzen Loches (als singuläre Lösung der allgemeinrelativistischen Feldgleichungen) zunächst verbunden waren. Es gab Widersprüche zu den Grundlagen der Thermodynamik (Abschnitte 63 und 64). Beseitigt wurden sie durch die Quantentheorie (Abschnitt 65), die ja schon einmal der „rettende Engel" war (zusammen mit der Boltzmann-Formel) als es darum ging, den von Nernst phänomenologisch gefundenen Dritten Hauptsatz (Abschnitt 42) theoretisch zu verstehen, d. h. auf grundlegende physikalische Gesetze zurückzuführen.

Das bei den Schwarzen Löchern zu Tage getretene Zusammenspiel von Allgemeiner Relativitätstheorie (Gravitation), Thermodynamik (Hauptsätze) und Quantentheorie (Mikrophysik) ist ein neuerliches Beispiel für die tiefen inneren Zusammenhänge zwischen dem Großen und dem Kleinen in unserer physikalischen Welt. Allgemein sind die gegenseitigen Abhängigkeiten zwischen den verschiedenen Teilen der Physik so stark, daß man an einer Stelle nichts verändern kann, ohne die Harmonie des ganzen physikalischen Weltbildes zu stören. In diese Feststellungen fügen sich schließlich auch noch die folgenden Betrachtungen ein.

67 Ein neues Problem – die Baryonenladung

Unter Baryonen versteht man solche (jeweils aus 3 Quarks bestehenden) schweren Elementarteilchen wie Protonen, Neutronen und andere mehr.[1] Bei den vielfältigsten Elementarteilchenprozessen (Zerfälle, Reaktionen) bestätigt sich nun immer wieder die Erfahrungsregel: Die Baryonenladung bleibt erhalten. Dabei trägt jedes Baryon die Baryonenladung +1 und jedes Antibaryon die Baryonenladung −1. Ein Proton-Antiproton-Paar hat also die Baryonenladung Null. Beim Zerfall eines Neutrons wandelt sich ein Baryon (Neutron) in ein anderes (Proton) um. Für die Erhaltung der Baryonenladung (vorher +1 und hinterher +1) ist dabei ohne Belang, daß auch noch leptonische Zerfallsprodukte (Elektron, Antineutrino) auftreten. Auch bei der Umwandlung eines Proton-Antiproton-Paares (nachdem sie eine kleine Weile umeinander kreiselten) in 2 (oder seltener 3) Photonen bleibt die Baryonenladung erhalten: Sie ist vorher Null und hinterher natürlich auch. Schließlich garantiert die Erhaltung der Baryonenladung die Stabilität der gesamten Materie im Himmel wie auch auf Erden und somit unsere eigene Existenz, die wir die Natur mit den ihr überall und alle Zeit innewohnenden fundamentalen Gesetzen zu verstehen suchen.

Wenn sich aber durch Gravitationskollaps (von Sternen mit 10^{58} Nukleonen) oder vielleicht auch durch lokalen Überdruck (im Urplasma) Schwarze Löcher bilden und diese durch Hawking-Strahlung schließlich wieder verdampfen, wird offenbar die Erhaltung der Baryonenladung verletzt, da bei der Bildung eines Schwarzen Loches die zusammenstürzenden Teilchen ihre Identität verlieren und beim Verdampfen zunächst nur in Photonen (mit der Baryonenladung Null) und in der Endphase auch in Elektronen, Myonen, Tauonen sowie Protonen, Neutronen, ...

[1] Die Alternative zu Baryonen sind die (jeweils aus nur 2 Quarks bestehenden) Mesonen wie Pion, Kaon, B-Meson und andere mehr. Zur Erinnerung: Nach dem Standardmodell der Elementarteilchen gibt es Materie- oder Fundamentalteilchen und Austausch- oder Wechselwirkungsteilchen. Erstere sind Fermionen (= Teilchen mit halbzahligem Spin), letztere sind Bosonen (= Teilchen mit ganzzahligem Spin). Es gibt zwei Sorten Fundamentalteilchen: Quarks und Leptonen. Die Quarks sind die Träger der starken Wechselwirkung. Es gibt die 3 Quarkfamilien (u,d), (s,c) und (b,t). Die leichten und bezüglich der starken Wechselwirkung neutralen Gegenstücke zu den schweren Quarks sind die 3 Leptonenfamilien Elektron, Myon und Tauon jeweils zusammen mit einem zugehörigen Neutrino (erstere sind elektrisch geladen, letztere sind elektrisch neutral). Statt Familien sagt man auch Generationen. Die Wechselwirkungsteilchen vermitteln durch virtuellen Austausch die fundamentalen Wechselwirkungen zwischen den Fundamentalteilchen wie auch zwischen den Wechselwirkungsteilchen selbst. Dazu gehören die Photonen für die elektromagnetische Wechselwirkung, die $W^{\pm}$- und Z^0-Teilchen für die schwache Wechselwirkung und die Gluonen für die starke Wechselwirkung. Schließlich wird der Zoo der Elementarteilchen durch die zu den Teilchen gehörigen Antiteilchen ergänzt, z. B. gehört zum Elektron e das Antielektron oder Positron $\bar{e}$. Es werden auch die Bezeichnungen e^- und e^+ benutzt. In dem bislang sehr bewährten Standardmodell gibt es strenge Erhaltungssätze für die Zahl der Quarks und die Zahl der Leptonen, auch sind gegenseitige Umwandlungen Fermionen↔Bosonen verboten. Jenseits des Standardmodells sind – bislang allerdings noch nicht nachgewiesen – die Barrieren zwischen Quarks und Leptonen sowie zwischen Fermionen und Bosonen nicht mehr unüberwindlich. So können sich – im Rahmen der Supersymmetrie – Fermionen in Bosonen umwandeln (und umgekehrt) und der erwogene spontane Zerfall des Protons beruht auf der Umwandlung eines Quarks q (u oder d) in ein Positron e^+.

und zugehörige Antiteilchen (auch dabei ist die Baryonenladung Null) „recycled" werden. Durch die Bildung und das Verdampfen Schwarzer Löcher nimmt die Baryonenladung des Weltalls allmählich ab. Danach hätte die Erfahrungsregel von der Erhaltung der Baryonenladung, die sich ansonsten vielfach bewährt hat und im Standardmodell streng gilt, ihre Gültigkeitsgrenze.

Auch in der Elementarteilchentheorie wird – jenseits des Standardmodells – die Möglichkeit diskutiert, daß die Erhaltung der Baryonenladung nicht streng gilt. Bei ihrem Bemühen, die im Erkenntnisprozeß zunächst separat erfaßten fundamentalen Wechselwirkungen einheitlich zu beschreiben, also eine einheitliche Theorie der Elementarteilchen und ihrer Wechselwirkungen zu schaffen[2], taucht nämlich im Rahmen der „großen Vereinigung" auch die Vermutung auf, das Proton könnte entgegen bisherigen Erfahrungen und Vorstellungen doch nicht stabil sein. Es könnte sich etwa spontan in ein Positron und ein neutrales Pion (oder in eine Kombination neutraler Mesonen) umwandeln. Bei einem solchen Protonenzerfall würde sich die Baryonenladung von +1 (vorher) auf Null (hinterher) ändern. [Unter gewöhnlichen Umständen sollte dies sehr selten passieren. Nach einer sehr groben Abschätzung sollte die Lebensdauer $10^{27\cdots31}$ Jahre betragen. Verschiedene Experimente – in vielen Kubikmetern Wasser konnte bislang kein einziger Zerfall registriert werden – ergaben Unterschranken von $\geq 10^{30}$ Jahren. (Zur Erinnerung: Das Alter unseres Kosmos beträgt ca. 10^{10} Jahre.) Bei extremen Temperaturen sollte allerdings auch die Protonenlebensdauer wesentlich geringer sein.] Der Erhaltung der Baryonenladung liegt die Erhaltung der Zahl der Quarkteilchen zugrunde. Analog dazu bleibt auch die Zahl der Leptonen erhalten.[3] Beide Erhaltungssätze gelten im Standardmodell streng. Gibt es nun jenseits des Standardmodells den Protonenzerfall, wären die getrennten Erhaltungssätze für die Zahlen der Quarks und Leptonen zu ersetzen durch einen allgemeineren Erhaltungssatz, der die gegenseitige Umwandlung von Quarks und Leptonen (beide Teilchenarten sind Fermionen) zuläßt und nur noch die Erhaltung der Gesamtzahl dieser Fermionen verlangt. So gesehen wäre der Protonenzerfall weniger gravierend als das oben genannte Baryonenproblem Schwarzer Löcher, die unterm Strich Fermionen (Protonen, Neutronen und Elektronen) in Bosonen (Photonen) umwandeln. Zwar sind im Standardmodell der Elementarteil-

---

[2]Zur Erinnerung: Es gibt vier fundamentale Wechselwirkungen, die starke, die elektromagnetische, die schwache und die gravitative Wechselwirkung. Ein erster Schritt auf eine einheitliche Theorie der Wechselwirkungen war die Schaffung der elektroschwachen Wechselwirkung („kleine Vereinigung"). An der Einbeziehung der starken Wechselwirkung wird gearbeitet („große Vereinigung"). Zukunftsmusik sind die weitergehende Einbeziehung der Gravitation (Supergravitation) und die Quantelung dieser alle Wechselwirkungen umfassenden Theorie. Diese Quantengravitation wird benötigt, um die Extremsituationen beim Verschwinden eines Schwarzen Loches oder beim Urknall (bis zur Planck-Zeit von 10^{-43} s bzw. für Teilchenenergien ab der Planck-Energie von 10^{19} GeV) zu beschreiben.

[3]Übrigens wäre auch der Satz von der Erhaltung der Leptonenzahl nicht verletzt, es käme lediglich zur Mischung der Leptonenfamilien, indem sich die verschiedenen Neutrinosorten ineinander umwandeln würden (Neutrino-Oszillationen), sollten sich Erwägungen bewahrheiten, nach denen die Neutrinos endliche Ruhmassen haben. Jüngste Messungen scheinen dies zu bestätigen und für Ruhmassen zwischen 1 und 70 meV zu sprechen, was allerdings zu klein wäre, um von kosmologischer Bedeutung (mittlere Massendichte im Kosmos) zu sein.

chen gegenseitige Umwandlungen von Fermionen und Bosonen verboten, jedoch gibt es jenseits dieses Standardmodells Überlegungen (sog. Supersymmetrie), die solche Umwandlungen zulassen. Inwieweit diese – falls sie bei hohen Energien real sein sollten – mit dem Phänomen Schwarzer Löcher in Verbindung gebracht werden können, ist offen.

Unsere real existierende Welt ist durch spontane Symmetriebrechungen und Verletzungen von Erhaltungssätzen gekennzeichnet: Die Materie ist seit der Abkopplung der Reliktstrahlung nicht mehr homogen verteilt, die Rechts-Links-Symmetrie des Raumes ist verletzt, die kosmische Evolution verletzt die Homogenität der Zeit, irreversible Prozesse sind mit einer Zeitumkehr unvereinbar, bestimmte Elementarteilchenzerfälle verletzen die Zeitspiegelungssymmetrie, im Kosmos scheinen die Antiteilchen eine extreme Rarität zu sein (Baryonen-Asymmetrie). Vielleicht fügt sich auch die Nichterhaltung der Baryonenladung in diese Reihung.

Wie wir gesehen haben, führte die Anwendung der Thermodynamik auf Schwarze Löcher (mit dem Glauben an allgemeingültige Naturgesetze) zu sehr tiefgreifenden neuen Problemen. Es zeigt sich so noch einmal wie die Welt im Kleinen (Elementarteilchen) mit der Welt im Großen (Kosmos) innerlich engstens zusammenhängt. Zwei Zitate mögen dieses Thema beschließen: „Das Schwarze Loch ist eines der erstaunlichsten und unsere Phantasie anregendsten Naturphänomene" (K. Lanius, Mikrokosmos, Makrokosmos. Das Weltbild der Physik, Urania-Verlag, Leipzig, 1989) und „Das Schwarze Loch ist das ›Tor‹ zu einem neuen, sehr ausgedehnten Gebiet unserer Erkenntnis der physikalischen Welt" (I. D. Nowikow, Schwarze Löcher im All, Teubner, Leipzig, 1986.)

Im nächsten Abschnitt geht es über den Kosmos (Magnetfelder als natürliche Beschleuniger) wieder zurück zur Erde (künstliche Bescheuniger, die auf kleinstem Raum und für kürzeste Zeiten die Bedingungen zum Leben erwecken, die kurz nach dem Urknall im ganzen Kosmos herrschten).

VII Schwankungen, Dämonen und raffinierte Kühlungen

68 Die seltsame Fokussierung eines Antiprotonenstrahls durch Elektronenkühlung

Unerwartet und sehr effektvoll wurde der Temperaturbegriff in Verbindung mit dem Gleichverteilungssatz in einer von G. I. Budker (1918-1977) entwickelten Idee zur Erzeugung von scharf gebündelten Protonen- und Antiprotonenstrahlen benutzt.[1] Sie hängt mit einer Idee zur Erklärung der kosmischen Strahlung zusammen.

Als vor vielen Jahren E. Fermi (1901-1954) über den Ursprung dieser kosmischen Strahlen nachdachte, hatte er auch die Möglichkeit einer Beschleunigung geladener Teilchen durch stochastische Reflexionen an sich bewegenden magnetischen Plasmawolken untersucht (s. hierzu H. Blümer und K.-H. Kampert, Phys. Blätter 3/2000, S. 39). Die Frage war, ob die Teilchen, wenn sie solche ausgedehnten Felder durchfliegen, beschleunigt oder abgebremst werden. Solche sehr ausgedehnten Felder hat man sich aus sehr großen mehr oder weniger homogenen Teilen (magnetische Plasmawolken) bestehend zu denken, die von Wolke zu Wolke verschiedene Felder aufweisen, sodaß dort wo sie aneinander grenzen, Feldinhomogenitäten auftreten. In dem Artikel von Fermi heißt es hierzu: „Betrachten wir ein schnelles Teilchen, das sich in einer riesigen magnetischen Plasmawolke bewegt. Ist es ein Proton mit der Energie von einigen GeV, wird es sich um eine Magnetfeldlinie entlang einer Schraubenlinie (Helix) mit dem Radius von ca. 10^{12} cm solange bewegen, bis ein „Zusammenstoß" mit einer Inhomogenität des Magnetfeldes geschieht. Dabei wird das Proton auf eine etwas unscharfe Weise reflektiert: Im Ergebnis des Zusammenstoßes kann seine Energie sowohl zu- als auch abnehmen. Ein Energiegewinn ist jedoch wahrscheinlicher als ein Verlust. Zu diesem Schluß gelangt man am leichtesten, wenn man bedenkt, daß sich im Endergebnis die Energie auf die Freiheitsgrade des Magnetfeldes und des Teilchens statistisch verteilt. Es ist klar, daß eine solche Gleichverteilung zu einer unvorstellbar hohen Teilchenenergie führen würde ...". Im Idealfall müßte die Protonenenergie schließlich der Energie einer ganzen magnetischen Plasmawolke gleich werden. Das wird gewiß nicht geschehen.

Die Einstellung des thermischen Gleichgewichts zwischen den Protonen und solchen magnetischen Plasmawolken geht nämlich nur sehr langsam vor sich. Aber

[1] Nach Theorie und Experiment gibt es zu jedem Teilchen ein Antiteilchen. So gibt es zum Elektron e (auch e^-) das Antielektron oder Positron $\bar{e}$ (oder e^+), zum Proton p das Antiproton $\bar{p}$, zum Neutron n das Antineutron $\bar{n}$, zum neutralen Kaon K^0 das neutrale Antikaon $\overline{K}^0$. Ein Antiwasserstoffatom besteht aus $\bar{p}$ und $\bar{e}$. In manchen Fällen (Photonen, Z^0-Teilchen, neutrale Pionen) sind Teilchen und Antiteilchen identisch. Treffen ein Teilchen und sein zugehöriges Antiteilchen aufeinander, zerstrahlen sie. Zwar gehört mikroskopisch zu jedem Teilchen ein Antiteilchen, aber makroskopisch ist dem nicht so, vielmehr sind Antiteilchen im heutigen Kosmos eine Rarität. Daher müssen, um mit Antiteilchen experimentieren zu können, diese durch Paarbildung bei hochenergetischen Elementarteilchenreaktionen erst wieder künstlich erzeugt werden.

die Richtung des Energiestroms von den Feldern zu den Protonen wurde völlig richtig bestimmt. Diese elegante Überlegung, die auf einer Analogie mit dem Temperaturausgleich beruht, erlaubte also, eine qualitative Lösung einer schwierigen Aufgabe einfach zu erhalten.[2]

Ähnliche Überlegungen haben G. I. Budker auf eine Idee gebracht, die jetzt in Beschleunigern praktisch genutzt wird. Ein Antiprotonenstrahl, der in einem Beschleuniger erzeugt wird, besteht aus Teilchen, deren Impulse über viele Richtungen verteilt sind: Die Teilchen besitzen neben einer großen Impulskomponente in Strahlrichtung zufällig verteilte transversale Impulskomponenten, wobei die Breite dieser Verteilung ziemlich groß ist. Man muß nun diese transversalen Komponenten möglichst stark verkleinern, um einen gut bebündelten Strahl zu erhalten, mit dem man wirklich experimentieren kann. Die longitudinale Impulskomponente (in Strahlrichtung) streut natürlich auch etwas, aber es dominiert ihr großer Mittelwert.

Die Verteilung der transversalen Impulskomponenten läßt sich durch so etwas Ähnliches wie eine transversale Strahltemperatur charakterisieren. Je breiter diese Verteilung ist, desto größer ist auch diese transversale Strahltemperatur.

Die Idee bestand nun darin, einen Antiprotonenstrahl mit einem genauso ausgerichteten Elektronenstrahl zu durchsetzen. Der Witz dabei ist: Der Elektronenstrahl läßt sich mit einer sehr kleinen Schwankung der transversalen Impulskomponenten erzeugen, d. h., er besitzt eine niedrige transversale Strahltemperatur. Wie gesagt ist die transversale Strahltemperatur der schweren Teilchen viel höher. Die Wechselwirkung zwischen den schweren und den leichten Teilchen führt zu einem Ausgleich der transversalen Strahltemperaturen. So kühlt der Elektronenstrahl den Antiprotonenstrahl. Diesen Schluß kann man ziehen, ohne die Wechselwirkungsprozesse zwischen Antiprotonen und Elektronen im einzelnen zu behandeln.

Ein solches Verfahren der Kollimation eines Antiprotonenstrahls ist sehr effektiv. Bei Anwendung auf Protonen wird die Erzeugung von Strahlen, die für Experimente wirklich geeignet sind, lediglich vereinfacht, wohingegen es für Antiprotonen oder Schwerionen überhaupt keinen anderen Weg zur Erzeugung von genügend gebündelten Strahlen gibt. Die Budkersche Methode ist die merkwürdigste aller Kühlmethoden.

[2]Um den Ursprung der Teilchen, die zwar sehr selten (nur eines pro km^2 und Jahrhundert), aber dafür mit extrem hohen Energien von 10^{20} eV aus dem Kosmos kommen, zu verstehen, wird u. a. der von der Allgemeinen Relativitätstheorie vorhergesagte Gravitationsmagnetismus herangezogen. Danach sollten rotierende Schwarze Löcher im Gravitationsfeld Wirbel erzeugen und durch diese Wirbel hindurchgehende Magnetfelder könnten geladene Teilchen extrem beschleunigen. Auch andere Beschleunigungsmechanismen durch kosmische Magnetfelder werden diskutiert. Alternativ dazu ist die Annahme, daß diese energiereichen Teilchen beim Zerfall massiver Relikteilchen aus der Urknallphase entstehen. Man beachte, daß 10^{20} eV die 100-millionenfach höhere Energie ist, die der weltweit leistungfähigste Beschleuniger LHC ab 2006 zu erzeugen vermag.

69 Wie Energieschwankungen die Temperatur bestimmen

Die Anwendung des Begriffs Temperatur auf solche ungewöhnlichen Systeme wie die Teilchen in den kosmischen Strahlen oder die Teilchenstrahlen, die aus irdischen Beschleunigern herausfliegen, ist natürlich eine sehr gute Idee. Aber diese Idee hat einen Mangel: Die beschriebenen Systeme haben in Wirklichkeit keine Temperatur, so wie ein Menschenhaufen, der nach einem Fußballspiel das Stadion verläßt, auch keine Temperatur besitzt. Die Temperatur ist die Charakteristik eines Systems, das sich im thermischen Gleichgewicht befindet. Wir wissen, daß im thermischen Gleichgewicht nicht alle Teilchen (nicht alle Freiheitsgrade) dieselbe Energie besitzen. Im Gegenteil, die Werte der Teilchenenergie streuen um einen bestimmten Mittelwert (Abschnitt 30). Wir haben bereits solche Streuungen oder Schwankungen der Energie besprochen und sie mit einer speziellen Größe charakterisiert, nämlich mit der mittleren quadratischen Schwankung der Energie, $\Delta\varepsilon$, die zur Systemtemperatur T proportional ist: $\Delta\varepsilon \sim T$. Wir haben sogar gesagt, daß diese Energieschwankung als ein Temperaturmaß dienen kann. Aber das, was für ein System im thermischen Gleichgewicht gültig ist, muß für andere Fälle nicht unbedingt auch so gelten.

Die Verteilung der Energien auf die Teilchen im Strahl läßt sich zwar mit Hilfe der Energieschwankung $\Delta\varepsilon$ beschreiben, aber, um exakt zu sein, kann man ihr eigentlich keine Temperatur zuschreiben. Nichtsdestoweniger ist die Behauptung, daß die Energie von einem System mit einer großen Energieschwankung zu einem System mit einer kleineren Energieschwankung überströmt, in der Mehrzahl der Fälle richtig. Man kann berechnen, daß bei einem solchen Prozeß die Entropie zunimmt, und nur sie allein kontrolliert den Verlauf der Wärmeprozesse in der Natur. Deswegen läßt sich bei qualitativen Betrachtungen das Wort „Energieschwankung“ durch das Wort „Temperatur“ ersetzen, und man begeht dabei keinen (großen) Fehler.

Aber diese Ersetzung ist nur bis zu einem gewissen Grade möglich. Haben nämlich zwei Systeme zwar gleiche Energieschwankungen, befinden sich aber jeweils nicht im thermischen Gleichgewicht (eventuell nur eines von ihnen), dann kann zwischen ihnen trotzdem ein Energiestrom existieren. Das wäre nicht möglich, hätten die Systeme gleiche Temperaturen. In welche Richtung strömt aber die Energie? Diese Frage kann man nur beantworten, indem man die Entropieänderung berechnet. Und zwar geschieht der Energieübergang so, daß die Entropie dabei zunimmt. Die Entropie ist es, die solche Prozesse steuert, die Temperatur ist demgegenüber der weniger allgemeine Begriff, er setzt thermisches Gleichgewicht voraus. Es ist nützlich, an dieser Stelle darauf hinzuweisen, daß Ähnliches für die Erzeugung negativer Temperaturen und die Nichtgleichgewichtsbesetzung von Energieniveaus gilt (Abschnitt 52).

70 Die Brownsche Bewegung und neue Thermometer

Es muß uns nicht verwundern, daß in einem Volumen, in einem System verschiedene Temperaturen gleichzeitig existieren können, nämlich immer dann, wenn das System aus Teil- oder Untersystemen besteht. Die Wärmeströme (oder Entropieströme) von den Spins zum Gitter (Abschnitt 55), von kosmischen Magnetfeldern zum Proton (Abschnitt 68) und viele andere Beispiele illustrieren die Prozesse der Einstellung des thermischen Gleichgewichts zwischen Teilsystemen eines Gesamtsystems. Dabei geht Wärme vom chaotischeren Teilsystem (größeres T) zum geordneteren (kleineres T) über. Das historisch erste Beispiel eines solchen Prozesses war die Brownsche Bewegung. Sie wurde im Jahre 1827 von dem englischen Botaniker R. Brown (1773-1858) entdeckt, der in einem Artikel von 1828 eine ungeordnete Bewegung von kleinen Staubteilchen in einer Flüssigkeit beschrieb, die in einem starken Mikroskop beobachtet wurde.

Es ist interessant, daß man diese Erscheinung bald mit der Bewegung der Flüssigkeitsmoleküle in Verbindung gebracht hat, aber später hat man diese goldrichtige Idee aus irgendwelchen Gründen wieder abgelehnt, und sogar noch zu Anfang des 20. Jahrhunderts ist die Brownsche Bewegung mit Hilfe von Strömungen in der Flüssigkeit diskutiert worden.

Im Jahre 1905 wurde in der Enzyklopädie von Brockhaus und Ephron geschrieben: „Eine Zeitlang dachten viele Leute, daß diese Erscheinung durch eine reale Molekularbewegung innerhalb der Flüssigkeit verursacht wird. An einer solchen Meinung wurde sogar noch im Jahre 1863 festgehalten. Aber sofort nach der Entdeckung dieser Erscheinung wurden auch andere Ansichten über ihre Ursache ausgesprochen ...“. Anschließend wurde das Phänomen der Brownschen Bewegung meistens ignoriert. Das ist auch der Grund, warum die im Jahre 1905 erschienene Arbeit von Einstein „Über die Bewegung der in einer ruhenden Flüssigkeit suspendierten Teilchen“ keine Hinweise auf die Brownsche Bewegung enthielt. Erst im folgenden Jahr veröffentlichte Einstein eine Arbeit zur Theorie der Brownschen Bewegung.

Der Kern dieser Theorie besteht (im Rahmen der klassischen Gaskinetik) darin, daß im thermischen Gleichgewicht alle Freiheitsgrade dem Gleichverteilungssatz folgen.

Die Staubteilchen in einer Flüssigkeit bilden ein System – ein ideales Gas von Teilchen, die nicht untereinander, aber mit den Teilchen der Flüssigkeit, in der sie schwimmen, wechselwirken.

Stellen wir uns vor, daß alle diese Staubteilchen unbeweglich blieben. Die Temperatur des „Staubteilchengases“ wäre also gleich null. Dann würde unvermeidlich ein Wärmestrom von der Flüssigkeit zu den Staubteilchen entstehen, welcher so lange nicht enden würde, bis jeder Freiheitsgrad der Staubteilchen eine mittlere Energie von $\frac{1}{2}kT$ akkumuliert hätte. Die Staubteilchen nehmen dann an der Wärmebewegung wie die Flüssigkeitsteilchen teil.

Einstein behandelte ein Staubteilchen als ein Kügelchen mit dem Radius r, das sich in einer Flüssigkeit mit dem Zähigkeitskoeffizienten (der dynamischen Viskosität) η bewegt. Für den Mittelwert seines Verschiebungsquadrats als Funktion der Zeit t erhielt er

$$< \Delta^2 >= \frac{kT}{3\pi\eta r} t.$$

Noch vor der Arbeit über die Theorie der Brownschen Bewegung hat Einstein bemerkt, daß man aus der Beobachtung der Diffusionserscheinung, die durch die Bewegung der Moleküle des in der Flüssigkeit gelösten Stoffes bedingt ist, die Avogadro-Zahl N_A (= Teilchenzahl pro Mol) bestimmen kann. Dafür muß man aus Experimenten k ermitteln und den bekannten Wert der Gaskonstante benutzen, dann gilt $N_A = R/k$. Der von Einstein erhaltene Wert $3,3 \cdot 10^{23}$ mol^{-1} stimmte mit dem damals üblichen Wert sehr gut überein, richtig ist $N_A = 6,02 \cdot 10^{23}$ mol^{-1} .[1]

Aus der Formel für das mittlere Quadrat der Verschiebung sehen wir, daß sich die Flüssigkeitstemperatur bestimmen läßt, wenn man nur die Verschiebung eines Staubteilchens genau mißt. Dieses Verfahren ist aber leider nur im Prinzip erfolgversprechend. Zwar bilden die Staubteilchen ein ideales Gas und das thermische Gleichgewicht stellt sich schnell ein, nur ist es leider schwierig, $< \Delta^2 >$ exakt zu messen.

Es gibt auch andere Beispiele für die Brownsche Bewegung. So kann man auch ein Kügelchen (wieder mit Radius r) betrachten, das sich um eine feste Achse frei drehen kann. Einstein fand für das mittlere Quadrat der Rotation des Kügelchens (Drehwinkel φ) die Formel

$$< \varphi^2 >= \frac{kT}{4\pi\eta r^3} t.$$

Ein Kügelchen kann also auch mit seinen Rotationen (aber wieder nur im Prinzip) als Thermometer dienen.

Es ist leicht, eine analoge Formel für ein Kügelchen, das an einer gewichtslosen Feder mit der Federkonstanten α befestigt ist, zu bekommen. Durch die Gleichsetzung der mittleren potentiellen Energie des Kügelchens mit dem uns vom Gleichverteilungssatz her geläufigen Wert $\frac{1}{2}kT$, also

$$\frac{\alpha}{2} < x^2 >= \frac{1}{2} kT,$$

erhalten wir für das mittlere Quadrat der Verschiebung $< x^2 >= kT/\alpha$. Befestigen Sie neben dem Kügelchen eine Skala, und das Thermometer ist fertig! Ähnliches gilt für die zufälligen Drehschwingungen eines Galvanometerspiegels, der an einem verdrillbaren Faden mit der Direktionskraft D befestigt ist: $< \varphi^2 >= kT/D$.

In allen vier Fällen braucht man den Wert von k nicht zu kennen, solange es nur um die Messung von Temperaturverhältnissen geht.

---

[1] Es soll der feine Unterschied zwischen den Betrachtungen von Einstein und denen, die damals in der kinetischen Gastheorie üblich waren, nicht verschwiegen werden. Während Einstein ein einzelnes Staubteilchen (durch Lösung der sog. Langevin-Gleichung) im Zeitablauf verfolgte und daraus den zeitlichen Mittelwert der Verschiebung bestimmte, ist die Alternative hierzu, aus den gleichzeitigen Verschiebungen aller Staubteilchen einen Mittelwert zu bilden. Dabei wird angenommen, daß beide Mittelungen zum selben Ergebnis führen („Zeitmittel = Scharmittel“).

71 Die Laserkühlung von Atomstrahlen

[1] Wir haben soeben gesehen, daß ein ursprünglich ruhendes Staubteilchen in einer Flüssigkeit solange Energie aufnimmt, bis jeder Freiheitsgrad im Mittel über $kT/2$ kinetische Energie verfügt. Denken wir uns nun umgekehrt ein Staubteilchen mit einer vorgegebenen hohen Geschwindigkeit in eine Flüssigkeit „hineingeschossen", so bremsen die Stöße der Flüssigkeitsmoleküle das Staubteilchen ab, und im thermischen Gleichgewicht hat jeder Freiheitsgrad des Teilchens im Mittel wiederum $kT/2$ kinetische Energie. Ein Strahl „heißer" Staubteilchen wird also in einer kalten Flüssigkeit abgebremst und gekühlt. Dieser einfache aber praktisch bedeutungslose Kühlmechanismus hat sich in modifizierter Form bei der Kühlung von Atomstrahlen als sehr erfolgreich erwiesen.

Atomstrahlen werden durch Verdampfen fester Substanzen erzeugt. Gebündelt durch Blenden verläßt die Quelle ein heißer Strahl schneller Atome. Für die atomphysikalische Forschung und wichtige technische Anwendungen (z. B. Atomuhren) möchte man jedoch ein Gas fast ruhender Atome, also ein sehr kaltes Gas von Atomen zur Verfügung haben. Mitte der 80er Jahre gelang es erstmalig, einen Strahl schneller Atome mit Laserlicht abzubremsen. Inzwischen ist es gelungen, Atomstrahlen mit dieser Methode auf Temperaturen von 1 μK und darunter abzukühlen.[2] Die Relativgeschwindigkeiten der Atome im Strahl betragen dabei nur noch wenige mm/s.

Nach der Maxwellschen Elektrodynamik transportiert Licht nicht nur Energie, sondern auch Impuls. Letzterer macht sich als Strahlungsdruck bemerkbar, siehe Abschnitt 58. Für die Lichtquanten (Photonen) bedeutet das nach Einstein: Absorbiert ein Atom ein Photon, so werden ihm Energie und Impuls des Photons übertragen, d. h. das Atom erhält im Lichtfeld einen Stoß und seine Geschwindigkeit ändert sich. Schicken wir einen intensiven Photonenstrom einem heißen Atomstrahl entgegen, so absorbieren die Atome Photonen und werden dadurch gebremst. Allerdings ist die Geschwindigkeitsänderung der Atome sehr gering, da der Impuls des Photons klein ist. Aber die durch Absorption eines Photons angeregten Atome emittieren nach sehr kurzer Zeit jeweils wieder ein Photon, sodaß jedes Atom im Laserfeld vielfach Photonen absorbiert und emittiert. Bei der Emission eines Photons erhält das Atom zwar gleichfalls einen Rückstoß, aber die mittlere Kraft, die das Atom bei den Emissionsprozessen erfährt, ist Null, da für die Emission alle Raumrichtungen gleichberechtigt sind. Außerdem sorgt der Doppler-Effekt dafür, daß die dem Laserstrahl entgegenfliegenden Atome im Mittel Photonen größerer Energie emittieren als sie absorbieren. Die Atome geben daher Energie an das Strahlungsfeld ab, sie werden gekühlt. Analog zur Brownschen Bewegung eines Staubteilchens kommt ein Atom im Laserfeld nicht völlig

[1] Diesen Abschnitt hat W. John, Technische Universität Dresden, ergänzend und aktualisierend verfaßt.

[2] Für ihre bahnbrechenden Arbeiten zum Kühlen und Speichern von Atomen mit Laserlicht wurde der Physik-Nobelpreis 1997 den Wissenschaftlern Steven Chu, Claude Cohen-Tannoudji und William D. Phillips verliehen.

zur Ruhe. Bedingt durch den Rückstoßimpuls p der emittierten Photonen „diffundiert“ das Atom im Strahlungsfeld mit einer mitteren Rückstoßenergie $p^2/(2m)$. Die dieser Energie entsprechende Rückstoßtemperatur ist die minimal erreichbare Kühltemperatur der Atome im Laserfeld. Für Na beträgt sie etwa 2 μK.

In den letzten Jahren haben Experimente gezeigt, daß bei der Laserkühlung von Atomstrahlen sogar die Rückstoßtemperatur unterschritten werden kann. Die Idee dazu ist verblüffend einfach. Die Rückstoßenergie ist nur der zeitliche Mittelwert der kinetischen Energie eines Atoms. Nach jedem Absorptions- und Emissionsprozeß hat das Atom eine andere Geschwindigkeit, d. h. das Atom „diffundiert“ im Geschwindigkeitsraum. Mit einer endlichen Wahrscheinlichkeit wird es dabei auch Geschwindigkeiten nahe Null annehmen. Sorgt man nun dafür, daß Atome mit $v = 0$ nicht mehr mit dem Strahlungsfeld wechselwirken, so verbleibt das betrachtete Atom in Ruhe. Gelingt es, den Atomstrahl genügend lange im Laserfeld zu lokalisieren, so sammeln sich viele Atome im Zustand $v = 0$ an und der Atomstrahl erreicht eine Temperatur unterhalb der Rückstoßtemperatur. Als geeigneter Mechanismus, der die Kopplung der Atome mit $v = 0$ an das Laserfeld abschaltet, dient wiederum der Doppler-Effekt.

Die physikalische Forschung hat sich mit der Laserkühlung von Atomen eine Fülle neuartiger Experimentiermöglichkeiten erschlossen. Jüngstes Beispiel ist die Erzeugung eines Bose-Einstein-Kondensats von Alkaliatomen, bei der die Laserkühlung benutzt wurde.

72 Thermische Schwankungen in Gasen und Stromkreisen

Bisher hatten wir stets angenommen, daß das thermische Gleichgewicht durch absolut konstante Zustandsgrößen (wie $n = N/V$, p, T, U, S) charakterisiert ist. In Wirklichkeit unterliegen sie aber Schwankungen. Diese hängen von Ort und Zeit ab und sind relativ klein. Alle bisherigen Aussagen der Thermodynamik beziehen sich somit auf die Mittelwerte dieser eigentlich schwankenden Zustandsgrößen. Als wir die Formel für den Gasdruck auf eine Gefäßwand entwickelten (Abschnitt 24), betrachteten wir in Wahrheit nur den mittleren Druck. Könnte man stattdessen den Druck in jedem kleinen Zeitintervall τ zuverlässig messen (wobei τ so klein sein muß, daß während τ nur wenige Stöße gegen die Wand stattfinden), dann würde das Meßgerät zeigen, daß der Druck andauernd (um einen konstanten Mittelwert) schwankt.

Weil der Druck zur mittleren kinetischen Energie proportional ist, schwankt mit dem Druck auch die kinetische Energie ε. Es wäre bequem, könnte man diese Energieschwankungen (ähnlich wie auch die Schwankungen anderer Größen) durch die Abweichungen vom Mittelwert, also durch $< (\varepsilon - < \varepsilon >) >$ charakterisieren. Aber so einfach geht das nicht. Diese Größe verschwindet, da sich die positiven und die negativen Abweichungen vom Mittelwert gegenseitig gerade kompensieren. So ist ja der Mittelwert gerade definiert. Nicht verschwinden dagegen die Mittelwerte

z. B. von $|\varepsilon - <\varepsilon>|$ oder von $(\varepsilon - <\varepsilon>)^2$. Im letzteren Falle wird

$$(\Delta\varepsilon)^2 = <(\varepsilon - <\varepsilon>)^2> = <\varepsilon^2> - <\varepsilon>^2$$

mittleres Schwankungsquadrat (auch Varianz) genannt, $\Delta\varepsilon$ ist die mittlere quadratische Abweichung oder Schwankung (auch Standardabweichung oder Streuung). Die Berechnung solcher Schwankungsgrößen ist eine schwierige Aufgabe und wir werden nur einige Endresultate (für die Druck- und Temperaturschwankungen in Gasen und für die Schwankungen elektrischer Größen in Stromkreisen) angeben.

So ergibt sich für die relativen Druckschwankungen eines idealen Gases

$$\frac{\Delta p}{p} = \sqrt{\frac{C_p}{C_V}\frac{1}{N}},$$

wobei N die Teilchenzahl ist. Die analoge Formel für die relativen Temperaturschwankungen eines einatomigen Gases lautet

$$\frac{\Delta T}{T} = \sqrt{\frac{3}{2}\frac{1}{N}}.$$

Solche Gleichungen zeigen, wie scharf (wie physikalisch präzise) unter normalen Bedingungen die physikalische Definition thermodynamischer Begriffe überhaupt ist. Beide Formeln für die relativen Schwankungen von Druck und Temperatur sind sehr ähnlich. Sie besagen, daß die Schärfe der Begriffe Druck und Temperatur mit der Teilchenzahl N wie $\sqrt{N}$ zunimmt (indem ihre relative Schwankungen wie $\sqrt{N}$ abnehmen):

$$\frac{\Delta p}{p} \sim \frac{1}{\sqrt{N}}, \; \frac{\Delta T}{T} \sim \frac{1}{\sqrt{N}}.$$

Weil N gewöhnlich sehr groß ist, sind die relativen Schwankungen von Druck und Temperatur sehr klein. Für 1 mm^3 eines Gases (bei einem Druck von 1020 Hektopascal) ist z. B. $N \approx 10^{16}$ und die relativen Schwankungen betragen ca. 10^{-8}. Selbst für solche kleinen Gasmengen haben also beide Größen – Druck und Temperatur – einen präzisen physikalischen Sinn.

Wir haben bisher immer wieder den Temperaturbegriff von verschiedenen Seiten her ausgelotet. Da liegt auch die Frage nahe, ob nicht die Schwankungen in Gasen (oder anderen Systemen) zur Temperaturmessung benutzt werden könnten. Druck- und Temperaturschwankungen genau zu messen, ist eine sehr schwierige Sache. Die Situation wird aber etwas einfacher, wenn wir zu analogen Schwankungen in elektrischen Stromkreisen übergehen.

In einem elektrischen Stromkreis ohne Spannungsquelle fließt auch kein Strom. Wenigstens folgt es so aus dem Ohmschen Gesetz. In Wirklichkeit ist es nicht ganz so. Vielmehr ist diese Behauptung nur am absoluten Nullpunkt streng gültig, wo es überhaupt keine Fluktuationen, also auch keine Strom- und Spannungsschwankungen gibt. Bei Temperaturen ungleich Null aber entsteht ein zufällig schwankender Strom, verursacht durch die Wärmebewegung der Elektronen, die – wie bei der

Brownsche Bewegung – auch immer mal zeitweilig geordnete Bewegungen einschließt.

Solche zufälligen Stromschwankungen $I(t)$ wurden von H. Nyquist im Jahre 1927 untersucht. Aus $I(t)$ folgt durch Fourier-Analyse das Frequenzspektrum der Stromschwankungen. Der Beitrag der Frequenzen ν mit $h\nu \ll kT$ im Intervall $\Delta\nu$ zum Stromschwankungsquadrat ist durch

$$\frac{4kT}{R(\nu)}\Delta\nu$$

gegeben. Dabei ist $R(\nu)$ der Wirkwiderstand (= Realteil der komplexen Impedanz) für die Frequenz ν. Für den Beitrag zum Spannungsschwankungsquadrat gilt analog

$$4kTR(\nu)\Delta\nu.$$

Die erhaltenen Formeln könnten eigentlich bereits als Grundlage für Temperaturmessungen dienen. Jedoch haben die Physiker, die sich mit der Festlegung der Temperaturskala beschäftigen (Metrologen, nicht zu verwechseln mit den Meteorologen) ein noch besseres Verfahren gefunden.

Um zu verstehen, worum es sich dabei handelt, muß man erklären, was man unter Rauschen, genauer weißem Rauschen versteht.

Betrachten wir noch einmal einen elektrischen Leiter. Er hat die Temperatur T und es möge durch ihn ein Strom fließen, der z. B. die Spule eines Kopfhörermagneten speist. Das ist das einfachste Schema einer Telefonleitung. Wegen der Wärmeeffekte werden auf den Strom, der irgendeine nützliche Information trägt, zufällige Wechselströme aufgeprägt, die vom Kopfhörer wiedergegeben werden und einen Rauschhintergrund schaffen. So werden die zufälligen Stromschwankungen (= thermisches Widerstandsrauschen oder kurz Nyquist-Rauschen) in akustisches Rauschen umgewandelt. Allgemein wird ein beliebiges Rauschen durch sein Frequenzspektrum (Abhängigkeit der betreffenden Rauschgröße von der Frequenz) charakterisiert. Wenn dieses Spektrum durch chaotische Störungen zustande kommt, tragen alle Frequenzen mit gleicher Intensität bei und das Rauschen wird weiß genannt. Weißes Rauschen trägt keine Information, außer der über die Temperatur. Das thermische Schwanken einer beliebigen physikalischen Größe wird ihr (weißes) Rauschen genannt. Wenn wir das weiße Rauschen irgendeiner physikalischen Größe messen, bestimmen wir die Temperatur der Wärmebewegung, die das Rauschen verursacht. Leider gehört aber zu den Rauschmessungen, wie zu jedem modernen Präzisionsverfahren, eine komplizierte Theorie.

Eine Erfolgsstory ist beispielsweise die Bestimmung der Schmelztemperatur von Helium nach der thermodynamischen Skala mit einer Präzision bis zur fünften Stelle, indem man in einem sogenannten Josephson-Übergang (das sind zwei, durch eine dünne Isolatorschicht getrennte Supraleiter) das Rauschen gemessen hat.

73 Schafft der Maxwellsche Dämon Ordnung?

Wir wollen jetzt über ein Paradoxon berichten, das viele Jahre diskutiert wurde und das die Statistische Physik und ihre Beziehung zum Zweiten Hauptsatz der Thermodynamik sehr gut auf ihre Vereinbarkeit und Dauerhaftigkeit prüft. In der Thermodynamik war alles klar: Alle Prozesse verlaufen so, daß die Entropie zunimmt, und es gibt kein Verfahren, dieses Gesetz zu verletzen. Betrachten wir aber die Atome und Moleküle der Materie als Massenpunkte, die den Gesetzen der Mechanik gehorchen, dann wird die generelle Gültigkeit des Gesetzes über den Entropiezuwachs zumindest überdenkenswert. Wenn man nämlich Atome, die sich schnell bewegen (hohe Temperatur), mit Atomen, die sich langsamer bewegen (niedrigere Temperatur), mischt und so ein System von Atomen erhält, deren Geschwindigkeitsverteilung von der Maxwellschen Formel mit einer mittleren Temperatur beschrieben wird, warum kann man dann nicht eine gegenläufige Prozedur durchführen, um auf irgendeine Weise die schnellen und die langsameren Atome voneinander zu trennen? Ein solches Vorgehen würde der Mechanik nicht widersprechen. Vielleicht erlaubt es die Mechanik durch geeignetes Sortieren von Molekülen, den Zweiten Hauptsatz der Thermodynamik irgendwie zu umgehen?

Die folgende Gedankenkonstruktion geht auf Maxwell zurück.

Stellen wir uns ein Männlein vor, das Atome sehen kann, und setzen wir es in einen mit Gas gefüllten Kasten, der in einem seiner Wände ein kleines Loch mit einem Türchen hat, und lernen wir ihn als Pförtner an: Er soll das Türchen immer öffnen, wenn ein schnelles Atom angeflogen kommt, um dieses Atom hinausfliegen zu lassen, und dieses Türchen immer schließen, wenn ein langsames Atom angeflogen kommt. Welches Atom schnell und welches langsam ist, wird das Männlein selbst entscheiden. Wir versehen ihn nur mit der Möglichkeit, die Geschwindigkeit der heranfliegenden Atome schnell zu messen. Nach einer gewissen Zeit stellen wir fest, daß die mittlere Geschwindigkeit der Atome im Kasten kleiner geworden ist, d. h., das Gas hat sich abgekühlt. So hat das mikroskopische Wirken dieses Dämons zu einem makroskopischen Ergebnis geführt.

Wir erhalten das umgekehrte Ergebnis, wenn wir dem Pförtner die umgekehrte Instruktion geben. Bitten wir ihn, das Türchen immer für die langsamen Atome zu öffnen und für die schnellen zu schließen, wird das Gas nicht abgekühlt, sondern erwärmt. Man könnte denken, wenn die erste Instruktion legitim ist, warum sollte es die andere nicht auch sein?

Somit ließe sich doch wohl mit Hilfe des Maxwellschen Dämons eine einfache Möglichkeit zur Erwärmung schaffen, bei der keine Energie verbraucht würde. Eine solche Anlage würde einfach ein Gas in zwei Teile mit verschiedenen Temperaturen, aber mit derselben Gesamtenergie zerlegen. Das wäre ein perpetuum mobile zweiter Art, das den Energiesatz nicht verletzt, aber auf seine Weise doch sehr nützlich wäre. Es hat nur einen Nachteil, es ist genausowenig realisierbar wie ein perpetuum mobile erster Art.

Es ist klar, daß diese kühne Erfindung auf dem Maxwellschen Dämon beruht und daß man ihm offenbar gewisse Eigenschaften zugeschrieben hat, die letztlich den physikalischen Gesetzen widersprechen. Das Paradoxon wurde von L. Szillard (1898-1964) erst im Jahre 1928 gelöst.

Wir wollen vor allem aufklären, von welcher Größe der Dämon im Vergleich zur Größe der Moleküle sein muß.

Würde der Dämon aus einem Molekül oder einigen Molekülen bestehen, so müßte er sich an der Brownschen Bewegung beteiligen, und in seinem Koordinatensystem (dessen Geschwindigkeit sich chaotisch ändern würde) wäre es ihm schwierig, die Geschwindigkeiten anderer Moleküle zu messen. Er könnte nicht die ganze Zeit neben dem Türchen stehen, um es rechtzeitig zu öffnen oder zu schließen. Daraus läßt sich schließen, daß der Dämon klein und schwer sein muß, um praktisch unbeweglich neben dem Ausgang zu bleiben. Aber dann erwartet uns eine andere Unannehmlichkeit: Die Stöße der Moleküle können ihn nicht von seiner Stelle bewegen, und um diese Stöße zu fühlen, d. h. um die Geschwindigkeit dieser Moleküle zu messen, müßte er ein leichtes Gerät in seinen Händen halten, das auf diese Stöße reagieren könnte, z. B. ein leichtes, an einem Faden aufgehängtes Plättchen. Aber welche Größe müßte dieses Plättchen haben? Ist es sehr klein, unterläge es der Brownschen Bewegung ... und alle Überlegungen würden sich wiederholen.

Damit der Dämon seine Funktionen erfüllen könnte, müßte man ihn selbst oder sein Gerät bei einer tiefen Temperatur halten, also ständig kühlen, z. B. mit Hilfe flüssigen Wasserstoffs. Dann würde seine Wärmebewegung aufhören, und er könnte die Geschwindigkeiten der Moleküle messen. Dabei müßte er nicht unbedingt die Moleküle einzeln erfassen, vielmehr könnte er die mit Molekülgruppen verbundenen Fluktuationen verfolgen und das Türchen immer dann öffnen, wenn die Temperatur infolge einer Fluktuation etwas erhöht ist.

Auf diese Weise könnte der Dämon prinzipiell aus der chaotischen Bewegung eine Temperaturdiffernz erzeugen, die in einem Carnot-Prozeß zur Gewinnung von Arbeit genutzt werden könnte, aber man würde aus diesen seinen Handlungen keinen Nutzen ziehen. Die Energie, die man für die Abkühlung des Dämons selbst, für die Unterdrückung seiner eigenen Fluktuationen und seiner Brownschen Bewegung aufwenden müßte, wäre wenigstens der von ihm erbrachten Arbeit gleich.[1]

Die Ermittlung beliebiger Informationen in unserer Welt erfordert immer einen Energieaufwand. Auch für das Sortieren von Atomen nach ihrer Geschwindigkeit mit Hilfe des Doppler-Effekts (siehe Abschnitt 71) muß die Lichtquelle die benötigte Energie liefern.

Der Zweite Hauptsatz der Thermodynamik läßt sich auf gar keine Weise außer Kraft setzen. Das ist eines der mächtigsten Gesetze unserer Welt. Es ist natürlich auch unmöglich, dieses Gesetz in einem elektrischen Stromkreis zu umgehen. Es wäre sehr verführerisch, Energie zu erzeugen, indem wir den Strom benutzen, der in einem geschlossenen Stromkreis zufälligerweise entsteht (siehe Abschnitt 72).

[1] Um es nochmals mit Nachdruck zu sagen: Das Gerät für die Gewinnung von Energie aus Fluktuationen kann weder von molekularer noch von makroskopischer Größe sein. In beiden Fällen könnte man aus ihm keinen praktischen Nutzen ziehen.

Hier könnte als Dämon ein einfacher elektrischer Kochherd dienen, der proportional zum Quadrat der Stromstärke (nach dem Jouleschen Gesetz) geheizt würde. Wie der zufällige Strom auch fließt, stets würde eine Erwärmung eintreten, zwar selten und nur wenig, aber der Kocher würde jedesmal etwas erwärmt!

Die neue Überlegung ist beinahe richtig. Es sieht wirklich so aus, als ob wir dabei sind, ein perpetuum mobile zweiter Art zu realisieren. Leider nur stören uns hier die Temperaturschwankungen des Kochers selbst. Seine Temperatur ändert sich ständig und schwankt dabei um einen Mittelwert.

Wenn wir jedoch die Temperaturschwankungen im Kocher unterdrücken, indem wir ihn in einen Kühler stellen, dann strömt Wärme vom elektrischen Stromkreis zum Kühler. Das ist dann aber nichts anderes als eine gewöhnliche Wärmekraftmaschine mit einem Wärmespender, dem Zimmer.

Jedoch kann man aus jedem Beispiel irgendeinen Nutzen ziehen. So ist das auch hier. Weil kein Dämon den Zweiten Hauptsatz der Thermodynamik verletzen kann, selbst wenn er die raffiniertesten Vorrichtungen benutzt, folgt daraus, daß die Fluktuationsgesetze nicht von Geräteteilen abhängen können, sondern nur durch Temperatur, Druck und andere makroskopische Parameter bestimmt werden. Insofern ist die Messung der Fluktuationen eigentlich die beste Lösung unserer alten Aufgabe, Temperaturen zu messen (siehe Abschnitte 71, 72).

Die Moral besteht darin, daß keine mechanische Vorrichtung bei der Überwindung der Beschränkungen, die das allgemeine Gesetz des Entropiezuwachses verlangt, helfen kann. Diesem Gesetz unterliegen natürlich auch die neuerdings untersuchten Brownschen Motoren und Pumpen, mit denen die ungeordnete Brownsche Bewegung (das Gleichgewichts- und Nichtgleichgewichtsrauschen) in geordnete Bewegung überführt wird – und zwar durch ein raffiniertes Zusammenspiel mit einer speziell (sägezahnartig) gestalteten Festkörperoberfläche (sog. Ratsche) und deren getriebener Bewegung.

74 Der Maxwellsche Dämon in Aktion

Das Thema „Maxwellscher Dämon" wollen wir mit einer Idee abschließen, wie man ihn mit großem Nutzen für die Wissenschaft arbeiten lassen kann.

Nach dem Willen seines Erfinders ist der Dämon mit der Fähigkeit ausgestattet, einzelne Teilchen verfolgen und ihre Bewegung immer im richtigen Augenblick korrigieren zu können.

Aber der Dämon selbst kann natürlich keine physikalischen Gesetze verletzen, er muß für seine Arbeit eine Energie aufwenden. Nachdem er jedoch die Energie aufgewendet hat, kann er die Entropie des Systems verkleinern. Wir wissen aber, daß die Entropieänderung in einem reversiblen Prozeß mit einer entsprechenden Wärmemenge verbunden ist: $\Delta S = \Delta Q/T$, d. h., indem der Dämon die Entropie des Systems senkt, entnimmt er Wärme, senkt somit die Temperatur und reduziert so die Wärmebewegung der Teilchen.

Im folgenden spielt die Rolle des Dämons ein Gerät, das in einen großen Speicherring hineingebracht wurde, wo z. B. Antiprotonen auf Abruf umlaufen und so für Experimente bereit gehalten werden. Weil die Geschwindigkeiten der Teilchen nicht streng entlang einer Tangente zum Kreis gerichtet sind, weichen sie von ihrer idealen Kreisbahn ab, sowohl nach innen wie auch nach außen. Die Aufgabe des Dämons besteht nun darin, diese Schwingungen (sie werden betatronische Schwingungen genannt) zu beseitigen und die sich entfernenden Teilchen immer wieder auf die ideale Kreisbahn zurückzulenken (so ähnlich wie ein Schäferhund seine Schafherde zusammenhält). Das Gerät (der Detektor) ist so beschaffen, daß es die Position der vorbeifliegenden Teilchen mißt. Wenn es entdeckt, daß ein Teilchen von seiner Trajektorie abweicht und falsch fliegt, dann sendet es ein Signal zu einem anderen Gerät, das Stoßgeber oder Kicker genannt wird und weiter hinten auf der Teilchenbahn aufgestellt ist. Das Signal wird entlang einer Sehne übertragen, die ja bekanntlich kürzer als der betreffende Kreisbogen ist, also gelangt das Signal rechtzeitig vor der Ankunft des „abweichenden" Teilchens zum Kicker.

Die Rolle des Kickers besteht nun darin, mit Hilfe eines elektrischen Impulses das Teilchen in die richtige Richtung zu stoßen und so zur Bündelung des Teilchenstrahls beizutragen. Auf diese Weise würde der Kicker die transversale Strahltemperatur senken.

Dieser Prozeß erinnert an die Budkersche Idee vom „Nowosibirsk-Kühler", den wir in Abschnitt 68 bereits beschrieben haben. Danach sollte ein gut gebündelter Elektronenstrahl die Entropie des Antiprotonenstrahls (genauer die Entropie seiner transversalen Geschwindigkeiten) verringern, indem er die Schwankungen dieser transversalen Geschwindigkeiten verringert. Es stellte sich aber heraus, daß für große Beschleuniger das Budkersche Verfahren modifiziert werden mußte. Eine neue Variante des holländischen Physikers Simon van der Meer (geb. 1925) wurde im europäischen Kernforschungszentrum CERN (Schweiz) realisiert. Dieses Verfahren wird im folgenden erläutert. Die einfache Idee, jedes einzelne Teilchen immer wieder auf die ideale Kreisbahn zurückzuführen, erwies sich in der Praxis als nicht so einfach. Die Teilchen bewegen sich ja nicht einzeln entlang der Kreisbahn.

Hätten die Teilchen bei ihrem Flug große (longitudinale) Entfernungen voneinander, dann käme der Kicker damit zurecht, die Bewegung jedes einzelnen Teilchens individuell zu korrigieren. In Wahrheit fliegen sie aber in Gruppen und Kickerstöße erhalten somit gleichzeitig sowohl die Teilchen, für die der Stoß richtig ist, als auch die, für die er ganz falsch ist. Deswegen erhält jedes Teilchen außer den richtigen Kickerstößen auch viele falsche und deswegen heißt diese Methode auch „stochastische Kühlung". Generell nennt man Zufallsprozesse in der Physik stochastisch.

Unter dem Einfluß der falschen Kickerstöße verschlechtert sich natürlich der Teilchenstrahl, d. h. seine transversale Strahltemperatur nimmt zu und das Auseinanderlaufen der Teilchen nimmt dann natürlich auch zu. Zur transversalen Kühlung des Teilchenstrahles tragen eben nur die richtigen Kickerstöße bei.

Es hat sich aber gezeigt (und das ist das Kernstück der neuen Idee), daß man das Arbeitsregime der Geräte so wählen kann, daß die falschen Kickerstöße von den richtigen unterdrückt werden (oder anders gesagt – die richtigen sind effektiver als die falschen) und der Teilchenstrahl hinsichtlich seiner transversalen Strahltemperatur schließlich doch gekühlt wird. Der Bezeichnung „stochastisch" ist in Wirklichkeit falsch, da die Kühlung letztlich doch nur durch die richtigen Kickerstöße erreicht wird. Wegen der Zufallsstöße erweist sich die Arbeit des Dämons als in hohem Grade irreversibel. Die damit verbundenen großen Energieverluste lassen sich aber rechtfertigen, bedenkt man, was für eine schwierige Aufgabe doch die Erzeugung eines gut gebündelten Antiprotonenstrahls ist.

Es bleibt noch zu sagen, daß die stochastische Kühlung zur Senkung der transversalen Strahltemperatur eine entscheidende Rolle bei der Erzeugung kollidierender Strahlen von Protonen und Antiprotonen (mit einer Teilchenenergie von 270 GeV) gespielt hat. Bei den wuchtigen Zusammenstößen dieser Teilchen wurden neue Teilchen, die von S. E. Glashow (geb. 1932), S. Weinberg (geb. 1933) und A. Salam (1926-1996) im Rahmen des Standardmodells der Elementarteilchen und fundamentalen Wechselwirkungen theoretisch vorhergesagt wurden (Nobel-Preis 1979)[1] und so mit Steckbriefen auf der Fahndungsliste standen, entdeckt, nämlich die bosonischen Wechselwirkungsteilchen $W^{\pm}$ und Z^{0}, die die schwache Wechselwirkung übertragen.[2] Ihre Ruhmassen wurden zu 80 bzw. 91 GeV/c^2 bestimmt. Dafür erhielt C. Rubbia (geb. 1934), der das ganze Projekt (gezielte experimentelle Suche auf Grund der genannten theoretischen Vorhersage) vorantrieb, im Jahre 1984 den Nobelpreis zusammen mit S. Van der Meer, der mit der stochastischen Kühlung und Akkumulation von Antiprotonen die technischen Voraussetzungen für diese Entdeckungen schuf. Leider erlebte G. I. Budker nicht mehr den Triumph seiner Idee. Schließlich wurde 1994 und zwar auch wieder bei p-$\bar{\text{p}}$−Stößen (mit Energien von 1800 GeV) das ebenfalls theoretisch vorhergesagte top-Quark t (das mit 174 GeV/c^2 Ruhmasse schwerste der 6 Quarks und überhaupt das schwerste bisher bekannte Elementarteilchen) nachgewiesen. Es sei noch erwähnt, daß die stochastische Kühlung auch bei der Erzeugung stark gebündelter Schwerionenstrahlen zum Einsatz kommt.

[1] Übrigens wiederholte sich auch hier wieder die alte Geschichte: Als Salam und Weinberg ihre Theorie vorschlugen, fanden sie zunächst nur bei wenigen Kollegen Zustimmung.

[2] Zur Erinnerung: Die elektromagnetische Wechselwirkung wird von Photonen übertragen, die starke Wechselwirkung von Gluonen.

VIII Irreversibilität contra Gedächtnis – die Aussöhnung von Statistik und Mechanik

75 Wie gehen die Informationen über die Vorgeschichte verloren?

Wir haben darüber berichtet (Abschnitte 4, 22-26), wie die ersten Vorstellungen von Teilchen und deren Zusammenstöße untereinander und mit den Wänden in der Thermodynamik und der Statistischen Physik auftauchten. Aber die Entwicklung dieses Zweiges der Physik (kinetische Gastheorie) ist keinem streng logischen Weg gefolgt. Sie begann mit den Gesetzen der klassischen Newtonschen Mechanik, aber unmittelbar danach erschienen in ihr die Begriffe Wahrscheinlichkeit und thermisches Gleichgewicht, die für die Mechanik selbst zunächst fremd waren.

In einem Krimi rekonstruiert der Detektiv die Trajektorie einer Gewehrkugel, die in einer Wand steckengeblieben ist. Aber niemand kann die Anfangstemperatur zweier Gase rekonstruieren, nachdem sich bei ihrer Vermischung das thermische Gleichgewicht eingestellt hat. Die Systeme in der klassischen Mechanik „erinnern" sich an ihre Vorgeschichte (d.h. die Information über ihre Vorgeschichte geht nicht verloren); dagegen „vergißt" ein Gas, wie auch jedes andere statistische System, seine Vorgeschichte. Obgleich intuitiv beide Aussagen ganz natürlich erscheinen, war es jedoch lange unklar, auf welche Weise sie in der Physik koexistieren können.

Seit Ende des 19. Jahrhunderts bemühten sich sowohl Mathematiker als auch Physiker, die logische Barriere zu überwinden, die auf dem Weg von den Newtonschen Bewegungsgleichungen (mit ihren Trajektorien) zur Maxwell-Boltzmannschen Theorie (mit ihren Wahrscheinlichkeiten) lag.

Die Mechanik gestattet es, eine Aufgabe zur Teilchenbewegung mit beliebiger Präzision zu lösen, wenn die Koordinaten und Geschwindigkeiten eines punktförmigen Teilchens zu irgendeinem Zeitpunkt t_0 exakt gegeben sind. Mehr noch, man kann diese Aufgabe sowohl für die Zeiten $t > t_0$ („Voraussage"), als auch für die Zeiten $t < t_0$ („Zurückrechnung") lösen. Die Himmelsmechanik kann sowohl die Bewegungen der Himmelskörper und Raumschiffe voraussagen als auch ihre Bewegungen in der Vergangenheit rekonstruieren (z. B. auch den Vorbeiflug von Kometen oder vergangene Planetenkonstellationen oder die Zeitpunkte vergangener Sonnenfinsternisse).

Maxwell löste eine Aufgabe neuer Art. Er beteiligte sich nämlich an einem Preisausschreiben, das von der Londoner Königlichen Gesellschaft für die beste Untersuchung zur Natur der Saturn-Ringe ausgeschrieben worden war. Es wurde verlangt, die Stabilität der Ringe zu erklären, also die Frage zu beantworten, warum die Ringe nicht auf die Planetenoberfläche fallen oder sich nicht im kosmischen Raum als Bruchstücke zerstreuen. Maxwell hat bewiesen, daß die Ringe nicht kompakt sein können, weil in kompakten Ringen, die sich mit einer konstanten Geschwindigkeit drehen, die Geschwindigkeit in jedem Punkt der ersten kosmischen Geschwindigkeit (auch Kreisbahngeschwindigkeit genannt) gleich sein müßte:

$$v = (GM/R)^{1/2}$$

(M ist hier die Saturnmasse). Die Geschwindigkeit ist umgekehrt proportional zur Quadratwurzel aus der Entfernung vom Zentrum R, d. h., die Winkelgeschwindigkeit v/R ist proportional zu $R^{-3/2}$. Deswegen kann sich der Ring nicht mit einer konstanten Winkelgeschwindigkeit, die von R unabhängig wäre, bewegen, er würde von den Zentrifugalkräften zerrissen.

Aber nachdem er bewiesen hatte, daß die Ringe nicht kompakt sein können, mußte er davon ausgehen, daß sie aus vielen vergleichbar kleinen Fragmenten bestehen und daß für die Beschreibung ihrer Bewegung zweckmäßigerweise der Wahrscheinlichkeitsbegriff benutzt wird, indem man nicht die Bewegungen der individuellen Fragmente, sondern die Veränderungen der Verteilungsfunktion untersucht.

Von dieser Art der Betrachtung ließ sich Maxwell auch bei seinen Untersuchungen von Gasen leiten. Von Anfang an ging er davon aus, daß es die kinetische Gastheorie nicht mit den Bewegungen der individuellen Teilchen zu tun hat, die durch die Gleichungen der Mechanik beschrieben werden, sondern mit ihren statistischen Mittelwerten, die sich aus der Mittelung physikalischer Größen über eine große Teilchenzahl oder über eine große Zahl von Stößen eines herausgegriffenen Teilchens ergeben. Um das Verhalten solcher Systeme zu beschreiben, hat Maxwell eine Verteilungsfunktion eingeführt. Er konnte diese Funktion nicht streng herleiten; jedesmal mußte man den chaotischen Charakter der Teilchenbewegung mehr oder weniger explizit postulieren. Aber wenn man nicht gar zu große Strenge fordert, kann man eine Gleichung aufschreiben, die die Zeitabhängigkeit dieser Verteilungsfunktion beschreibt. In der einfachsten Form ist eine solche kinetische Gleichung die Boltzmann-Gleichung. In der Statistischen Physik tritt an die Stelle der Newtonschen Gleichung für Trajektorien die Boltzmann-Gleichung für Verteilungen. Damit verschwinden zugleich sowohl die Koordinaten als auch die Geschwindigkeiten von individuellen Teilchen. Erscheinen sie dennoch (wie z. B. in der Brownschen Bewegung), dann treten sie als Größen auf, die unter dem Einfluß der Wärmebewegung der Teilchen um Mittelwerte zufällig schwanken.

Bei der Lösung einer mechanischen Aufgabe gibt man gewöhnlich die Anfangswerte an – die Werte von allen Koordinaten und Geschwindigkeiten zu irgendeinem Anfangszeitpunkt; dann bestimmt die Lösung der Newtonschen Gleichung die anschließende Bewegung. Die exakten Anfangswerte legen das gesamte Verhalten eines Systems unter der Bedingung fest, daß wir exakt wissen, welche Kräfte (äußere Kräfte und Wechselwirkungskräfte) die ganze Zeit auf die Teilchen wirken.

Eine Veränderung der Anfangsbedingungen verändert natürlich den Bewegungsablauf. Aber aus der Bewegung zu einem beliebigen Zeitpunkt lassen sich die Anfangsbedingungen durch Zurückrechnung immer wieder rekonstruieren. Diese Eigenschaft wird das Gedächtnis des Systems genannt – das System „merkt" sich seine Vorgeschichte.

Mehr noch, das System enthält auch alles, was für die Voraussage seiner künftigen Bewegung notwendig ist, es „kennt“ seine Zukunft.

Ein System, das von der Statistischen Mechanik beschrieben wird (ein solches System wird stochastisch genannt), hat dagegen kein Gedächtnis. Die Eigenschaften eines Gases hängen weder von irgendwelchen Anfangsbedingungen noch von der Form oder den Ausmaßen des Gefäßes ab.

Gibt es keine Verluste, dann bleiben in einem rotierenden Gas die Energie und der Drehimpuls erhalten. Hat das System aber Verluste, dann verliert sich sogar die „Erinnerung“ an seine Energie. So hängt die Geschwindigkeit eines Fallschirmspringers bei der Landung nicht mit seiner Anfangsgeschwindigkeit zusammen, weil der Luftwiderstand den größeren Teil seiner kinetischen Energie absorbiert und in Wärme umgewandelt hat.

Die Annahme über die Stochastizität eines Systems erweist sich (und dies haben wir demonstriert) als nützlich bei Berechnungen und Herleitungen. So ermöglicht das Prinzip des Chaos die Herleitung des Boltzmann-Faktors und der Formeln der Brownschen Bewegung, weil man bei vollständigem Chaos die Dynamik eines Gases als eine Aufeinanderfolge von Ereignissen (Zusammenstößen) beschreiben kann, die miteinander nicht zusammenhängen (voneinander unabhängig, sozusagen gedächtnis- oder vorgeschichtsfrei sind).

Anderseits sieht es in einem Modell, in dem das Gas als ein System von elastisch zusammenstoßenden Kugeln behandelt wird, so aus, als ob das Gedächtnis nicht gelöscht werden kann, weil jeder Zusammenstoß durch den vorhergehenden Zusammenstoß bestimmt wird. Das kann man besonders gut sehen, wenn sich das Gas in einem würfelförmigen Gefäß befindet und seine Teilchen nicht untereinander, sondern nur an die Wände stoßen, wobei der Einfallswinkel immer gleich dem Reflexionswinkel ist. Die Trajektorien der Teilchen können leicht verfolgt werden und in einem solchen Modell entsteht keine chaotische Bewegung.

Die Beantwortung der Frage, unter welchen Bedingungen Stochastizität (Chaos) entsteht, erweist sich als sehr schwierig. Der übliche Standpunkt verbindet das Chaos mit einer sehr großen – im Grenzfall unendlich großen – Zahl von Teilchen, die nach einer großen Zahl von Zusammenstößen den ganzen Raum ausfüllen und alle möglichen Geschwindigkeiten haben. Die Wahrscheinlichkeitsgesetze erscheinen so als eine Konsequenz der Gesetze großer Teilchenzahlen und hinreichend großer Evolutionszeiten. Aber die realen physikalischen Systeme geraten (relaxieren) sehr schnell zum Zustand des thermischen Gleichgewichts, schneller als der Mechanismus der langsamen mechanischen Evolution es ermöglichen kann. Die Relaxationszeit – so nennt man die „Zeit für das Vergessen“ – erfordert eine andere Erklärung, einen anderen (zusätzlichen) Mechanismus. Es wurde allmählich klar, daß das Gedächtnis auch schon in Systemen mit kleinen Teilchenzahlen schnell verloren gehen kann.

76 Das Lorentz-Gas

Schon zu Anfang des 20. Jahrhunderts hat H. A. Lorentz (1853-1928), einer der Vorgänger Einsteins bei der Entwicklung der Relativitätstheorie, ein einfaches theoretisches Modell mit interessanten Eigenschaften untersucht.

Weil es schwierig ist, die Bewegung der Gasmoleküle im dreidimensionalen Raum zu berechnen, begnügte sich Lorentz mit der Formulierung und Lösung einer zweidimensionalen Aufgabe. Hierbei bewegen sich die Teilchen in einer Ebene.[1] Er vereinfachte die Aufgabe noch mehr, indem er annahm, daß die Teilchen nicht miteinander zusammenstoßen, sondern nur an bestimmten Hindernissen – unbeweglichen runden Scheiben, die in der ganzen Ebene ungeordnet verteilt sind – elastisch reflektiert werden. Bei jeder solchen Reflexion bleibt der Geschwindigkeitsbetrag (und damit auch die Energie) erhalten, für die Richtungsänderung gilt das optische Gesetz – Einfallswinkel gleich Reflexionswinkel.

Wir erinnern uns an das Beispiel mit dem würfelförmigen Kasten (voriger Abschnitt), in dem die Teilchen von den Wänden elastisch reflektiert und ihre Trajektorien überhaupt nicht durcheinandergebracht wurden. Im Modell des Lorentz-Gases ist das alles ganz anders.

Man könnte glauben, daß in diesem idealen Modell die Trajektorie jedes Teilchens vorausgesagt werden könnte, daß also das Lorentz-Gas die Information über seine Vorgeschichte aufbewahrt. Das ist aber nicht der Fall. Betrachten wir zwei Bahnen mit benachbarten Anfangsbedingungen, die sich beim Auftreffen auf eine Scheibe nur ganz wenig unterscheiden. Dann zeigt der weitere Verlauf, daß sich die Abweichungen bei den folgenden Reflexionen schnell akkumulieren. Man spricht vom exponentiellen Auseinanderlaufen zweier anfänglich benachbarter Bahnen. So erweisen sich die Teilchentrajektorien als nicht voraussagbar.

Das eben Gesagte soll nocheinmal so verdeutlicht werden. Ein schmales Teilchenbündel möge in irgendeinem Punkt der Ebene in Erscheinung treten. Die Geschwindigkeiten aller dieser Teilchen sollen praktisch gleich sein, der Winkel α_0 zwischen den Geschwindigkeiten zweier beliebiger Teilchen soll sehr klein sein. Bei den Reflexionen an den Scheiben nimmt der Winkel α schnell zu, und das Teilchenbündel wird schnell verbreitert. Die Teilchen, die anfangs fast parallel zueinander flogen, laufen schnell auseinander: Ihre Trajektorien werden sehr schnell ganz unterschiedlich. In vielen Fällen nimmt der Winkel zwischen zwei Trajektorien, der am Anfang den kleinen Wert α_0 hat, mit der Zeit entsprechend dem exponentiellen Gesetz

$$\alpha = \alpha_0 \cdot e^{t/\tau}$$

zu. Die Größe τ bestimmt die Geschwindigkeit der Winkelzunahme und wird Relaxationszeit genannt. Man kann sagen, daß die Geschwindigkeiten der Moleküle „vermischt" werden und nach einer Zeit von der Größenordnung τ stochastisch geworden sind.

[1] Heute wird die von Lorentz gestellte Aufgabe mit Hilfe von Großrechnern genauer berechnet.

77 Das Phänomen der Trajektorien-Mischung

Die Bedeutung der „Mischung" im Prozeß der Einstellung des thermischen Gleichgewichts und die Rolle der Instabilität in diesem Prozeß waren das Thema der Dissertation des russischen Physikers N. S. Krylow.[1] Die Forschungen zu den Instabilitäten der verschiedensten physikalischen Systeme und der Entwicklung des Chaos gehen jetzt neue Richtungen und entwickeln sich mit jedem Jahre weiter.

Die Mischung der Trajektorien, die am Ende des vorigen Abschnitts erwähnt wurde, spielt eine wichtige Rolle in den Prozessen der stochastischen Verteilung, und sie bestimmt die Relaxationszeit. Im Gegensatz zum Lorentz-Gas wird bei realen Zusammenstößen nicht nur die Geschwindigkeitsrichtung, sondern auch der Geschwindigkeitsbetrag geändert, so daß ein Teilchen seine Anfangsgeschwindigkeit völlig vergißt.

Der Begriff von Instabilität wird üblicherweise mit einem instabilen Gleichgewicht verbunden. Ein senkrecht aufgestellter Stock ist ein klassisches Beispiel eines instabilen Zustands, weil die kleinste Abweichung von der Vertikalen den Fall des Stockes zur Folge hat. Wenn wir die Richtungen registrieren, in die der Stock auf den Fußboden fällt, dann bemerken wir (nachdem wir diesen Versuch mehrmals durchgeführt haben), daß alle Richtungen gleichberechtigt sind. Und wenn man feststellt, daß z. B. der Stock in eine Richtung öfter fällt als in die anderen, dann ist anzunehmen, daß irgendeine bestimmte äußere Ursache besteht, die für solch ein besonderes Verhalten des Stockes verantwortlich ist.

Wenn wir den Stock auf eine Fingerkuppe stellen und den Finger geschickt bewegen, läßt sich eine Stabilität des Stockes zu erreichen, er fällt nicht herunter. Man kann beweisen, daß ein solches System (Balancieren eines Stockes) zwar nicht statisch, wohl aber dynamisch stabil ist.

Als Beispiel einer instabilen Bewegung kann auch eine in die Höhe geworfene Münze dienen. Ihr Fall auf die eine oder andere Seite – Zahl oder Wappen – ist durch so winzige Details der Anfangsbedingungen bestimmt, daß das Ergebnis üblicherweise als zufällig angesehen wird. Eine Münze, die öfter mit Zahl als mit Wappen fällt, ist mit Sicherheit „gezinkt".

Generell wird ein System stabil genannt, wenn seine Bewegung oder sein Zustand durch kleine Störungen nicht verändert wird, z. B. ein Kügelchen auf dem Grund einer kleinen Mulde. Eine Instabilität wird demgegenüber dadurch charakterisiert, daß selbst die allerkleinsten Störungen zu bedeutenden Änderungen führen, die sich außerdem mit der Zeit noch vergrößern, z. B. ein Kügelchen auf der Spitze eines Hügels.

Das Lorentz-Gas dient als Beispiel dafür, wie sich der Begriff Instabilität auf solche Systeme bezieht, die nicht im Gleichgewicht (Wärme- oder mechanisches

[1] N. S. Krylow (1915-1949) war ein Schüler von W. A. Fock (1898-1974). Er hat sich mit der alten Frage befaßt, wie $N(\sim 10^{23})$ wechselwirkende Teilchen ins thermische Gleichgewicht kommen, und hat Ideen aufgegriffen, die auf A. N. Kolmogorow (1903-1987) zurückgehen. Für die moderne Forschung zu diesem Thema bilden die Arbeiten von Kolmogorow und Krylow eine wichtige Ausgangsbasis.

Gleichgewicht) sind. Die Teilchentrajektorien im Lorentz-Gas, die anfangs beinahe identisch waren, werden auf ganz chaotische Weise gemischt.

Das Phänomen Chaos ist weit davon entfernt, eine einfache Erscheinung zu sein. Wenn wir z. B. die runden Hindernisse im Modell des Lorentz-Gases durch Hindernisse mit der Form von Vielecken mit geraden Seiten ersetzen, dann ist die Bewegung stabil und das Chaos verschwindet.

78 Das Sinai-Billard

Ja. G. Sinai hat instabile Systeme mit einem schönen zweidimensionalen Modell, genannt Sinai-Billard, untersucht. Genauer handelt es sich um eine ganze Klasse von Modellen.

Wenn wir einen Teil der Ebene mit einer elastisch reflektierenden rechteckigen Barriere abgrenzen und, wie in dem Modell von Lorentz, die Teilchen nur mit der Wand zusammenstoßen lassen, ohne daß sie dabei ihre Energie verlieren, dann werden die Trajektorien nicht gemischt, so wie wir das auch schon von dem Beispiel eines Gases wissen, das in einem würfelförmigen Gefäß eingeschlossen ist. Wenn sich nun ein Teilchen anfangs senkrecht zur Wand bewegt, dann bewegt es sich auch nach der Reflexion wieder entlang der Senkrechten. Wenn der Einfallswinkel etwas von Null verschieden ist, bleibt auch dieser Winkel erhalten, und wieder entstehen keinerlei Wahrscheinlichkeitsverteilungen. Wenn man aber die Barriereform ändert, kann sich auch das Bild von den möglichen Bewegungen beträchtlich ändern. Ersetzen wir nämlich zwei gerade Barriereseiten durch konvexe Bögen (eine solche Fläche wird auch Stadion genannt), dann entsteht bei der Reflexion schnell eine „Unordnung“ und die Teilchenbewegung wird stochastisch. Zeichnen wir die Trajektorie irgendeines Teilchens auf, dann wird sie das ganze Stadion ziemlich schnell „ausfüllen“. Wenn sich in dem Stadion viele Teilchen bewegen, kann man die Mittelwerte der physikalischen Größen (z. B. die Geschwindigkeitsrichtung) auf verschiedene Weise ermitteln: Man kann alle Trajektorien, die zu irgendeinem ausgewählten Zeitpunkt existieren, betrachten (und daraus das Scharmittel bilden) oder man kann die komplizierte Bewegung eines einzelnen Teilchens verfolgen (und daraus das Zeitmittel bilden).

Das erste Verfahren wird die Mittelung über die Gesamtheit (auch Ensemble oder Schar), das zweite die Mittelung über die Zeit genannt. Merkwürdigerweise (das Merkwürdige ist oft das Natürliche) ergeben beide Arten der Mittelung dasselbe Ergebnis: Scharmittel = Zeitmittel. Diese Behauptung ist eine Hypothese, sie wird Ergodenhypothese genannt. Sie wurde bereits von Boltzmann formuliert, aber bis jetzt gibt es keinen allumfassenden Beweis. Ein Beispiel für ein System, für das die Ergodenhypothese bewiesen ist, ist das obige Stadion, ein Sinai-Billard.

Die Mittelung über eine einzelne Trajektorie benutzte bereits Einstein in der Theorie der Brownschen Bewegung (Abschnitt 70). Eine solche Mittelung erlaubt es, eine komplizierte Trajektorie zu behandeln anstelle eines Gases, das aus einer großen Teilchenzahl besteht.

Die Aufgabe mit dem Stadion hat eine unerwartete Fortsetzung. Ändern wir etwas die Form seiner Begrenzung und geben der Barriere die Form einer Ellipse, dann verschwindet die Ergodeneigenschaft wieder. Bei einem elliptischen Billard mischen sich die Trajektorien nicht, so wie sie sich auch bei einem Billard nicht mischen, dessen Berandung eine glatte und überall (nach außen) konvexe Kurve ist. So gesehen ist das Stadion-Billard ein besonderer Fall.

Die Mischung der Trajektorien findet auf solchen Billarden statt, deren Begrenzung aus Kurvenstücken besteht, die mit der konvexen Seite zum Billardfeld gerichtet sind (z. B. Kreisen). Solche Billarde werden zerstreuend genannt. Ein Bündel parallel fliegender Teilchen breitet sich nach den Zusammenstößen mit solch einer Barriere wie ein geöffneter Fächer aus. Demgegenüber wandelt sich ein paralleles Teilchenbündel, das von einer elliptischen Barriere reflektiert wird, in ein fokussiertes Bündel.

Darin liegt die Ursache ihres prinzipiellen Unterschiedes. Die Billardtheorie wurde ein interessanter Bereich der Mechanik und der Statistischen Physik. Man kann an ihrem Beispiel sehen, wie sich die Eigenschaften, die mit Wahrscheinlichkeitsverteilungen zusammenhängen, und speziell die Entropie in einfachen, von den Newtonschen Gleichungen beschriebenen Modellen entwickeln.

So haben wir einen Bogen gespannt von den Anfängen der Thermometrie und Kalorimetrie über den schweren Weg zu den Hauptsätzen der Thermodynamik, über die Erzeugung tiefster und höchster Temperaturen, über raffinierte Verfahren zur Strahlkühlung, über Phasenumwandlungen und das Auftauen und Einfrieren von Freiheitsgraden, über Fluktuationen und die statistische Deutung der Thermodynamik bis hin zur Aussöhnung von Newtonscher Teilchenmechanik mit ihren Trajektorien und Maxwell-Boltzmannscher Statistik mit ihren Wahrscheinlichkeiten.

IX Extreme Temperaturen bei Kernfusion und kosmischer Evolution

79 Temperaturen bei der Kernfusion

Kehren wir zum idealen Gas zurück. Wie wir sahen (Abschnitte 4, 22-26), sind Massenpunkte, die nicht miteinander zusammenstoßen, ein gutes Modell für die Beschreibung vieler Eigenschaften eines Gases, das sich im thermischen Gleichgewicht befindet. Dieses Modell wurde von den Physikern des 19. Jahrhunderts benutzt. Aber damals wußte man noch nicht, daß die Atome keine kleinen Kügelchen, sondern komplizierte Systeme aus vielen Teilchen sind. Deshalb ist es nur natürlich zu fragen: Bis zu welcher Temperatur können wir Atome als Massenpunkte mit nur drei Freiheitsgraden betrachten und brauchen nicht darüber nachzudenken, daß sie eigentlich aus Elektronen und Atomkernen bestehen? Die Antwort gibt die Quantenmechanik. In einem Atom bewegen sich die Elektronen nicht frei, und es ist unmöglich, ihnen mit Hilfe eines leichten Stoßes irgendeine kleine Energie zu übertragen, wie es mit einem ganzen Atom geschieht, wenn es seine Energie während der Zusammenstöße mit anderen Atomen oder mit der Wand ändert. Um die Elektronen in einem Atom in ihrer Bewegung oder – wie man sagt – in ihrem Zustand ändern zu können, darf man ihnen nicht eine beliebig kleine Energieportion, sondern muß ihnen eine ganz bestimmte Anregungsenergie übertragen. Ein Atom kann sich nur in Zuständen mit ganz bestimmten Energien befinden (so wie dies auch für Spins im Magnetfeld gilt – Abschnitt 32). Bei gewöhnlichen Atomen beträgt die Anregungsenergie einige Zehntel Elektronenvolt: Eine kleinere Energie kann ein Atom nicht aufnehmen. Ein Zehntel Elektronenvolt entspricht etwa 1000 K. Bei Temperaturen dieser Größenordnung beginnen viele Körper zu leuchten. Diese Beobachtung bestätigt das Bild von der Elektronenanregung.

Bei höheren Temperaturen (10.000 K und mehr) können sich die Elektronen (im Ergebnis inelastischer Zusammenstöße zwischen den Atomen) aus den Atomschalen losreißen (Ionisation). Damit hört das ideale Gas auf zu existieren. In dem Gefäß befindet sich nun ein Gemisch aus Elektronen, positiven Ionen und neutralen Atomen sowie Photonen. Ein solches System – es wird Plasma genannt – hat ganz andere Eigenschaften als ein gewöhnliches Gas bei gewöhnlichen Temperaturen. Früher war das Plasma ein sehr seltenes Forschungsobjekt: Mit ihm hatte man in Gasentladungen zu tun, und es gab nur wenige Physiker, die seine Eigenschaften kannten. Jetzt wird das Plasma oft als vierter Aggregatzustand bezeichnet. Damit haben diejenigen Physiker zu tun, die sich mit Beschleunigern, mit den Zuständen der kosmischen Materie (heißes und dichtes Plasma des frühen Kosmos, Zustände von Sternen wie unsere Sonne und deren Evolution) und mit Problemen der thermonuklearen Energie (Gewinnung von Energie aus der Verschmelzung oder Fusion von leichten Atomkernen, was nur bei sehr hohen Temperaturen möglich ist) beschäftigen.

Das thermonukleare Plasma ist sehr heiß. Die Teilchenenergie beträgt Tausende Elektronenvolt, dem entsprechen einige zehn Millionen Grad. Eine derartige Gradangabe ist natürlich nur bedingt möglich, da in einem solchen Plasma kein thermisches Gleichgewicht besteht. Gemeint ist ein Maß für die mittlere Energie der Teilchen. Die thermonukleare Fusion ist nicht unser Thema.[1]

Wir wollen hier nur darauf hinweisen, daß in einem Plasma mit der Temperaturzunahme (d. h. mit der Zunahme der mittleren Energie pro Teilchen) immer neue Freiheitsgrade ins Spiel kommen („auftauen“): Je höher die Temperatur ist, desto mehr Teilchensorten beteiligen sich am thermischen Gleichgewicht, zuerst Elektronen, Ionen und nackte Atomkerne, dann nur noch Elektronen und Atomkerne, schließlich Elektronen, Neutronen (die aus den Atomkernen herausgestoßen wurden) und Atomkerne. Und umgekehrt: Mit abnehmender Temperatur werden die Neutronen wieder in die Kerne „zurückkehren“, die Elektronen werden wieder in ihre Schalen „eingesetzt“: Die Freiheitsgrade frieren beim Abkühlen ein. Nernst hatte dies vorausgesagt (Abschnitt 42), ohne zu ahnen wie der Mechanismus des „Einfrierens der Freiheitsgrade“ im einzelnen funktionieren könnte. Zurück zum Aufheizen mit seinem Auftauen von Freiheitsgraden. Bei sehr hohen Temperaturen von ca. $10^{9\cdots10}$ K werden Elektron-Positron-Paare erzeugt. Bei noch höheren Temperaturen von 10^{13} K werden sogar Nukleon-Antinukleon-Paare erzeugt (Nukleon = Proton oder Neutron). Solche Prozesse haben massenhaft in den sehr frühen Etappen der kosmischen Evolution stattgefunden.

Die Temperaturen, die wir hier nennen, kann man nicht direkt messen. Es gibt kein Thermometer, das man in ein Plasma „hineinhalten“ könnte. Man kann solche Temperaturen nur abschätzen auf Grund ihrer Strahlung oder man kann sie aus der mittleren Teilchenenergie berechnen. Immerhin sind heute in speziellen Anlagen 100 Millionen Grad – allerdings nur im Impulsbetrieb (also jeweils immer nur für kurze Zeit) – realisierbar. Mit dem Internationalen Thermonuklearen Experimental-Reaktor (ITER) soll in den nächsten Jahren das kontinuierliche Brennen eines solchen Plasmas unter effektiver Energiefreisetzung erreicht werden.

Man wird sicherlich fragen: Wie kann man ein Gas aufbewahren, das viele Millionen Grad heiß ist? Materielle Wände kommen dafür ganz gewiß nicht in Frage, vielmehr wird ein solches Gas mit einem komplizierten System von sehr starken, durch Supraleitung erzeugten Magnetfeldern (in einem Torus, manchmal auch in sogenannten magnetischen „Flaschen“) „gehaltert“ .

Zum Schluß wollen wir noch die Frage stellen: Gibt es eine höchste Temperatur, die zwar nicht meßbar ist, aber von der es noch sinnvoll ist zu sprechen? Eine solche Temperatur gibt es in der Liste der Planckschen Einheiten (Abschnitt 64), sie beträgt $T_P = 4 \cdot 10^{31}$ K oder $4 \cdot 10^{27}$ eV $= 4 \cdot 10^{18}$ GeV. Ein Plasma mit einer so hohen Temperatur hat – wie man heute vermutet – am Anfang der kosmischen Evo-

[1] Ausführlicheres zur thermonuklearen Fusion findet man in: I. Milch et al., „Kernfusion im Forschungsverbund“, Forschungsverbund Fusion der HGF, Karlsruhe/Jülich/Garching, 1996.

lution existiert. Die Abkühlung eines solchen superrelativistischen Plasmas war von verschiedenen Phasenübergängen begleitet und hat schließlich zu dem Weltall geführt, so wie wir es heute kennen. Das ist aber ein Bereich von Wissenschaft und Phantasie, in den wir hier nicht weiter eindringen wollen.[2]

80 Temperaturen im frühen und späten Kosmos

Wiederholt haben uns unsere „irdischen" Betrachtungen darüber, wie sich die heute präzisen Begriffe Temperatur und Wärme aus ihrer anfänglich qualitativ-unscharfen Verwendung in der Alltagssprache herausbildeten (auf einem Wege, der alles andere als geradlinig war), auch zu „himmlischen" Ausflügen in den Kosmos geführt: Reliktstrahlung (Abschnitt 61), Schwarze Löcher (Abschnitte 62-67), stellare Kernfusion (Abschnitt 79). Dabei trat auch immer wieder die enge Kopplung zwischen der Welt im ganz Großen und der im ganz Kleinen zu Tage. Wir wollen uns zum Schluß noch einmal vor Augen halten, welche Rolle Temperaturen in der kosmischen Evolution spielten und wie breit das Spektrum der Temperaturen ist, die im heutigen Kosmos präsent sind.

Dabei kann man nicht umhin, die gravierenden Unterschiede zwischen den früheren und den heutigen Vorstellungen über den Kosmos festzuhalten. So haben ja im 19. Jahrhundert statische Vorstellungen vom Sonnensystem und von der Sphäre unbeweglicher Sterne, die im unendlichen, vollkommen leeren Raum verteilt sind, sogar Gedanken vom Ende der Wissenschaft überhaupt aufkommen lassen.[1] Heute wissen wir, daß dieses Bild von der Realität himmelweit entfernt ist – so ähnlich wie frühere Vorstellungen von einer ebenen Erde (Scheibe) und einer ruhenden (von Sonne, Mond und Sternen umkreisten) Erde der Realität völlig widersprachen. Heute wissen wir, daß der Kosmos ein gigantisches, dynamisches, sich ständig entwickelndes System ist, das wiederum aus einer sehr großen Zahl von Teilsystemen besteht, die sich ihrerseits unabhängig voneinander entwickeln. Dort, wo man früher die Leere oder erstarrte tote Sterne gesehen hat, entdecken die Astronomen unserer Tage die Entstehung von Sternen aus Gas und Staub, Explosionen von Sternen,[2] Pulsare (= unheimlich schnell rotierende Neutronensterne), Galaxien mit je einem aktiven Zentrum (das sind gewaltige kosmische Maschinen,

[2] Darüber wird in dem Buch von S. Weinberg, „Die ersten drei Minuten", Piper, München, 1997, spannend berichtet.

[1] Vor Beginn des 20. Jahrhunderts gab es nur Vorstellungen von einem unendlichen statischen Kosmos (der seit jeher unverändert existiert oder zu einem bestimmten Zeitpunkt etwa so erschaffen wurde, wie wir ihn heute kennen). Niemand kam auf den Gedanken, das Weltall, das Universum, der Kosmos könnten sich ausdehnen (oder zusammenziehen) und dabei eine Evolution durchlaufen. Lediglich für unsere Sonne und ihre Planeten entwickelten 1755 I. Kant (1724-1804) und 1796 P. S. Laplace (1749-1827) Hypothesen über deren Entstehung und Entwicklung aus einer Gaswolke. Einwände gegen einen unendlichen statischen Kosmos gehen auf W. Olbers (1758-1840) zurück (Olberssches Paradoxon).

[2] Am 23. Februar 1987 explodierte in der Großen Magellanschen Wolke in einer Entfernung von 163.000 Lichtjahren eine Supernova, einen Neutronenstern hinterlassend. Auch in den Jahren 1604, 1572 und 1054 sowie in der Antike wurden Supernovae mit bloßem Auge beobachtet.

die potentielle Energie über kinetische Energie und Reibung in Strahlung umwandeln) und speziell Quasare (= Galaxien mit aktivem Zentrum und sehr großer Rotverschiebung), gerichtete Ausströmungen (sog. Jets) aktiver Galaxienkerne sowie auch Zusammenstöße und Vereinigungen von Galaxien. Und zur gewöhnlichen Astronomie mit elektromagnetischen Wellen (die ein wirklich gewaltiges Spektrum überdecken von den mm-Wellen der Reliktstrahlung mit $\hbar\omega = 10^{-4}$ eV bis zu härtester γ-Strahlung mit 10^{15} eV kommt neuerdings die Neutrino-Astronomie. Aus dem Weltall kommt auch die kosmische Strahlung (meist Protonen und α-Teilchen). Darunter sind – wenn auch nur mit äußerst geringer Stromdichte (ein Teilchen pro km^2 und Jahrhundert) – Teilchen mit extrem hohen Energien von 10^{20} eV entsprechend einer Temperatur von 10^{24} K (mit irdischen Beschleunigern erreicht man „nur" 10^{12} eV oder 10^{16} K). Was für Teilchen sind das, woher kommen sie, wovon zeugen sie? Da die kosmische Strahlung durch eine nicht-thermische Teilchenpopulation gekennzeichnet ist, trägt ihre Untersuchung zur Erforschung der nicht-thermischen Komponenten des Universums bei (in Gasen/Plasmen sehr geringer Dichte kann sich nämlich kein thermisches Gleichgewicht bilden, nicht einmal ein lokales). Schließlich wird der Nachweis und die Vermessung von Gravitationswellen vorbereitet als Voraussetzung für die künftige Gravitationswellen-Astronomie.

Begleitet und getrieben wurden die qualitativen Änderungen in den Vorstellungen vom Kosmos (Paradigmenwechsel) von den quantitativen Erweiterungen unserer Welterkenntnis. Die Welt des Naturforschers erstreckte sich zu Anfang des 20. Jahrhunderts von Atomkernen (mit Ausdehnungen von 10^{-12} cm) über Atome (mit Ausdehnungen von 10^{-8} cm) bis zu Galaxien in „nur" etlichen zehntausend Lichtjahren (= 10^{22} cm) Entfernung. Demgegenüber haben die heutigen Beschleuniger geholfen, die Grenze von 10^{-16} cm zu erreichen, und die Astronomen kennen heute Quasare, die sich in einer Entfernung von über 10 Milliarden Lichtjahren (= 10^{28} cm) befinden. Also hat sich die vom nach Erkenntnis strebenden Menschen gedanklich erfaßte Welt in ihren Ausmaßen um den Faktor 10^6 (oder im Volumen um den Faktor 10^{18}) vergrößert.

Ohne auf die Details des durch etliche Indizien überzeugend gestützten Standardmodells der kosmischen Evolution einzugehen, wollen wir doch festhalten, daß mit der durch die Allgemeine Relativitätstheorie mathematisch beschriebenen kosmischen Expansion eine Abkühlung und Verdünnung des vor ca. 14 (± 2) Milliarden Jahren sehr heißen und sehr dichten Zustandes der kosmischen Materie einhergeht. Dabei gibt es eine Million Jahre nach dem Urknall (Big Bang) einen Wechsel von der durch thermisches Gleichgewicht und Strukturlosigkeit gekennzeichneten, homogenen und isotropen Frühphase zu der durch die Bildung vielfältigster Nichtgleichgewichtsstrukturen gekennzeichneten Spätphase. In den verschiedenen Etappen der Frühphase sorgen ganz bestimmte Elementarteilcheneigenschaften für das sich in Phasenumwandlungen oder kontiunierlichen Übergängen manifestierende Einfrieren von Freiheitsgraden. Schließlich sorgen in der Spätphase Gravitationsinstabilitäten für die Bildung von hierarchisch gegliederten Strukturen mit 10 Trilliarden lokalen Gleichgewichtszuständen. (Insofern als nukleare Bindungsenergie in Strahlung verwandelt und in den sehr kalten und fast leeren Kosmos ausgesendet wird, handelt es sich um lokale Fließgleichgewichte.) Diese entwickeln sich weitgehend unabhängig voneinander, wobei jeder für sich mit seiner Umgebung nicht im Gleichgewicht steht, daher strahlt und mit seiner Strahlung Energie, Entropie und Information in die Weiten des Kosmos exportiert (ein Teil dieser Gebilde wird plötzlich instabil und schleudert bei Supernovae-Explosionen auch gewaltige Mengen stofflicher Materie ins All): Der homogene und isotrope Kosmos der Frühphase spaltet auf in eine sehr große Zahl fast unabhängiger Welten, das räumlich einheitliche, aber sich zeitlich ändernde thermische Gleichgewicht der Frühphase zerfällt in sehr viele lokale, fast unabhängige Fließgleichgewichtszustände der Spätphase. So ist die kosmische Evolution auch eine Entwicklung weg von dem homogenen, aber durch eine hohe innere Dynamik gekennzeichneten Kosmos der Urzeit zum heutigen Kosmos mit seiner Vielfalt an Differenzierungen und Strukturen.

Dabei sind die globale kosmische Dynamik und die lokalen Eigenschaften von Materiezuständen miteinander eng verknüpft. Eine Reihe von Symmetriebrechungen und Phasenumwandlungen markiert die verschiedenen Etappen der kosmischen Evolution, die im Vergleich zur gewöhnlichen Gleichgewichts-Thermodynamik einen anderen Rahmen aufspannt, so daß auch Nichtgleichgewichts-Effekte mit ihren Relaxationsprozessen ins Spiel kommen. Eine wichtige Phasenumwandlung im frühen Kosmos (bei einer Temperatur von 100 GeV, 10^{-11} s nach dem Urknall), die neben vielen anderen (z. B. die Aufblähung oder „Inflation" bei 10^{15} GeV, 10^{-35} s nach dem Urknall) diskutiert wird, ist die Emergenz (das Auftauchen) des Phänomens „Ruhmasse": Quarks, Elektronen und Neutrinos samt ihren Antiteilchen als Fermionen wie auch die $W^{\pm}$- und Z^0-Teilchen als (Eich-) Bosonen hatten nämlich nicht schon immer Ruhmassen, waren nicht schon immer massive Teilchen. Vielmehr gab es in der kosmischen Evolution eine frühe Zeit, da befand sich das Higgs-Feld (nach dem Standardmodell ein überall präsentes selbstwechselwirkendes Hintergrundfeld, nach dessen Quanten, den Higgs-Bosonen H^0, mit großen Beschleunigern gefahndet wird) in einem solchen angeregten Zustand (mit verschwindendem Erwartungswert), daß sich die vorhin genannten und an das Hintergrundfeld elektroschwach angekoppelten Teilchen (Quarks etc.) in diesem Feld mit Lichtgeschwindigkeit c bewegten. Das bedeutet, sie hatten noch keine Ruhmasse. Mit der kosmischen Abkühlung ging jedoch das Hintergrundfeld symmetriebrechend in seinen Grundzustand (mit nichtverschwindendem Erwartungswert) über und die Quarks etc. bekamen durch Vakuumpolarisation plötzlich ihre Ruhmassen. Folglich konnten sie sich in dem überall präsenten Higgs-Feld nur noch mit Geschwindigkeiten $v < c$ bewegen. Alles hat seine Geschichte/Vorgeschichte, so auch die Ruhmasse.

Zu jeder Temperatur der Frühphase gehört ein spezieller Kosmoszustand. Das wird im folgenden ganz grob skizziert:

• Bei anfänglichen Temperaturen von 10^{28} (= 1 Quadrilliarde) K oder 10^{15} GeV war noch der gesamte Elementarteilchenzoo (alle Fundamentalteilchen, alle Wechselwirkungsteilchenteilchen, s. Fußnoten 1 und 2 von Abschnitt 67) am thermischen Gleichgewicht des homogenen und isotropen Urzustandes beteiligt. Kompositteilchen wie Protonen, Neutronen, Atomkerne, Atome oder gar Moleküle gab es noch nicht (dazu war es viel zu heiß), sie emergieren (tauchen auf) erst in späteren Etappen der Frühphase. Die vielfältigsten Elementarteilchenreaktionen fanden statt, insbesondere das gegenseitige Vernichten von Teilchen und Antiteilchen bei gleichzeitiger Erzeugung jeweils eines Photonenpaares und umgekehrt. Letzteres (die Neuerzeugung von Teilchen-Antiteilchen-Paaren) ist aber immer nur solange möglich, wie die Photonenenergie ausreicht, um mindestens die jeweilige Ruhmasse zu erzeugen. So werden für ein t-$\bar{t}$-Quarkpaar mindestens 350 GeV oder $3{,}5 \cdot 10^{15}$ K benötigt (für ein e^--e^+-Paar dagegen nur 1 MeV oder 10^{10} K). Mit dem Abkühlen verschwinden daher zunächst die Teilchen samt zugehöriger Antiteilchen mit der größten Ruhmasse (weil die geringer gewordene Photonenenergie nicht mehr ausreicht, entsprechende Teilchen-Antiteilchen-Paare zu erzeugen), dann verschwinden die nächst schweren Teilchen und Antiteilchen usw. usf.; so frieren die Freiheitsgrade der schweren Teilchen und Antiteilchen in einer Folge von Übergängen ein, indem sie sukzessive von der Weltenbühne abtreten (bis sie erst sehr viel später vom Menschen in sehr geringer Zahl, auf kleinstem Raum und für kürzeste Zeit in dem 10^{-24}s dauernden Little Bang künstlich wieder zum Leben erweckt werden). Dieses Schicksal widerfährt den schweren Quarks t, b, c, s, den schweren Leptonen $\tau^{\pm}$ sowie den schweren Wechselwirkungsteilchen $W^{\pm}$, Z^0.

• Übrig bleiben „nur noch" die leichten Quarks u, $\bar{u}$ und d, $\bar{d}$, die leichten Leptonen ν, $\bar{\nu}$, $e^{\pm}$ (und die $\mu^{\pm}$, die als nächste Teilchensorte verschwinden) sowie die Gluonen und Photonen. Diesen bei 10^{13} (= 10 Billionen) K eintretenden Kosmoszustand nennt man Quark-Gluon-Plasma.

• Bei 10^{12} (=1 Billion) K findet eine Phasenumwandlung statt: Aus den Quarks u und d und den zugehörigen Antiteilchen bilden sich Protonen und Neutronen samt ihrer Antiteilchen (sozusagen als Quarkatome). Die Quark-Gluon-Freiheitsgrade frieren ein (quark confinement). Im weiteren findet jedes Antiproton ein Proton und zerstrahlt mit ihm. Auch die Antineutronen verschwinden so. Die umgekehrten Prozesse der Paarerzeugung können nicht mehr stattfinden, da die geringer gewordene Photonenenergie ($<$ 2 GeV oder $2 \cdot 10^{12}$ K) nicht mehr zur Paarbildung ausreicht.

Wären Teilchen und Antiteilchen im frühen Kosmos in genau der gleichen Anzahl vorhanden gewesen, so hätten sie sich bei diesen und den folgenden Zerstrahlungen gegenseitig völlig ausgelöscht. Es wäre letztlich nur noch das Photonengas der kosmischen Reliktstrahlung übrig geblieben, Gaswolken, Staubwolken und Sterne hätten sich niemals bilden können. Da diese Gebilde aber existieren, muß vor den Zerstrahlungen zwischen der Zahl der Teilchen und der Zahl der Antiteilchen eine zwar relativ geringfügige, aber für die Existenz des heutigen Kosmos entscheidende Asymmetrie bestanden haben: Auf ungefähr 1 Milliarde Teilchen-Antiteilchen-Paare hat es ein überschüssiges Teilchen gegeben, das keinen Antiteilchen-Partner für seine Zerstrahlung finden konnte und folglich als Mauerblümchen bis in die Jetztzeit überlebte. Das Überleben der überschüssigen Protonen und Neutronen nennt man auch Baryonenasymmetrie.

• Bei 10^{11} (= 100 Milliarden) K gibt es nur noch Neutrinos, Antineutrinos, Elektronen, Positronen, Photonen und vergleichsweise wenige (10^{80}) Protonen und Neutronen. Obwohl die beiden letzteren Teilchensorten im damaligen Kosmos nur eine Rarität darstellen (Nukleonen in der Diaspora), sind sie doch die Bausteine aller späteren Himmelskörper sowie der interstellaren und intergalaktischen Materie.
• Bei 10^{10} (= 10 Milliarden) K beginnen die Positronen zu verschwinden, auch sie haben nun ihre Schuldigkeit getan und müssen gehen. Wie schon beschrieben, bleibt auf eine Milliarde Zerstrahlungen von Elektron-Positron-Paaren ein Elektron übrig, die Energie der Photonen (< 1 MeV oder 10^{10} K) reicht nicht mehr aus, wieder neue Elektron-Positron-Paare zu erzeugen.
• Bei 10^9 (= 1 Milliarde) K besteht der Kosmos aus Neutrinos, Antineutrinos, Photonen und relativ wenigen Elektronen, Protonen und Neutronen. Während sich die Protonen durch eine sehr große Lebensdauer auszeichnen, unterliegen die freien Neutronen dem β-Zerfall, der die anfängliche Zahl der Neutronen reduziert.
• Bei $6 \cdot 10^8$ (= 600 Millionen) K vollzieht sich jedoch der Zusammenschluß von je 2 Protonen und Neutronen (die so ihrer Auslöschung durch β-Zerfall zuvorkommen) zu einem α-Teilchen oder He-Kern, das ist die primordiale oder urzeitliche Nukleosynthese, bei der auch andere leichte Kerne entstehen wie ^{2}H, ^{3}He, ^{7}Be, ^{7}Li, ^{6}Li. Die Energie der Photonen reicht nicht mehr aus, diese Kerne zu zerstören. Der Kosmos besteht aus Neutrinos, Photonen, viel weniger Elektronen, Protonen und leichten Kernen (bei denen die He-Kerne überwiegen). Die urzeitliche Nukleosynthese findet ihr Ende mit dem Verschwinden der freien Neutronen. Man beachte den Zusammenhang zwischen der für die Abkühlung von 1 Milliarde auf 600 Millionen K erforderlichen Zeit, der Lebensdauer freier Neutronen (15 Minuten) und dem Zahlenverhältnis 9:1 von Protonen (H-Kernen) und α-Teilchen (He-Kernen), was einem Massenverhältnis von 3:1 entspricht.
• Bei 100.000 K $\cdots$ 10.000 K findet der Strahlungskosmos sein Ende, in der Energiebilanz beginnt nun die in den Protonen und He-Kernen enthaltene Ruhmasse zu dominieren.
• Bei 4000 K schließlich führt ein weiterer Übergang zur Bildung der ersten und allereinfachsten Atome: Je 1 Proton und 1 Elektron bilden ein Wasserstoffatom, je 1 He-Kern fängt 2 Elektronen ein und bildet so ein He-Atom. Die Energie der Photonen reicht nicht mehr aus, die entstandenen Atome zu zerstören. Freie elektrische Ladungen verschwinden somit von der Weltenbühne. Eine Konsequenz ist, daß der Kosmos für die Photonen von da an durchsichtig wird, mit den neutralen Atomen können sie nicht mehr wechselwirken, die 10^{89} Photonen koppeln 300.000 Jahre nach dem Urknall ab, sie sind danach nicht mehr am thermischen Gleichgewicht des H-He-Gases beteiligt. Es entsteht das, was uns heute nach einer Alterung von 14 (± 2) Milliarden Jahren als 2,7 K-Photonen-Reliktstrahlung erscheint (Abschnitt 61). (Übrigens haben sich bei 100 Milliarden K vorher schon die Neutrinos und Antineutrinos in analoger Weise abgekoppelt, sie bilden heute die 1,9 K-Neutrino-Reliktstrahlung.) Zwar kommt nur ein Teilchen der stofflichen Materie (Proton, Neutron oder Elektron) auf 10 Milliarden Photonen der 2,7 K-Reliktstrahlung, wegen ihrer geringen Energie beträgt die Energiedichte der Reliktphotonen aber nur 1/1000 der Ruhmassenenergiedichte im Kosmos.

• Die strukturlose Frühphase geht zu Ende. 700.000 Jahre nach dem Urknall besteht der Kosmos aus einem 2500 K heißen H-He-Gas und abgekoppelten Reliktstrahlungen. Immer noch gibt es keine mittelschweren und schweren Atomkerne, keine zugehörigen Atome und Moleküle, keinen Staub, keine Sterne, keine Galaxien. Deren Entstehung und Entwicklung vollzieht sich in den anschließenden Millionen und Milliarden Jahren. Und was wird dabei alles aus anfänglichen Quantenfluktuationen schöpferisch hervorgebracht! Ein Modewort hierzu ist die Emergenz, womit das Auftauchen von qualitativ Neuem gemeint ist, das sich aus dem hoch-kooperativen Zusammenwirken sehr vieler Teile eines Gesamtsysytems ergibt und das dann ihrerseits zurückwirkt, indem es die Teile taktgebend („versklavend") beeinflußt (H. Markl, V. W. Beckwith, W. Singer, R. Mayntz). Dieses Wort erklärt zwar nichts, schärft aber den Blick (und hat vielleicht eine gewisse Verwandtschaft zur aristotelischen Entelechie). Ein mit der Existenz von Galaxien und ihrer Entstehung verbundenes kosmologisches Problem ist die sogenannte Dunkelmaterie, auf die aus ihrer Gravitationswirkung geschlossen werden muß und von der man noch gar nicht weiß, woraus sie besteht. Erwogen werden außer jupiterähnlichen Planeten, Braunen und alten Weißen Zwergen, Schwarzen Löchern und Gas- und Staubwolken als Komponenten der baryonischen Dunkelmaterie auch Neutrinos (es häufen sich Hinweise auf deren endliche Ruhmasse) als die heiße Komponente der nichtbaryonischen Dunkelmaterie sowie vom Urknall übriggebliebene exotische Teilchen wie magnetische Monopole (die sich durch Tscherenkow-Strahlung bemerkbar machen sollten, wenn sie sich z. B. in Wasser schneller bewegen als Licht), Axionen (die in einem starken Magnetfeld in je zwei Photonen zerfallen können) oder WIMPs (schwach wechselwirkende Teilchen mit großer Ruhmasse) als kalte Komponenten der nichtbaryonischen Dunkelmaterie. WIMPs könnten in großer Zahl beim Urknall entstanden und übriggeblieben sein, sodaß starke WIMP-Ströme den Kosmos durchsetzen, wobei Kollisionen mit Atomkernen wegen der schwachen Wechselwirkung nur sehr selten stattfinden. Ob sich jüngste Mitteilungen über die eventuelle Entdeckung von WIMPs mit 50-facher Nukleonenmasse (sog. Neutralinos als supersymmetrische Partner der Neutrinos) bestätigen, bleibt abzuwarten. Es wird geschätzt, daß die sichtbare Materie (10^{80} Baryonen = 100 Mrd. Galaxien mit ihren Sternen, Staub- und Gaswolken) nur mit einem Bruchteil von $0,5 \pm 0,2$ % zur mittleren Massendichte beiträgt, die gesamte baryonische Materie nur mit etwa $4,5 \pm 0,5$ % und die nichtbaryonische Dunkelmaterie mit $30 \pm 7\%$ (kalte 20%, heiße 10%). Schließlich ist die Dunkelenergie (= Energie der Vakuumfluktuationen, die der kosmologischen Konstanten entsprechen, die ihrerseits statt einer Verlangsamung eine Beschleunigung der kosmischen Expansion bewirkt) mit 80 ± 20 % beteiligt. Die Unsicherheit in der Zusammensetzung der kosmischen Materie zusammen mit der Ungenauigkeit der Hubble-Konstanten (± 10 %) führt zu einer Unschärfe des Weltalters von etwa ± 2 Mrd. Jahren. Zum Thema Dunkelmaterie siehe B. Majorovits, H.-V. Klapdor-Kleingrothaus, Sterne und Weltraum 1/2000, S. 22 und J. Jochum und F. von Feilitzsch, Phys. Blätter 3/2000, S. 65. – Als ein wichtiger Prozeß in der Entwicklung von normalen, auch großen Galaxien und Galaxienhaufen ist neuerdings die gravitative „Verschmelzung" kleinerer „Bausteine" erkannt worden. Das komplementäre Gegenstück zur Bildung großer Superhaufen ist die zugehörige Entstehung großer „voids" (= Leerräume).

Überblickt man nochmals die Frühphase der kosmischen Evolution, drängt sich unwillkürlich die Frage auf, welchen Umständen oder Prozessen wohl die oben erwähnte Asymmetrie zwischen Teilchen und Antiteilchen zu verdanken ist, die wiederum eine Voraussetzung für unsere eigene Existenz ist. Von A. Sacharow wurden in den 60er Jahren 3 Bedingungen formuliert, um die Entstehung dieser Asymmetrie verstehen zu können:

1. Es müssen (jenseits des Standardmodells der Elementarteilchen) Elementarteilchenprozesse möglich sein und in den ersten Etappen der Frühphase massenhaft stattgefunden haben, bei denen sich Quarks in Leptonen und umgekehrt umwandeln, etwa $e^+ \rightarrow q$, $e^- \rightarrow \overline{q}$ und $q \rightarrow e^+$, $\overline{q} \rightarrow e^-$. Ein Prozeß dieser Art, der auch heute noch, allerdings sehr selten stattfinden sollte, ist der vermutete spontane Zerfall des Protons in ein Positron und ein neutrales Pion (Abschnitt 67) sowie der Doppelbetazerfall von Atomkernen.

2. Es müssen Elementarteilchenprozesse möglich sein und in den ersten Etappen der Frühphase massenhaft stattgefunden haben, die für Teilchen und Antiteilchen unterschiedlich verlaufen, die also die Teilchen-Antiteilchen-Symmetrie brechen, was gleichbedeutend ist mit einer Verletzung der Zeitspiegelungssymmetrie. Prozesse dieser Art, die auch heute noch auftreten, sind die beobachteten und durch die schwache Wechselwirkung getriebenen Zerfälle des neutralen Kaons und seines zugehörigen Antiteilchens.[3] – Im thermischen Gleichgewicht mitteln sich allerdings die bei den Einzelprozessen auftretenden Verletzungen der Zeitspiegelungssymmetrie statistisch heraus. Damit aus den mikroskopischen Bedingungen 1. und 2. wirklich eine makroskopische Asymmetrie in der Teilchen-Antiteilchen-Zahl entstehen kann, müssen sie durch eine bestimmte Eigenschaft der kosmischen Evolution ergänzt werden, nämlich:

3. In der Frühphase muß es durch Irreversibilität gekennzeichnete Zeitabschnitte gegeben haben. Damit ist gemeint: Solange thermisches Gleichgewicht herrscht, ist keine Zeitrichtung ausgezeichnet (dabei ist die Relaxationszeit sehr viel kleiner als die charakteristische Zeit der kosmischen Expansion). Ein Phasenübergang zu einem neuen thermischen Gleichgewicht läuft jedoch mit Verzögerung ab, mit anderen Worten er benötigt eine größere Relaxationszeit, sodaß das unter 2. genannte statistische Herausmitteln nicht mehr stattfindet.

Die Bedingungen 2. und 3. sind erfüllt. Gelingt es, den extrem seltenen Protonenzerfall nachzuweisen, wäre ein Weg zur Erklärung einer der merkwürdigsten Eigenschaften unseres Kosmos geöffnet: In den ersten Etappen der Frühphase könnten sich etwa mehr Positronen in Quarks als Elektronen in Antiquarks umgewan-

[3] Wesentlich für die Erklärung der beobachteten Zerfälle von K^0 und $\overline{K}^0$ ist die Annahme, daß sich jedes der Quarks mit der elektrischen Ladung 2/3 (u, c, t), bewirkt durch die schwache Wechselwirkung, in jedes der Quarks mit der Ladung $-1/3$ (d, s, b) umwandeln kann und umgekehrt (Mischung der Quark-Familien). Konsequenzen dieser Annahme für den Zerfall von B-Mesonen sind z. Z. auf dem experimentellen Prüfstand.

delt haben. Das ist die Voraussetzung dafür, daß beim Einfrieren der Quark-Gluon-Freiheitsgrade ein geringfügiger Überschuß von Protonen, Neutronen und Elektronen gegenüber ihren Antiteilchen entstand. Während sich alle Antiteilchen und fast alle Teilchen in die Photonen der heutigen Reliktstrahlung verwandelten, findet sich der geringfügige Teilchenüberschuß in den Sternen und in der interstellaren und intergalaktischen Materie wieder. Soviel zur Rolle von T in den Frühphasen der kosmischen Evolution.

Betrachtet man abschließend den heutigen Zustand des Kosmos, so fällt auf, daß die verschiedensten Temperaturen nebeneinander und miteinander existieren. Temperaturen von Zehntausenden Grad an den Oberflächen von Sternen koexistieren mit dem kalten Photonengas der Reliktstrahlung und mit dem noch kälteren Gas der Reliktneutrinos und mit dem noch kälteren Gravitationswellenspektrum des Urknalls. Schwarze Löcher haben Temperaturen von 10^{-14} K (supermassive), 10^{-7} K (stellare) und 10^{+17} K (urzeitliche, 1 s vor ihrer vollständigen Zerstrahlung, falls sie existieren). Im Inneren von Sternen herrschen Temperaturen von mehreren Millionen Grad, das ist die Welt der Kernfusionen: Die kinetische Energie der Teilchen ist dabei so hoch, daß die Potentialbarrieren der Coulomb-Abstoßung überwunden werden können. Das läßt die starke Wechselwirkung zum Zuge kommen und leichte Atomkerne zu schwereren fusionieren. So gesehen sind alle unserer Sonne ähnlichen Sterne einerseits kosmische Elementebrüter, also gewaltige Fabriken zur Erzeugung chemischer Elemente (maximal bis Eisen). Andererseits wird gleichzeitig die bei solchen Kernverschmelzungen frei werdende nukleare Bindungsenergie in die Weiten des Weltalls gestrahlt. Andere Strahlungsquellen sind die Strahlungsausbrüche bei Supernovae-Explosionen, die in Schwarze Löcher und Neutronensterne hineinspiralenden und sich dabei stark aufheizenden Akkretionsscheiben, ferner Pulsare (= Neutronensterne, die extrem starke Magnetfelder aufweisen, extrem schnell rotieren und wie kosmische Leuchttürme scharf gebündelte, umlaufende Strahlenkegel aussenden), Ausbrüche von Röntgen- und weicher Gammastrahlung und anschließender Radiostrahlung (evtl. infolge von Beben in den Krusten von Neutronensternen) sowie Braune Zwerge (ihre geringe Masse ließ die Kernfusion nicht zünden), Rote Riesen und Weiße Zwerge (als zwar ausgebrannte, aber natürlich noch ihre Restwärme ausstrahlende Sterne) und last not least die Vakuumfluktuationen am Ereignishorizont Schwarzer Löcher (Hawking-Strahlung, sobald die Temperatur des Schwarzen Loches über der Temperatur der 2,7 K-Reliktstrahlung liegt). Ferner emittieren Sterne nicht nur Photonen (die 100.000 Jahre brauchen, um von ihrem Entstehungsort im Inneren eines Sterns an dessen Oberfläche zu diffundieren), sondern auch Neutrinos (die dieselbe Strecke ungestört durchlaufen). Zu den im Kosmos auftretenden natürlichen Temperaturen kommen schließlich noch die vom Menschen künstlich erzeugten tiefen und tiefsten Temperaturen mit ihren zugehörigen besonderen Materialeigenschaften wie Supraleitung und Suprafüssigkeit.

Die oben grob skizzierte Temperaturgeschichte des Kosmos hat uns auch immer wieder fragen lassen, „was wohl die Welt im Innersten zusammenhält". Wir wollen uns zum Schluß die vier fundamentalen Wechselwirkungen, die am kosmischen Abkühlen von anfänglichen Temperaturen oberhalb 10^{15} K und an stellaren Wiederaufheizungen auf 10^7 K, am Auftreten höchster und tiefster Temperaturen beteiligt waren und sind, mit ihren wichtigsten Merkmalen vor Augen führen (geordnet nach der Größe ihrer Kopplungskonstante):

• **Gravitation**: Sie ist zwar die schwächste Kraft, sorgt aber mit ihrer langen Reichweite für den Zusammenhalt der Welt im Großen, also für die Existenz von Erde, Sonne, Mond und Sternen, für Ebbe und Flut, für die Plattentektonik (zusammen mit dem Wärmestrom vom Erdinnern nach außen) und natürlich für die alltägliche Beobachtung, daß alles nach unten fällt. Sie ist allgegenwärtig, es gibt keine Gravitationsneutralität, alles unterliegt der Gravitation, so auch das Licht, siehe die Lichtablenkung im Gravitationsfeld (darauf beruhen astrophysikalische Gravitationslinsen) und die gravitative Rot- und Blauverschiebung. Sie sorgt für einen dynamischen Kosmos (ein statischer Kosmos ist mit den Feldgleichungen der Allgemeinen Relativitätstheorie unvereinbar) und bestimmt zusammen mit einer gesetzten Anfangsbedingung die kosmische Expansion als Voraussetzung für die kosmische Evolution mit ihren beiden Phasen und den vielen Etappen. Gravitationswellen zeugen vom Urknall, vom Entstehen Schwarzer Löcher sowie von engen, aus Neutronensternen bzw. Schwarzen Löchern bestehenden Doppelsternsystemen, insbesondere von deren Ineinanderspiralen zum Ende ihrer Entwicklung.

• **Schwache Wechselwirkung**: Sie bricht die Raumspiegelungssymmetrie (Parität)[4] – 1956 von T.D. Lee (geb. 1926) und C.N. Yang (geb. 1922) vorhergesagt, von C.-S. Wu (geb. 1912) im gleichen Jahr beim β-Zerfall von ^{60}Co nachgewiesen – sowie die Zeitspiegelungssymmetrie – von J.W. Cronin (geb. 1931) und V. Fitch (geb. 1923) beim Zerfall neutraler Kaonen 1964 nachgewiesen. Sie bestimmt die Lebensdauer beim spontanen Zerfall freier Neutronen (β-Zerfall) und damit in der Frühphase der kosmischen Evolution (genauer in der 600-Millionen-K-Etappe) das Zahlenverhältnis von Protonen (H-Kernen) und α-Teilchen (He-Kernen) im gesamten Kosmos. Die schwache Wechselwirkung ermöglicht das (für uns lebenswichtige) Ingangsetzen der Nukleosynthese in Sternen, indem sie den ersten Schritt einer ganzen Kette von Kernreaktionen bewirkt, nämlich die Umwandlung je zweier Protonen in ein Deuteron: $p + p \to d$, wobei ein Positron und ein Neutrino freigesetzt werden. So schafft die schwache Wechselwirkung die Voraussetzung dafür, daß sich die starke Wechselwirkung bei den anschließenden Kernreaktionen entfalten kann: $d + p \to {}^3\text{He}$, ${}^3\text{He} + {}^3\text{He} \to {}^4\text{He} + 2p$ (zusammen nennt man das die mit erheblicher Energiefreisetzung verbundene Proton-Proton-Kette; an sie schließt sich die Tripel-α- Reaktion an). Auch bei der Entstehung von Neutronensternen ist die schwache Wechselwirkung mit der (zum β-Zerfall umgekehrten) Umwandlung von Protonen und Elektronen in Neutronen (inverser β-Zerfall) und mit der Kühlung dieser Sterne durch Neutrinostrahlung am Werk. Auch gewöhnliche Sterne emittieren einen Teil ihrer Energie in Form von Neutrinostrahlung, die bei der Kernfusion durch die schwache Wechselwirkung entsteht. Die vom Standardmodell der Ele-

[4] Übrigens gibt es im asiatischen Kulturraum seit langem das duale und nicht spiegelsymmetrische Yin-Yang-Symbol, es hat (dort) einen tiefen philosophischen Gehalt.

mentarteilchen und fundamentalen Wechselwirkungen vorhergesagten und durch gezielte Suche schließlich gefundenen Wechselwirkungsteilchen (Eich-Bosonen) der schwachen Wechselwirkung ($W^{\pm}$, Z^0) sind die mit Ruhmassen ausgestatteten Partner des ruhmasselosen Photons, sie verschwanden als schwere Teilchen (mit Ruhmassen von 80 bzw. 91 GeV/c^2) in den ersten „Augenblicken" nach dem Urknall. Die $W^{\pm}$-Teilchen sind für den β-Zerfall verantwortlich, die Z^0-Teilchen sind bei der Streuung von Neutrinos an geladenen Leptonen von Bedeutung. Die großen Ruhmassen m der $W^{\pm}$- und Z^0-Teilchen sorgen für die kurze Reichweite der schwachen Wechselwirkung, die sie für große Abstände eben als schwach erscheinen läßt. Bei Abständen $< \hbar/(mc)$ hat sie jedoch die gleiche Stärke wie die elektromagnetische Wechselwirkung.

• **Elektromagnetische Wechselwirkung**: Sie sorgt für den Zusammenhalt und die Eigenschaften aller Atome und Moleküle und deren Wechselwirkung, für chemische Reaktionen mit ihren Energiebilanzen (z. B. für die Energiegewinnung durch Verbrennung von Kohlenstoff), für den Zusammenhalt und die Eigenschaften aller fluiden, kondensierten, granularen und weichen Materie. Letztlich bestimmt die elektromagnetische Wechselwirkung zusammen mit der Quantentheorie die Eigenschaften aller Stoffe: die Phasendiagramme der Gleichgewichts-Thermodynamik (dazu gehören auch alle Phasenumwandlungen fest-flüssig-gasförmig, aber auch Metall-Isolator-Übergänge sowie Überänge in solche besonderen Zustände wie Ferromagnetismus, Antiferromagnetismus, Supraleitung, Suprafluidität) und alle sonstigen Eigenschaften der Nichtgleichgewichts-Thermodynamik, so auch – mit großer Bedeutung für die Astrophysik – alle Reibungskräfte und die Neigung zur Agglomeration. Bemerkenswerterweise ist das suprafluide ^{3}He zugleich eine Modellsubstanz der Kosmologie (das Verhalten von Blasen wird mathematisch ähnlich beschrieben wie die kosmische Expansion). Elektromagnetische Wellen (z. B. Licht) sind (lebenswichtige) Energie- und Informationsträger.

• **Starke Wechselwirkung**: Sie sorgt für den Zusammenhalt und die Eigenschaften der aus je 3 Quarks bestehenden und durch Gluonen zusammengehaltenen Protonen und Neutronen, für den Zusammenhalt und die Eigenschaften aller aus Protonen und Neutronen aufgebauten Atomkerne, für Kernreaktionen mit ihren Energiebilanzen, also auch für die Möglichkeit der Energiegewinnung durch Kernspaltung sowie durch die schon bei der schwachen Wechselwirkung erwähnte Kernverschmelzung, wobei in „kühleren" (weil nicht so massereichen und daher auch längerlebigen) Sternen wie unserer Sonne die Proton-Proton-Kette dominiert, während in „heißeren" (weil massereicheren und daher auch kurzlebigeren) Sternen der C-N-O- oder Bethe-Weizsäcker-Zyklus vorherrscht, bei dem die Kohlenstoffkerne als Katalysatoren wirken. Ohne dieses Zusammenspiel von schwacher und starker Wechselwirkung wäre „unser Ofen aus", wir hätten keine strahlende und wärmende Sonne und es gäbe nicht solche atomaren Bausteine des Lebens wie C, N, O. Die starke Wechselwirkung bestimmt auch, daß Eisenkerne die höchste nukleare Bindungsenergie haben, ein für die stellare Evolution entscheidender Umstand.

Alles in allem sind diese 4 fundamentalen Naturkräfte (es kommt evtl. noch diejenige Wechselwirkung hinzu, die mit ihren bosonischen Wechselwirkungsteilchen

X und Y die Umwandlung von Quarks in Leptonen und umgekehrt ermöglicht) mächtig-gewaltig und von wahrlich kosmisch-fundamentaler Bedeutung.[5] Einzeln und zusammen leisteten sie ihren Beitrag zur Werdung unserer Welt und garantieren ihre Existenz so wie sie ist. Bedenkt man ihr – ja man möchte sagen äußerst raffiniertes und trickreiches, feinstens austariertes – Zusammenspiel (Neben-, Mit- und Gegeneinander) so kann man doch über das Wunder unserer Welt immer nur wieder staunen. Zu diesem Weltwunder kommt noch das Wunder des menschlichen Verstandes, der mit der Natur kommuniziert, indem er (in Gestalt von wiederholbaren Experimenten) Fragen an die Natur stellt und von ihr Antworten erhält, der daraus zuverlässige Naturgesetze mit einer Gültigkeit zu erkennen vermag, die viele Zehnerpotenzen überstreicht, und dem es damit dann gelingt, die von den verschiedenen Evolutionen protokollartig hinterlassenen Spuren zu deuten (nicht alle Informationen über Vorgeschichten gehen verloren[6]). Zu diesem Thema sagt Einstein „das Erstaunliche an unserer Welt ist ihre Erkennbarkeit“.

[5] Aus den im Großen und Kleinen wirkenden fundamentalen Kräften entstehen in thermodynamischen Systemen verallgemeinerte Kräfte (z. B. Temperaturdifferenzen) und zugehörige Ströme. In biologischen Systemen wirken die Kräfte der Selbst- und Arterhaltung. Schließlich haben die Strukturbildungen und Evolutionsprozesse in Physik, Chemie und Biologie auch ihre Trieb- oder Gestaltungskräfte.

[6] Ein Beispiel ist die im Polareis archivierte Klimageschichte der Erde. Bohrkerne enthüllen sie uns, man muß die in ihnen enthaltenen Spuren nur zu „lesen“ verstehen. Andere Beispiele sind die über 100 großen Krater auf der Erde, die kosmische Reliktstrahlung und der relative Anteil von Wasserstoff und Helium im Kosmos.

X Nachspann

Schlußbemerkungen

Wir sind am Ende unseres Exkurses in einen Teil der Physikgeschichte angelangt. Kehren wir noch einmal zum Ausgangspunkt und zum Anliegen dieses Buches zurück, dem Begriff der Temperatur, ihrer Skala und deren Einordnung in das Einheitensystem. Die Wärmelehre wurde zu einem Teil der modernen Wissenschaft, als klar war, daß die Wärme eine Form von Energie und die Temperatur ein Maß für die Energie der Wärmebewegung ist. Die Größe, die die Temperatur T eines Körpers (gemessen in Kelvin) in eine charakteristische Energie der Wärmebewegung (gemessen in Joule) umrechnet, ist die Boltzmann-Konstante. Als „Energie-Temperatur-Äquivalent" widerspiegelt sie den tiefen Zusammenhang zwischen Mechanik und Wärmetheorie, um den sich die Physiker fast während des ganzen 19. Jahrhunderts so sehr bemühten. Hat ein Körper die Temperatur T, dann ist kT ein Maß für die mittlere Energie jedes seiner (am thermischen Gleichgewicht beteiligten, also aufgetauten oder entfrosteten) mikroskopischen Freiheitsgrade. Der ungefähre Wert des Energie-Temperatur-Umrechnungsfaktors ist $k \approx 1{,}4 \cdot 10^{-23}$ J/K oder dazu (mit 1 J $\approx 6{,}2 \cdot 10^{18}$ eV) äquivalent $k \approx 8{,}6 \cdot 10^{-5}$ eV/K. 1 J entspricht also etwa $0{,}72 \cdot 10^{23}$ K und 1 eV entspricht etwa $1{,}2 \cdot 10^{4}$ K (Merkregel: 1 eV entspricht etwa 10.000 K). So gesehen könnte man doch eigentlich (wie in Abschnitt 26 diskutiert) auf eine Extra-Einheit K für die Temperatur verzichten und in einem vereinfachten Einheitensystem die Energieeinheit J (oder etwas dazu Äquivalentes wie eV) an ihre Stelle treten lassen. Tatsächlich werden in manchen Teilgebieten der Physik Temperaturen (so wie auch Massen) häufig in eV angegeben. So entsprechen Energien, die typisch sind für Rotationen von Molekülen, Schwingungen in Molekülen oder Festkörpern, elektronische Niveauabstände in Atomen, Molekülen, Festkörpern, Bindungsenergien, Ionisationsenergien, Elektronenaffinitäten, nukleare Niveauabstände von Atomkernen, ... und die gewöhnlich in eV angegeben werden, jeweils charakteristischen Temperaturen. Zur Angabe der Temperatur eines gesunden Menschen als $36{,}6\,^\circ$C sind die Angaben $309{,}8$ K oder $4{,}28 \cdot 10^{-21}$ J oder 27 meV zwar unüblich aber äquivalent. Ob man aber jemals generell Temperaturen nur noch in den Energieeinheiten J oder eV angeben wird (die Boltzmann-Konstante wäre dann durch die dimensionslose Zahl 1 zu ersetzen, Entropien und Wärmekapazitäten würden dimensionslos), bleibt an dieser Stelle offen. Mit einer energetischen Temperaturskala gäbe es in einem thermodynamischen System vier charakteristische Energien, nämlich die Temperatur T, die innere Energie U, die zugeführte Arbeit $-p\Delta V$ und die zugeführte Wärme $T\Delta S$.

Im folgenden wollen wir die Umrechnungsfaktoren und Naturkonstanten mit der heute bekannten Genauigkeit angeben. Der moderne Wert der Boltzmann-Konstante ist

$$k = 1{,}380658(12) \cdot 10^{-23} \text{ J/K}.$$

In dieser Zahl kann man vier Stellen nach dem Komma als gesichert annehmen. Die Zahl in Klammern gibt an, um wieviel die letzten zwei Stellen von ihrem wahren Werten abweichen können. Bis vor kurzem war die Präzision der Wärmemessungen wesentlich schlechter als die der Messungen in der Mechanik, und es war schwierig, Grad mit Joule zu vergleichen. Jetzt hat sich die Situation geändert, und die Präzision der Boltzmann-Konstante nähert sich der Präzision anderer fundamentaler Konstanten. So beträgt ihr relativer Fehler (das Verhältnis des absoluten Fehlers von $12 \cdot 10^{-29}$ zur Boltzmann-Konstante selbst) nur noch $8,5 \cdot 10^{-6}$. Der Wert anderer fundamentaler Konstanten ist heute genauer ermittelt. Zum Beispiel beträgt der Fehler des modernen Wertes der Planckschen Konstanten $0,6 \cdot 10^{-6}$. Mit demselben kleinen Fehler ($0,59 \cdot 10^{-6}$) ist auch die Avogadro-Zahl bekannt:

$$N_A = 6,0221367(36) \cdot 10^{23}\ \text{mol}^{-1}.$$

(Übrigens ist mit einem relativen Fehler von $128 \cdot 10^{-6}$ ist die Gravitationskonstante die am wenigsten genau bekannte Naturkonstante.) Das Produkt von k und N_A ergibt den Wert der universellen Gaskonstanten:

$$R = 8,314510(70)\ \text{J}/(\text{mol} \cdot \text{K}).$$

Wie schon gesagt messen die Physiker die Energie häufig nicht in Joule (J), sondern in Elektronenvolt (eV). Die Umrechnung lautet

$$1\ \text{eV} = 1,60217733(49) \cdot 10^{-19}\ \text{J}.$$

Damit kann man die Boltzmann-Konstante auch als

$$k = 8,617385(73) \cdot 10^{-5}\ \text{eV/K}$$

angeben.

Charakteristisch für den thermodynamischen Erkenntnisprozeß ist, daß mit einer provisorischen Temperaturdefinition und -skala (Gasthermometer) begonnen werden mußte, um schließlich nach dem Auffinden der Hauptsätze (bei dem auch die Kalorikumshypothese – obwohl falsch – ihre trotzdem fruchtbare Rolle spielte) zur endgültigen Temperaturdefinition über Carnot-Zyklen und den Zweiten Hauptsatz und zur thermodynamischen Temperaturskala durch Festlegung nur noch eines einzigen Fixpunktes (es wurde der Tripelpunkt des Wassers vereinbart) zu gelangen (siehe Abschnitte 19-21). Bei diesem Skalenwechsel wurde darauf geachtet, daß die alte Temperaturskala im wesentlichen erhalten blieb. Tatsächlich ist die (moderne) thermodynamische Temperaturskala der (früheren) Skala des alten Gasthermometers sehr ähnlich und stimmt mit der für ein ideales Gas überein. Der Haken ist „nur“: Solange Thermometer nicht generell über die Wirkungsgrade von Carnot-Zyklen geeicht werden können, müssen außer dem Wasser-Tripelpunkt auch noch weitere Fixpunkte zur Eichung benutzt werden, um die Thermometer in der ganzen Welt übereinstimmen zu lassen. Die Temperaturen dieser Fixpunkte werden mit wachsender Meßgenauigkeit immer wieder auf den neuesten Stand gebracht. Die letzte Festlegung erfolgte 1990, daher auch die Bezeichnung ITS-90. In dem Maße wie die Temperaturen dieser Fixpunkte durch die Wirkungsgrade von Carnot-Zyklen immer genauer bestimmt werden, wird die (durch diese Fixpunkte festgelegte) Internationale Temperaturskala eine immer bessere Darstellung der (ausschließlich durch den Zweiten Hauptsatz und nur einen Fixpunkt festgelegten) thermodynamischen Temperaturskala.

Eine Alternative zur Messung von Temperaturen mittels Carnot-Zyklen mit ihren Wirkungsgraden bieten (wenigstens im Prinzip) Fluktuationen (siehe Abschnitte 69, 70, 73). Die Wahrscheinlichkeit, ein System in einem (gleichgewichtsnahen) Nichtgleichgewichtszustand zu finden, ist ja unmittelbar mit der thermodynamischen Temperatur verbunden. Aber exakte Messungen von Fluktuationen sind eine komplizierte Sache, auch ist die Formel, die die zu messenden Größen mit der Temperatur verbindet, nicht so einfach wie die Zustandsgleichung der idealen Gase.

Wie fügt sich nun das Kelvin in das Internationale Maßsystem (SI) ein? Das SI wird durch die 7 Basiseinheiten m, s, kg, A, K, mol, cd aufgespannt. Das sind die Einheiten der mechanischen Größen Länge (das Meter m), Zeit (die Sekunde s), Masse (das Kilogramm kg); durch die Einheit der elektrischen Stromstärke (das Ampere A) wird die Messung elektrischer und magnetischer Erscheinungen ermöglicht; durch die Einheit der thermodynamischen Temperaturskala (das Kelvin K) und die Einheit der Stoffmenge (das Mol mol) wird das Messen thermodynamischer Größen erlaubt; hinzu kommt die Einheit für die Lichtstärke (die Candela cd). Abgeleitete Einheiten sind: Newton N = $\mathrm{mkg/s^2}$, Joule J = Nm, Volt V = J/(As), Watt W = VA (sodaß also Nm = Ws = J gilt) sowie auch Pascal Pa = $\mathrm{N/m^2}$, Ohm $\Omega = V/A$, Tesla = $\mathrm{Vs/m^2}$ und andere mehr.

Dieses SI ist historisch aus der praktischen Notwendigkeit entstanden, Meßvorschriften, Maßeinheiten und zugehörige Eichmaße (sog. Normale oder Etalons) in einfacher Weise zu definieren. Es hat naturgemäß anthropologische Züge. Es sei aber noch erwähnt, daß in der Theoretischen Physik oft sozusagen natürlichere Einheiten benutzt werden, da diese dem jeweiligen System immanent sind. Das sind in der Regel die Naturkonstanten oder Kombinationen aus ihnen. Beispiele sind die Angabe einer Geschwindigkeit in Bruchteilen der Lichtgeschwindigkeit oder die Angabe einer elektrischen Ladung in Vielfachen der Elementarladung. Dabei nehmen solche fundamentalen Beziehungen wie die Einsteinsche, die Plancksche und die Boltzmannsche Formel die einfache Form $E = m$, $\varepsilon = \omega$, $S = \ln \Gamma$ an. Dem entsprechen die Ersetzungen $c, \hbar, k \to 1$. Damit bekommen die Größen Energie, Masse, Frequenz und Temperatur die gleiche physikalische Dimension. Das läßt die Umwälzungen im physikalischen Erkenntnisprozeß besonders deutlich hervortreten.[1]

[1] Hinzu kommt noch eine weniger plausible Formel der Allgemeinen Relativitätstheorie, $G_{ik} = \kappa T_{ik}$, wobei G_{ik} die Eigenschaften des Raumes und der Zeit und T_{ik} die Verteilung der Materie beschreiben. κ ist die Einsteinsche Konstante, die mit der Gravitationskonstanten G durch die Formel $8\pi G/c^2 = \kappa$ verknüpft ist. Auch hier gilt mit der Ersetzung $\kappa \to 1$ vereinfachend $G_{ik} = T_{ik}$.

Wir wollen die Geschichte der Temperatur dort beenden, wo die modernen Forschungen weitergehen: Das Verhalten der Materie im Milli- und Nanokelvin-Bereich, die Prozesse im frühen heißen und dichten Kosmos und das Phänomen des Chaos beinhalten viele spannende Aufgaben, deren Lösung die Geister einer neuen Generation von Naturforschern fesselt.

Auf den Landkarten hat man früher manchmal geschrieben – *hic sunt leones* = hier sind Löwen. Mit dieser Aufschrift waren die Gebiete gekennzeichnet, von denen die Geographen nichts wußten. Diese Worte kann man auch an viele Stellen der „Landkarte" der Physik schreiben.

Im Unterschied zu einem Gas mit seinen vielen Molekülen und der Eigenschaft, die Informationen über seine Vorgeschichte auszulöschen, also diese zu vergessen, hat die Wissenschaft ein Gedächtnis. Alles, was wir heute wissen, beruht auf der Arbeit und den Entdeckungen unserer Vorgänger. Alles, was sie leisteten, wird in den immer umfassender, detaillierter und komplizierter werdenden Vorstellungen von der Struktur und der Dynamik unserer materiellen Welt aufbewahrt.

So sind wir am Ende unseres Berichtes über markante Ereignisse und Etappen menschlichen Suchens und Entdeckens zum Phänomen Wärme. Sie haben den Erkenntnisprozeß einer bedeutenden Wissenschaft – der Physik – wesentlich beeinflußt und so die heutige Physik maßgeblich mit geprägt.

Nachwort des Herausgebers

Wir haben den mühsamen Weg vom qualitativen „warm" und „kalt" zur quantitativen Beschreibung durch die Prozeßgrößen Arbeit und Wärme und die Zustandsgrößen Energie, Entropie und Temperatur und deren statistische Deutung nachvollzogen. Das Ergebnis dieses Erkenntnisprozesses ist das, was wir heute Thermodynamik und Statistik nennen. Darin treten im Vergleich zu Mechanik, Elektrodynamik und Quantentheorie zwei neue Begriffe auf, die Temperatur und die Entropie. Mit dem bei der Lektüre dieses Buches erarbeiteten Wissen, kann man – dieses noch einmal repitierend und noch etwas umformulierend und erweiternd – auf die Fragen „Was ist Temperatur?" und „Was ist Entropie?" so antworten.

In der phänomenologischen Thermodynamik von Gleichgewichtszuständen (kurz Zuständen) ist die absolute oder thermodynamische Temperatur T diejenige Größe, die durch Bildung von $\Delta Q/T$ aus der Prozeßgröße ΔQ (= die einem thermodynamischen System reversibel zugeführte kleine Wärmemenge) die Änderung einer Zustandsgröße macht. Diese Zustandsgröße ist die Entropie S. Die Gleichung $\Delta S = \Delta Q/T$ definiert somit zusammen mit der Aussage „S=Zustandsgröße" sowohl T als auch S. Die Entropie ist eine systemspezifische Meßgröße: Jedes thermodynamische System hat seine Entropie, die in einfachen Fällen nur vom Volumen V und der Temperatur T abhängt (das System hat dann nur 2 thermodynamische Freiheitsgrade). Diese Funktion $S = S(V,T)$ wie auch die Energie $U = U(V,T)$ (kalorische Zustandsgleichung) lassen sich nach dem Ersten und Zweiten Hauptsatz aus der thermischen Zustandsgleichung $p = p(V,T)$ und aus Messungen der

Wärmekapazität $C_V(T) = (\Delta Q/\Delta T)_V$ ermitteln. Der Erste und Zweite Hauptsatz verknüpfen die Zustandsgrößen p, U, S als Funktionen von V und T. Bei stets irreversibel verlaufenden Ausgleichsprozessen in abgeschlossenen Systemen nimmt die Entropie zu. Diese Entropiezunahme steht salopp gesprochen für den Abbau von Differenzierungen, Strukturen, Ordnung, also für Egalisierung, Destrukturierung, für die Zunahme von Unordnung. Gleichgewichtszustände sind mithin durch maximale Entropie gekennzeichnet.

In der Statistik mit ihren Wahrscheinlichkeiten P_ν für die ungeheuer vielen Mikrozustände ν eines statistischen Systems ungeheuer vieler Teilchen in einem gegebenen Volumen V ist T ein Verteilungsparameter mit der Bedeutung „kT = Maß für die mittlere Energie eines mikroskopischen Freiheitsgrades" und

$$S = -k \sum_\nu P_\nu \ln P_\nu$$

ist ein quantitatives Maß für die mit der Verteilung P_ν verknüpfte Ungewißheit und damit auch für die in dem System bestehende Unordnung.[2] Der Boltzmann-Faktor $P_\nu \sim \mathrm{e}^{-E_\nu/kT}$ beschreibt ein System in Kontakt mit einem Wärmebad, dagegen beschreibt $P_\nu \sim 1/\Gamma(U)$ für $E_\nu \approx U$ und $P_\nu = 0$ sonst ein abgeschlossenes System mit $\Gamma(U)$ = Zustandsdichte für $E_\nu \approx U$. Im ersten Fall ist T gegeben und $U(T)$ ergibt sich als mittlere Energie aus

$$U(T) = \frac{\sum_\nu \mathrm{e}^{-E_\nu/kT} E_\nu}{\sum_\nu \mathrm{e}^{-E_\nu/kT}}.$$

Im zweiten Fall ist U gegeben und $T(U)$ ergibt sich aus $S(U) = k \ln \Gamma(U)$ und $1/T = \Delta S(U)/\Delta U$. Für makroskopische Systeme entsteht aus gegebenen Teilcheneigenschaften über das Spektrum seiner Gesamtenergien E_ν in beiden Fällen dieselbe Physik ($U(T)$ und $T(U)$ sind äquivalent, die Abhängigkeit von V ist hier einfachheitshalber nicht mit angegeben). Für die Berechnung der thermodynamischen Eigenschaften (thermische und kalorische Zustandsgleichung) eines statistischen Systems ist es also konzeptionell unwichtig, ob es abgeschlossen ist oder

[2]Ohne den Vorfaktor k ist S die Shannon-Entropie der Informationstheorie für eine beliebige (Unordnung beschreibende) Wahrscheinlichkeitsverteilung. Ist diese selbst nicht bekannt, so läßt sich aus gegebenen Mittelwerten, z. B. $<\nu>$ und $(\Delta\nu)^2 = <\nu^2> - <\nu>^2$ eines gezinkten Würfels mit den Seiten $\nu = 1, 2, \ldots, \nu_{\max}$ (wobei Letzteres nicht notwendig gleich 6 sein muß), eine Wahrscheinlichkeit geringster Willkür konstruieren. Diese ergibt sich aus der Maximierung der Entropie unter Nebenbedingungen (das sind die gegebenen Mittelwerte). Das Ergebnis dieser Maxent-Methode sieht wie ein Boltzmann-Faktor aus: $P_\nu \sim \mathrm{e}^{-\beta(\nu-\alpha)^2}$. Dabei werden die beiden Verteilungsparameter α und β durch die beiden gegebenen Mittelwerte bestimmt und $\Theta = 1/\beta$ hat die Bedeutung einer verallgemeinerten Temperatur (die natürlich nichts mit der üblichen Thermometer-Temperatur der Thermodynamik zu tun hat). Für einen Würfel, der so stark gezinkt ist, daß immer nur ein- und dieselbe Zahl geworfen wird, verschwinden Temperatur Θ und Entropie S (wie beim Dritten Hauptsatz). Dagegen gilt für einen normalen (gänzlich ungezinkten) Würfel $\Theta = \infty$ und $S = S_{\max} = \ln \nu_{\max}$ (dem entspricht maximale Unordnung in der Zahlenreihe der Würfe). Analog können auch ungeordnete Zellstrukturen im Zweidimensionalen mit Θ und S beschrieben werden. Im Falle von Bienenwaben sorgt die Intelligenz ihrer Erbauer für $\Theta = 0$.

ob thermisches Gleichgewicht mit einem Wärmebad besteht. Man kann dies die Unempfindlichkeit oder Robustheit der Entropie nennen.

Ließe sich $T = 0$ herstellen, befände sich das betreffende thermodynamische System mit 100 % Gewißheit in seinem quantenmechanischen Grundzustand mit der Energie E_0 (vereinfachend wird angenommen, daß er nicht entartet ist), sodaß aus $P_0 = 1$ und $P_{\nu \neq 0} = 0$ die Aussage $S = 0$ folgt. Also verschwindet am absoluten Nullpunkt die Entropie (Dritter Hauptsatz). Umgekehrt ist das beobachtete Verschwinden der Entropie bei $T \to 0$ ein Beleg für die Quantentheorie, deren Teilchen-Welle-Dualismus die Existenz eines Grundzustandes mit endlicher Energie erzwingt (die Elektronen eines Atoms stürzen nicht in den Atomkern). $T = 0$ bedeutet maximale Ordnung. Mit wachsendem T wächst die Unordnung, ein anderes quantitatives Maß dafür ist das Anwachsen der Entropie S. Zur Rolle von Entropie und Energie schrieb R. Emden 1938 (zitiert nach A. Sommerfeld, Vorlesungen über Theoretische Physik, Band 5, Thermodynamik und Statistik, Harri Deutsch, Frankfurt, 1988, S. 33)

> „Als Student las ich mit Vorteil ein kleines Buch von F. Wald: ‚Die Herrin der Welt und ihr Schatten'. Damit waren Energie und Entropie gemeint. Mit zunehmender Einsicht scheinen mir die beiden ihre Plätze gewechselt zu haben. In der riesigen Fabrik der Naturprozesse nimmt das Entropieprinzip die Stelle des Direktors ein, denn es schreibt die Art und den Ablauf des ganzen Geschäftsganges vor. Das Energieprinzip spielt nur die Rolle des Buchhalters, indem es Soll und Haben ins Gleichgewicht bringt."

In der Nichtgleichgewichts-Thermodynamik ist die Aufrechterhaltung von Strukturen im Fließgleichgewicht mit einem ständigen Entropieexport verbunden. Solche Strukturen (wie z. B. die Rayleigh-Bénard-Zellen, die Sonne, aber auch jedes Lebewesen) existieren nur, wenn die immer und überall wirkende Tendenz zu Strukturabbau, also Unordnung, nach außen (vielfach in den „leeren" Kosmos) transportiert wird.

Zum Thema Entropie und Unordnung gehört auch: Mit seinen rücksichtslosen, Abfall erzeugenden und Raubbau treibenden Eingriffen in die Natur sorgt der Mensch wider alle Vernunft für das Anwachsen von Unordnung, für die Zerstörung seiner natürlichen Umwelt, er sägt selbstzerstörerisch an dem Ast, auf dem er sitzt, und er freut sich auch noch, wie es anfängt zu krachen. Dem heißt es, mit zunehmender Einsicht gegenzusteuern und Einhalt zu gebieten. In ihrem Buch „Chaos und Kosmos, Prinzipien der Evolution" fordern W. Ebeling und R. Feistel unter der Überschrift „Strategie für die Rettung der Zukunft" (S. 230):

> „Eingeschränkte Selbstorganisation und entfaltete Diversität in Verbindung mit Toleranz und Weitblick sind Gebote für die Gestaltung der ökologisch-ökonomischen und sozio-kulturellen Zukunft. In vereinfachter Form lauten die Gebote, die das Resultat unserer Überlegungen sind:
> 1. Gebot: Jedermann ist verpflichtet, sich an einen ökologisch vertretbaren Durchschnitt der Produktion von Entropie zu halten. Die Überschreitung eines ökologisch vertretbaren Durchschnitts im Verbrauch wertvoller Energie

(bzw. in der Produktion von Entropie) ist eine ‚Todsünde'. Sie ist von der Gesellschaft mit steigenden hohen Kosten zu belegen.
2. Gebot: Jedermann ist verpflichtet, die natürliche Umwelt zu erhalten und zu schützen. Jede ökologisch unvertretbare Umweltbelastung ist eine existenzbedrohende ‚Todsünde' und ist von der Gesellschaft ebenfalls mit hohen Kosten oder Strafen zu belegen.
3. Gebot: Jedermann ist verpflichtet, der Sicherung der Lebensqualität künftiger Generationen höchste Priorität zu geben. Das Wachstum der Weltbevölkerung und ihres gesamten Umsatzes an Energie und Rohstoffen muß auf freiwilliger Basis auf das energetisch-ökonomisch Mögliche und ökologisch Verträgliche beschränkt werden.
4. Gebot: Jedermann ist verpflichtet, auf der Basis beschränkter thermodynamischer Ströme, Diversität in jeder Hinsicht, beginnend mit der Vielfalt der biologischen Arten bis hin zur Vielfalt im ethnischen, sprachlichen, sozialen, geistigen und kulturellen Bereich zu fördern. Egoistische Expansion und Beschränkung von Diversität ist durch die Gesellschaft zu bestrafen. Jede Form von Kolonialismus im ökonomischen, ökologischen und besonders auch im kulturellen Bereich ist eine ‚Sünde'.
5. Gebot: Jedermann ist verpflichtet, Kreativität, Innovativität und Suche nach neuen Lösungen ist in jeder Hinsicht zu fördern. Intoleranz, welche die Kreativität der Anderen einschränkt und alles über einen Leisten schlägt, ist eine ‚Sünde'. Gesetzliche Regelungen und ökonomische Mechanismen, welche die Innovativität der Gesellschaft einschränken, sind selbstmörderisch, sie müssen durch positive Maßnahmen ersetzt werden."

Eine Konsequenz des Gesagten ist die Forderung Einsichtiger nach einem weltweiten Übergang von der verbrauchenden zur nachhaltigen Wirtschafts- und Lebensweise. R. Kümmel sagt (DPG-Tagung, Dresden, 20.-24. 3. 2000; siehe auch R. Kümmel, Energie und Kreativität, Teubner, Stuttgart/Leipzig, 1998):

„Nichts kann in der Welt geschehen ohne Energieumwandlung und Entropieproduktion. Darum ist Energie für die Produktion des materiellen Wohlstands unverzichtbar, und ihre mit Entropieproduktion verbundene Nutzung führt zu Emissionen und Umweltbelastungen. Ausgehend von den Produktionsfaktoren Kapital, Arbeit, Energie und Kreativität läßt sich die Zeitentwicklung der industriellen Wertschöpfung durch Produktionsfunktionen beschreiben, die bei störungstheoretischer Behandlung der Kreativität einem Differentialgleichungssystem genügen müssen, das aus Beziehungen analog den Maxwell-Relationen der Thermodynamik folgt. Spezielle Lösungen beschreiben das industrielle Wirtschaftswachstum in den USA, Japan und Deutschland während dreier Dekaden in guter Übereinstimmung mit der Empirie. Dabei ergeben sich deutliche Effizienzverbesserungen der Energieumwandlungstechnologien nach dem ersten Ölpreisschock, und Energie erweist sich im zeitlichen Mittel als so produktionsmächtig wie Kapital und Arbeit zusammen. Das erklärt den herrschenden Rationalisierungsdruck, der zur Ersetzung teurer Arbeit/Kapital Kombinationen durch billige Energie/Kapital Kombinationen führt."

Daraus wird die Notwendigkeit begründet, die Besteuerung zu verlagern von der Arbeit hin zur Energie.

Andere Gedanken allgemeinerer Art drängen sich unwillkürlich auf, bedenkt man noch einmal die Widerstände, denen solche Pioniere der Thermodynamik und Statistik wie Robert Mayer, John James Waterston, Ludwig Boltzmann begegneten. Ihre Schicksale erinnern an diejenigen von Nikolaus Kopernikus, Giordano Bruno und Galileo Galilei mit ihrem heliozentrischen Weltbild, von Charles Darwin und Ernst Haeckel mit ihrer Idee einer biologischen Evolution, von Alfred Wegener mit seiner Idee einer Kontinentaldrift und von vielen anderen. Was später scheinbar selbstverständliches Allgemeingut wurde, war anfangs oft Verteufelungen, Verleumdungen, Verdrehungen, Spott, starken Zweifeln und unsachlichen Diskussionen ausgesetzt oder die Betreffenden wurden einfach ignoriert, ausgegrenzt oder gar noch schlimmer behandelt. Es kommt auch vor, daß beim Vordringen in Neuland Richtiges und Falsches in Kombination auftritt, s. z. B. Jean Baptiste de Lamarck mit seiner irrigen Idee von der Vererbung erworbener Eigenschaften. Es sei in diesem Zusammenhang auch an die altgriechische Elementelehre erinnert, die ein Beispiel dafür ist wie eine im Grunde goldrichtige Idee in ihrer ursprünglichen Ausprägung höchst unvollkommen oder gar völlig falsch sein kann und erst viel später die richtige(re) Fassung findet. Als bei Carl Zeiss das erste Mal Mikroskope nach Ernst Abbe's Berechnungen gebaut wurden, waren diese schlechter als die durch das damals übliche Pröbeln hergestellten. Erwähnt seien auch Immanuel Kant und Pierre Simon Laplace sowie Lord Kelvin mit ihren frühen Ideen zur Entstehung des Sonnensystems sowie zur Entstehung des Lebens auf der Erde. (Letzterer gab Alexander Iwanowitsch Oparin später mit seiner Theorie der chemischen Evolution neue Impulse, gefolgt von Manfred Eigen mit seinen autokatalytischen Reaktionszyklen.) Ist nicht auch Brecht's Schneider von Ulm ein Beispiel für eine im Prinzip richtige Idee, bei deren praktischer Durchführung aber entscheidende Fehler gemacht werden? Schon Galilei hatte eine im Prinzip richtige Idee zur Bestimmung der Lichtgeschwindigkeit, aber die technischen Möglichkeiten damals standen einer erfolgreichen Messung im Wege. So ist manchmal Neues mit Kinderkrankheiten behaftet oder eine Sache braucht auch einfach viel Zeit. Wie lange dauerte es in der Thermodynamik, bis Carnot's Ideen auf Verständnis stießen! Und: 250 Jahre vergingen von der ersten Idee, daß es für die Temperatur eine untere Grenze gibt (Amontons schätzte sie 1762 auf -240 °C, Locke vermutete sogar schon 1700 einen maximalen Kältegrad), über den Vorschlag, diese untere Grenze als absoluten Nullpunkt zu nehmen (Kelvin 1848), bis zur allgemeinen Akzeptanz der thermodynamischen Temperaturskala (internationales Abkommen 1954). Bernoulli's gaskinetische Formel geriet für fast 100 Jahre in Vergessenheit. Über welche Vorurteile, Denkträgheiten, Denkfehler, Horizontverengungen, Blindheiten, Einseitigkeiten, Arroganzen, ... unserer Tage wird man später einmal den Kopf schütteln?

Wichtige Größen

Symbol	Name	Einheit
V	Volumen	m^3
T	Temperatur	K
F	Kraft	$N = kgm/s^2$
$W, \Delta W^*)$	Arbeit	J = Nm = Ws
$Q, \Delta Q^*)$	Wärme(menge)	J
$p(= -\Delta W/\Delta V)$	Druck	$Pa = J/m^3$
$C(= \Delta Q/\Delta T)$	Wärmekapazität	J/K
$\gamma(= C_p/C_V)$	Adiabatenexponent	–
η	Wirkungsgrad	–
U	Energie	J
S	Entropie	J/K
N	Teilchenzahl	–
$n(= N/V)$	Teilchendichte	$1/m^3$
$f(v)$	Geschwindigkeitsverteilung	$1/(m/s)^3$
$g(\varepsilon)$	Energieverteilung	1/J
$n(\varepsilon)$	Besetzungszahl	–
$u(\nu)$	spektrale Energiedichte	$J \cdot s/m^3$
ν	Frequenz	Hz = 1/s
λ	Wellenlänge	m
$\omega(= 2\pi\nu)$	Kreisfrequenz	Hz
$k(= 2\pi/\lambda)$	Wellenzahl	1/m
P_ν	Wahrscheinlichkeit, mit der ein Mikrozustand ν in einem Makrozustand realisiert ist	–
$\Gamma(E)$	Zustandsdichte	1/J

*) Ab Abschnitt 15/17 wird über das Vorzeichen von ΔW und ΔQ so verfügt, daß die an einem System verrichtete Arbeit und die einem System zugeführte Wärme positiv gezählt werden. Negative Größen bedeuten: Das System verrichtet Arbeit, das System gibt Wärme ab bzw. dem System wird Wärme entzogen.

Charakteristische Temperaturen und Energien

	T/K	E/eV
Elementarteilchen (Ruheenergien)		
Elektron (als Beispiel für ein Lepton)	$5,9 \cdot 10^9$	$0,5 \cdot 10^6$
Proton (aus Quarkteilchen zusammengesetzt)	$1,1 \cdot 10^{13}$	$9,4 \cdot 10^8$
top-Quark	$2 \cdot 10^{15}$	$1,7 \cdot 10^{11}$
Atomkerne		
kleinste Anregungsenergie von Kernrotationen in ^{238}U	$5,2 \cdot 10^8$	$4,5 \cdot 10^4$
kleinste Anregungsenergie von Kernschwingungen in ^{188}Pt	$3,1 \cdot 10^9$	$2,7 \cdot 10^5$
nukleare Bindungsenergie pro Nukleon von pn (= Deuteron)	$1,3 \cdot 10^{10}$	$1,1 \cdot 10^6$
nukleare Bindungsenergie pro Nukleon bei mittleren Ordnungszahlen ($A \approx 60$)	$9,9 \cdot 10^{10}$	$8,5 \cdot 10^6$
Atome (H-Atom)		
Elektronenaffinität	$8 \cdot 10^3$	0,7
Anregungsenergie für den 1s→2p-Übergang	$1,2 \cdot 10^5$	10,2
Ionisationsenergie	$1,6 \cdot 10^5$	13,6
Moleküle (aus zwei Atomen)		
Rotationsenergien ≈	10	10^{-3}
Schwingungsenergien ≈	600	$5 \cdot 10^{-2}$
elektronische Anregungen ≈	10^4	1
Dissoziationsenergie von Hg_2	$7 \cdot 10^2$	0,06
von CO	$1,3 \cdot 10^5$	11,1

	T/K	E/eV
kondensierte Materie (fest, flüssig)		
tiefste Kernspintemperatur in Cu	$6 \cdot 10^{-8}$	$5 \cdot 10^{-12}$
tiefste Temperatur von Atomstrahlen (Laserkühlung)	10^{-6}	$8,6 \cdot 10^{-11}$
tiefste homogene Temperatur in Cu (mit Kernspinentmagnetisierung)	$1,5 \cdot 10^{-6}$	$1,3 \cdot 10^{-10}$
Sprungtemperatur der Suprafluidität von ^{3}He bei 3 MPa	10^{-3}	10^{-7}
von ^{4}He (unter Normaldruck)	2,2	$1,9 \cdot 10^{-4}$
Sprungtemperatur der Supraleitung von Pb	7,2	$6,2 \cdot 10^{-4}$
von $Tl_2Ba_2Ca_2Cu_3O_{10}$	120	10^{-2}
Kondo-Temperatur verdünnter Cu-Fe-Legierungen	30	$2,6 \cdot 10^{-3}$
Energie eines Exzitons in Ge	46	$4 \cdot 10^{-3}$
in Si	170	$1,5 \cdot 10^{-2}$
Debye-Temperatur von Pb	86	$7,4 \cdot 10^{-3}$
von Pt	225	$1,9 \cdot 10^{-2}$
Kristallfeldaufspaltung in $CeAl_2$	140	$1,2 \cdot 10^{-2}$
Néel-Temperatur von FeO (Antiferromagnet)	198	$1,7 \cdot 10^{-2}$
Schmelzpunkt von H_2O	273	$2,4 \cdot 10^{-2}$
Zimmertemperatur	293	$2,5 \cdot 10^{-2}$
Energien von Phononen in Festkörpern	10…1000	0,001…0,1
Energien von Magnonen in Ferromagnetika	10…1000	0,001…0,1

Fortsetzung nächste Seite

	T/K	E/eV
kondensierte Materie (fest, flüssig) – *Fortsetzung*		
Schmelzpunkt von Pb	601	0,05
von Pt	2045	0,18
Curie-Temperatur von Fe (Ferromagnet)	1043	$9 \cdot 10^{-2}$
Energielücke von Ge	$7,8 \cdot 10^3$	0,67
von Si	$1,3 \cdot 10^4$	1,1
Austrittsarbeit von Cs	$2,5 \cdot 10^4$	2,14
von Pt	$6,6 \cdot 10^4$	5,7
Bindungsenergien pro Atom in Festkörpern		
van-der-Waals-, Wasserstoffbrückenbindung	10^3	0,1
metallische Bindung	10^4	$1 \cdots 5$
kovalente, ionische Bindung	10^5	10
Plasmonenergie in Al (Volumenplasmonen)	$1,8 \cdot 10^5$	15,3
fluide Materie (flüssig, gasförmig)		
Siedepunkt von ^{3}He (unter Normaldruck)	3,2	$2,8 \cdot 10^{-4}$
von ^{4}He (unter Normaldruck)	4,2	$3,6 \cdot 10^{-4}$
Siedepunkt von N_2 (unter Normaldruck)	77	$6,6 \cdot 10^{-3}$
Siedepunkt von H_2O (unter Normaldruck)	373	$3,2 \cdot 10^{-2}$
Plasmen		
Bogenentladung	10^5	10
Hochtemperaturplasma	10^6	100

	T/K	E/eV
Kosmos (Objekte der heterogenen Jetztphase)		
Hawking-Temperatur		
eines galaktischen Schwarzen Loches	10^{-17}	10^{-21}
eines stellaren Schwarzen Loches	10^{-7}	10^{-11}
kosmische Reliktstrahlung 14 Mrd. Jahre nach dem Urknall	2,7	$2,3 \cdot 10^{-4}$
Sonnenflecken	4500	0,4
Sonnenoberfläche	6000	0,5
Sonnenzentrum	$1,6 \cdot 10^{7}$	$1,4 \cdot 10^{3}$
heiße Sterne	10^{8}	10^{4}
Hawking-Temperatur eines urzeitlichen Schwarzen Loches	10^{11}	10^{7}
Kosmos (Temperaturen der homogenen Frühphase)		
Abkopplung der elektromagnetischen Reliktstrahlung		
300 000 Jahre nach dem Urknall	3000	0,26
primordiale Nukleosynthese 1 s nach dem Urknall	10^{10}	10^{6}
Urplasma (aus Neutrinos, Photonen, Elektronen, Protonen, Neutronen, keine Antiteilchen)	10^{12}	10^{8}
Quark-Gluon-Plasma (aus Neutrinos, Photonen, Elektronen, Myonen, leichten Quarks und Gluonen einschl. Antiteilchen)	$10^{13 \cdots 15}$	$10^{9 \cdots 11}$
10^{-34} s nach dem Urknall	10^{27}	10^{23}
10^{-44} s nach dem Urknall	10^{32}	10^{28}
Plancksche Energie	$4 \cdot 10^{31}$	$3,5 \cdot 10^{27}$
höchste Energie der kosmischen Strahlung	10^{24}	10^{20}
höchste mit Beschleunigern erreichbare Energie	10^{16}	10^{12}

Umrechnung zwischen Celsius und Fahrenheit

Zwischen den Temperaturwerten T_F in °F und T_C in °C gilt der Zusammenhang

$$T_F = (32 + \frac{9}{5}\,T_C) \quad \text{bzw.} \quad T_C = \frac{5}{9}\,(T_F - 32)$$

und damit für Temperaturdifferenzen

$$1\text{ °F} = \frac{5}{9}\text{ °C} \quad \text{bzw.} \quad 1\text{ °C} = \frac{9}{5}\text{ °F}\,.$$

T in °C	*T* in °F
-20	-4,0
-10	14,0
0	32,0
10	50,0
20	68,0
30	86,0

T in °F	*T* in °C
-20	-28,9
0	-17,8
20	-6,7
40	4,4
60	15,6
80	26,7

Hinweise auf vertiefende Literatur

Physikgeschichte

K. Simonyi, Kulturgeschichte der Physik. Von den Anfängen bis 1990, Harri Deutsch, Thun und Frankfurt am Main, 1995.

F. Herneck, Die heilige Neugier. Erinnerungen, Bildnisse, Aufsätze zur Geschichte der Naturwissenschaft, Der Morgen, Berlin, 1989.

F. Herneck, Bahnbrecher des Atomzeitalters. Große Naturforscher von Maxwell bis Heisenberg, Der Morgen, Berlin, 1977.

W. Schreier (Hrsg.), Biographien bedeutender Physiker. Eine Sammlung von Biographien, Volk und Wissen, Berlin, 1988.

S. G. Brush, Kinetische Theorie. Einführung und Originaltexte, Band I: Die Natur des Gase und der Wärme, Band II: Irreversible Prozesse, Akademie-Verlag, Berlin, 1970.

R. Locqueneux, Kurze Geschichte der Physik, Vandenhoeck & Ruprecht, Göttingen, 1987.

A. Migdal, Auf der Suche nach Wahrheit. Ein Physiker erzählt, Harri Deutsch, Thun und Frankfurt am Main, 1990.

H.-G. Schöpf, Von Kirchhoff bis Planck, Akademie-Verlag, Berlin, 1978.

A. Ehlers, Liebes Hertz! Physiker und Mathematiker in Anekdoten, Birkhäuser, Basel, 1994.

Tieftemperaturphysik, Festkörperphysik, Thermodynamik
(Abschnitte 53, 55)

K. Mendelssohn, Cryophysics, Interscience Publ., New York, 1960.

K. Mendelssohn, The Quest for Absolute Zero. The Meaning of Low Temperature Physics, Taylor & Francis, London, 1977.

M. I. Kaganow, Was sind Quasiteilchen?, Teubner, Leipzig, 1973

M. I. Kaganow, Grundzüge der Festkörperphysik, Harri Deutsch, Thun und Frankfurt am Main, 1994.

D. Kondepudi, I. Prigogine, Modern Thermodynamics. From Heat Engines to Dissipative Structures, Wiley, Chichester, 1998.

Metrologie (Abschnitte 7, 18-21)

T. J. Quinn, Temperature, Academic Press, London, 1990.

D. Bender, E. Pippig, Einheiten, Maßsysteme, SI, Akademie-Verlag, Berlin, 1989.

H. Neumann, K. Stecker, Temperaturmessung, Akademie-Verlag, Berlin, 1987.

Teilchen, Wechselwirkungen, kosmische Evolution, Neutronensterne, Schwarze Löcher (Abschnitte 61-67, 80)

P. Waloschek, Reise ins Innerste der Materie, DVA, Stuttgart, 1991

Ch. Spiering, Auf der Suche nach der Urkraft, Harri Deutsch,Thun und Frankfurt am Main, 1986.

L. Okun, Elementarteilchen von A bis Z, Harri Deutsch, Thun und Frankfurt am Main, 1988.

L. Lederman, D. Teresi, Das schöpferische Teilchen. Der Grundbaustein des Universums, Bertelsmann, München, 1993.
S. W. Hawking, Die illustrierte Geschichte der Zeit, Rowohlt, Reinbek, 1997.
S. Weinberg, Die ersten drei Minuten, Piper, München, 1997.
M. Rees, Vor dem Anfang. Eine Geschichte des Universums, Fischer, Frankfurt, 1998.
K. Lanius, Mikrokosmos, Makrokosmos. Das Weltbild der Physik, Urania-Verlag, Leipzig, 1989.
I. D. Nowikow, Schwarze Löcher im All, Teubner, Leipzig, 1986.
G. Dautcourt, Was sind Pulsare?, Harri Deutsch, Thun und Frankfurt am Main, 1988.
Aufsatzsammlung, Andrej D. Sacharow. Leben und Werk eines Physikers, Spektrum, Heidelberg, 1991.

Kernfusion (Abschnitt 79)
I. Milch et al., Kernfusion im Forschungsverbund, Forschungsverbund der HGF, Karlsruhe/Jülich/Garching, 1996.

Entropie, Information, Physik komplexer Systeme, Chaos, Selbstorganisation, Evolution (Abschnitt 46)
I. Prigogine, Vom Sein zum Werden. Zeit und Komplexität in den Naturwissenschaften, Piper, München, 1982.
W. Ebeling, R. Feistel, Physik der Selbstorganisation und Evolution, Akademie-Verlag, Berlin, 1982.
W. Holzmüller, Kosmos – Leben – Umwelt, Harri Deutsch, Thun und Frankfurt am Main, 1987.
W. Ebeling, H. Engel, H. Herzel, Selbstorganisation in der Zeit, Akademie-Verlag, Berlin, 1990.
M. W. Wolkenstein, Entropie und Information, Harri Deutsch, Thun und Frankfurt am Main, 1990.
D. Ruelle, Chance und Chaos, Princeton University Press, 1991 (Penguin, London, 1993).
W. Gerok, Materie und Prozesse. Vom Elementaren zum Komplexen, Wiss. Verlagsgessellschaft, Stuttgart, 1991.
M. Gell-Mann, Das Quark und der Jaguar. Vom Einfachen zum Komplexen – die Suche nach einer neuen Erklärung der Welt, Piper, München, 1994.
W. Ebeling, R. Feistel, Chaos und Kosmos. Prinzipien der Evolution, Spektrum, Heidelberg, 1994.
K. Lanius, Die Erde im Wandel. Grenzen des Vorhersagbaren, Spektrum, Heidelberg, 1995.
K. Kornwachs und K. Jacoby, Information. New Questions to a Multidisciplinary Concept, Akademie Verlag, Berlin, 1996.
B. Pullman (Ed.), The Emergence of Complexity in Mathematics, Physics, Chemistry and Biology, Pontificia Academia Scientiarum, Vatican City, 1996.

J. Briggs, F. D. Peat, Die Entdeckung des Chaos. Eine Reise durch die Chaostheorie, Deutscher Taschenbuchverlag, München, 1997.

W. Ebeling, J. Freund, F. Schweitzer, Komplexe Strukturen: Entropie und Information, Teubner, Stuttgart, 1998.

J. Parisi, S. C. Müller, W. Zimmermann (Eds.), A Perspective Look at Nonlinear Media. From Physics to Biology and Social Sciences, Springer, Berlin, 1998.

M. Globig, Wie kommt das Neue in die Welt?, MaxPlanckForschung 1/1999, S. 24.

H. Junglaussen, Kausale Informatik. Einführung in die Lehre vom aktiven sprachlichen Modellieren, Deutscher Universitätsverlag, Wiesbaden, in Vorbereitung.

Ökologie, Nachhaltigkeit, Einsicht und Verantwortung (Nachwort)

W. Holzmüller, Kosmos – Leben – Umwelt, Harri Deutsch, Thun und Frankfurt am Main, 1987.

H. Jonas, Das Prinzip Verantwortung. Versuch einer Ethik für die technologische Zivilisation, Suhrkamp, Frankfurt, 1993.

W. Ebeling, R. Feistel, Chaos und Kosmos. Prinzipien der Evolution, Spektrum, Heidelberg, 1994.

Al Gore, Wege zum Gleichgewicht. Ein Marshallplan für die Erde, Fischer, Frankfurt, 1994.

H. Küng (Hrsg.), Ja zum Weltethos: Perspektiven für die Suche nach Orientierung, Piper, München, 1995.

BUND und MISEREOR (Hrsg.), Zukunftsfähiges Deutschland. Ein Beitrag zu einer global nachhaltigen Entwicklung (Studie des Wuppertal Institutes für Klima, Umwelt, Energie), Birkhäuser, Berlin, 1996.

R. Kümmel, Energie und Kreativität, Teubner, Stuttgart und Leipzig, 1998.

H. Markl, Wissenschaft gegen Zukunftsangst, Carl Hanser Verlag, München, 1998.

H.-J. Fischbeck, Wollt Ihr den totalen Markt? Die Apotheose des Geldes in der Postmoderne und die globale Krise, Jahresringe Dresden, Int.gem. Wiss. und Kultur, Vortr. u. Sitzungsber., Heft 25, 1999.

H. Scheer, Solare Weltwirtschaft. Strategie für die ökologische Moderne, Kunstmann, München, 1999.

I. Spahn, H. Spahn, F. Spahn, Der Gordische Knoten. Chaos und Chaostheorie – versperren sie uns den Blick in die Zukunft? GNN Verlag Schkeuditz.

H.-J. Fischbeck (Hrsg.), Leben in Gefahr? Von der Erkenntnis des Lebens zu einer neuen Ethik des Lebendigen, Neukirchner Verlag, Neukirchen-Vluyn, 1999.

Naturwissenschaft, Philosophie und Religion

F. Capra, Wendezeit. Bausteine für ein neues Weltbild, Scherz Verlag, Bern, 1984.

F. Capra, Das Tao der Physik. Die Konvergenz von westlicher Wissenschaft und östlicher Philosophie, Scherz Verlag, Bern, 1991.

H.-P. Dürr (Hrsg.), Physik und Transzendenz. Die großen Physiker unseres Jahrhunderts über ihre Begegnung mit dem Wunderbaren, Scherz Verlag, Bern, 1991.

H.-P. Dürr, Naturwissenschaftliche Erkenntnis und Wirklichkeitserfahrung, in: T. Faulhaber und B. Stillfried (Hrsg.), Wenn Gott verloren geht, Herder Verlag, Marburg, 1998, S. 2.

M. Peschel, Der Taoismus in Religion und Wissenschaft, Seminar Systemwissenschaften, Report 9, TU Chemnitz, 1999.

Namensregister

A

Achilles, 78f
Albat, Clifford, 12
Amontons, Guillaume (1663-1705), 10
Archimedes, (287-212 v.u.Z.) , 134

B

Baade, Walter (1893-1960), 152
Bacon, Francis (1561-1625), 18, 21
Bartlett, 37
Baur, 39
Bekenstein, D.J., 155f
Bernoulli, Daniel (1700-1782), 21, 24, 55
Black, Joseph (1728-1799) , 18
Bohr, Niels Hendrik David (1885-1962), 119
Boltzmann, Ludwig (1844-1906), 55, 65, 101f, 115, 128, 138, 184
Borgaf, 7
Bose, Sathiendra Nath (1894-1974), 142
Boyle, Robert (1627-1691), 21
Brillouin, Marcel (1854-1948), 14f
Budker, G.I. (1918-1977), 165f, 178

C

Callietet, L. (1832-1913), 126
Carnot, Nicolas Léonard Sadi (1796-1832), 14, 23–27, 30f, 33–37, 40f, 47–50, 81f, 88, 91
Celsius, Anders (1701-1744), 11f, 73
Cesarini, 5
Chandrasekhar, Subrahmanyan (geb. 1910), 155
Charles, Jaques Alexandre Cesar (1746-1823), 14
Clapeyron, Benoit Paul Emile (1799-1864), 23, 27
Clausius, Rudolf Julius Emanuel (1822-1888), 22f, 40f, 46, 48, 57, 81ff, 88, 91, 101
Clode, 126
Cohen-Tannoudji, Claude (geb. 1933), 170
Cronin, James Watson (geb. 1931), 196

D

Delisle, Joseph Nicolas (1688-1768), 11f
Dewar, James (1842-1923), 127
Drabble, Kornelius, 8
Dulong, Pierre-Louis (1785-1838), 128

E

Ebeling, Werner, 109
Eddington, Sir Arthur Stanley (1882-1944), 155
Einstein, Albert (1879-1955), 17, 64, 76, 105, 140ff, 168f, 198
Eitken, 12
Ens, Gaspar, 7f
Euler, Leonhard (1707-1783), 21, 24

F

Fahrenheit, Daniel Gabriel (1686-1736), 10f
Fermi, Enrico (1901-1954), 165
Fitch, Val Logsdon (geb. 1923), 196
Fludd, Robert (1574-1637), 8
Fock, Wladimir Aleksandrowitsch (1898-1974), 183
Fresnel, Augustin Jean (1788-1827), 49

G

Galilei, Galileo (1564-1642), 5ff, 12
Gamow, George Antonowitsch (1904-1968), 146
Gassendi, Pierre (1592-1655), 2f
Gay-Lussac, Louis Joseph (1778-1850), 14, 45, 77
Giauque, William Francis (1895-1982), 131

Gibbs, Josiah Willard (1839-1903), 55, 65
Glashow, Sheldon L. (geb. 1932) , 178
Goslerus, Johannes, 4
Grassi, Orazio, 5
Guericke, Otto von (1602-1686), 9f

H

Hawking, Stephen William (geb. 1942), 155f, 158f
Helmholtz, Hermann Ludwig Ferdinand von (1821-1894), 40
Herapath, John (1790-1868), 21
Hermann, J. (1678-1733), 17, 21
Hertz, Heinrich Rudolf (1857-1894), 103
Hobbes, Thomas (1588-1679), 21
Hooke, Robert (1635-1703), 10, 21
Hubble, Edwin Powell (1889-1953), 147
Huygens, Christian (1629-1695), 10

J

Joule, James Prescott (1818-1889), 20, 39f, 49ff, 57, 63, 91, 120

K

Kant, Immanuel (1724-1804), 188
Kapitza, Peter Leonidowitsch (1894-1984), 127
Kelvin, *siehe auch* Thomson, Sir William, 16, 27, 51ff, 61
Kolmogorow, Andrej Nikolajewitsch (1903-1987), 183
Krönig, August Karl (1822-1879), 57, 59
Kurti, Nikolas (geb. 1908), 131

L

Landau, Lew Dawidowitsch (1908-1968), 151
Laplace, Pierre Simon de (1794-1827), 24, 153, 188
Le Roux, Émile, 146
Lebedew, Peter Nikolajewitsch (1866-1912), 141
Lee, Tsung-Dao (geb. 1926), 196
Lenz, Heinrich Friedrich Emil (1804-1865), 39
Leurechon, 8
Liebig, Justus von (1803-1873), 40
Linde, Carl (1842-1934) , 126
Locke, John (1632-1704), 21
Lorentz, Hendrik Antoon (1853-1928), 103, 182

M

Mach, Ernst (1838-1916), 15
Mariotte, Edmé (1620-1684), 13
Maxwell, James Clerk (1831-1879), 16, 21, 49, 55, 65, 71, 101, 103, 105, 128, 174, 179f
Mayer, Robert Julius (1814-1878), 20, 38ff, 49, 91
Mendelejew, Dimitrij Iwanowitsch (1834-1907), 14, 27
Michell, John (1724-1793), 153
Milch, T., 187
Mohr, Karl Friedrich (1806-1879), 40

N

Nernst, Hermann Walter (1864-1941), 17, 92, 101, 132, 139, 161, 187
Newton, Isaac (1643-1727), 10, 21, 49, 134

O

Olbers, Wilhelm (1758-1840), 188
Olszewski, K. (1846-1915), 126
Oppenheimer, Julius Robert (1904-1967), 152, 155

P

Penrose, Roger (geb. 1931), 155
Penzias, Arno Allan (geb. 1933), 146
Phillips, William D. (geb. 1948), 170
Pictet, Raoul Piere (1846-1929), 126
Planck, Max Karl Ernst Ludwig (1858-1947), 17, 60, 101, 137–140, 157

Poisson, Siméon Denis (1781-1840), 46
Pomerantschuk, Isaak Jakowlewitsch (1913-1966), 132

R
Rayleigh, John William Strutt (1842-1919), 55, 136f
Rubbia, Carlo (geb. 1934), 178

S
Sacharow, Andrej D., 194
Salam, Abdus (1926-1996), 178
Scheele, Karl Wilhelm (1742-1786), 134
Schorin, Ivan, 12
Schwarzschild, Karl (1873-1916), 152
Seki, Takakazu (1642/44-1708), 4
Seldowitsch, Jakob Borisowitsch (1914-1987), 150, 155
Siemens, Werner von (1816-1892), 126
Sinai, Ja.G., 184
Slipher, V.M. (1875-1969), 147
Szillard, Leo (1898-1964), 175

T
Thompson, Sir Benjamin (Graf Rumford) (1753-1814), 19, 41
Thomson, Sir William (von 1892 an Lord Kelvin) (1824-1907), 23, 51, 65, 91, 95, 101
Townley, 13

V
Verbier, Ferdinand, 4
Volkoff, G., 152

W
Waterston, John James (1811-1883), 21, 55, 59f, 101
Weinberg, Steven (geb. 1933), 178
Wheeler, John Archibald (geb. 1911), 153
Wien, Wilhelm (1864-1928), 136
Wilson, Robert Woodrow (geb. 1936), 146
Wood, Robert Williams (1868-1955), 137
Wren, Christopher (1632-1723) , 21
Wu, Chien-Shiung (geb. 1912), 196

Y
Yang, Chen Ning (geb. 1922), 196
Young, Thomas (1773-1829), 20, 38

Z
Zenon, von Elea (um 490-430 v.u.Z.), 78
Zwicky, Fritz (1898-1974), 152

Sachwortregister

P

Q

R

S

T

Weitere Titel aus unserem Verlagsprogramm

W. Langbein

Thermodynamik

Grundlagen und Anwendungen

392 Seiten, zahlr. Abb., kart.,
ISBN 3-8171-1595-4

Das Buch ist aus einer Vorlesung über phänomenologische Thermodynamik für Studierende der Physik und mathematischnaturwissenschaftlicher Fachrichtungen entstanden. Es stellt die physikalischen Grundlagen der Thermodynamik in kompakter Form dar, wobei der Aufbau über die vier Hauptsätze im Vordergrund steht. Über 150 Aufgaben im Text machen den Leser mit den vielfältigen Anwendungen vertraut. Die wesentlichen Begriffsbildungen der verschiedenen Gebiete der Thermodynamik werden dabei erläutert. Besondere Aufmerksamkeit gilt den thermodynamischen Eigenschaften von Mischphasen und kritischen Punkten. Jede Aufgabe ist vollständig durchgerechnet, so daß der physikalische Inhalt nachvollzogen werden kann. Neben der Gleichgewichts-Thermodynamik behandelt diese zweite Auflage die Thermodynamik irreversibler Prozesse und die thermischen Schwankungen.

K. Simonyi

Kulturgeschichte der Physik

Von den Anfängen bis 1990

576 Seiten, zahlreiche Abb. und Tafeln, Ln. mit Schutzumschlag,
ISBN 3-8171-1379-X

...Wenn man kein anderes Werk über die Geschichte der Naturwissenschaften hat, dieses müßte her. Für den interessierten Leser, ob Laie oder Fachmann, ist es ein reichhaltiger Fundus, den zu erschließen unerwartetes Vergnügen bereitet...

F.A.Z.

...Kulturgeschichte der Physik, Wissenschaftsgeschichte: das ist noch viel zu bescheiden. Das Buch ist eine Bibliothek, ein Bildarchiv, ein Kulturdepot...

Norddeutscher Rundfunk

...Der Ungar Károly Simonyi hat ein Buch geschrieben, das seinesgleichen sucht...

Rheinischer Merkur

Irrtümer vorbehalten

Band 37
S. CARNOT
Betrachtungen über die bewegende Kraft des Feuers
Übers. und Hrsg.: W. Ostwald
72 Seiten, kt., ISBN 3-8171-3037-6

Unter Verzicht auf die Anwendung komplizierter Mathematik hat Carnot in klarer und verständlicher Sprache ein Werk verfaßt, daß sowohl Theoretiker als auch Praktiker ansprechen sollte. Carnots Betrachtungsweise der Umwandlung von Wärme in Bewegung bildet den wesentlichen Inhalt des zweiten Hauptsatzes der mechanischen Wärmetheorie. Die Übersetzung folgt der Originalausgabe von 1824.

Band 44
L. GAY-LUSSAC · J. DALTON · P. DULONG U.A.
Das Ausdehnungsgesetz der Gase
Abhandlungen 1802-1842
Hrsg.: W. Ostwald
212 Seiten, kt., ISBN 3-8171-3044-9

Die zusammengestellten Abhandlungen dokumentieren die Entwicklung des Ausdehnungsgesetzes der Gase durch Gay-Lussac und Dalton sowie seine Bestätigung durch die Arbeiten von Dulong und Petit und die Verbesserung der ursprünglichen Formel durch Magnus und Rudberg. Der Leser findet in dieser Aufsatzsammlung der hervorragendsten Experimentatoren ihrer Zeit nicht nur eine interessante Skizze von spezialwissenschaftlicher Bedeutung, sondern auch ganz besonders lehrreiches Material zum Studium der allgemeinen Entwicklungsgeschichte der Wissenschaft.

Band 59
O. VON GUERICKE
Neue „Magdeburgische Versuche“ über den leeren Raum
Hrsg., Übers. und Anm.: F. Dannemann
116 Seiten, kt., ISBN 3-8171-3059-7

Der Band enthält die Übersetzung des dritten und wichtigsten Buches aus Guerickes großem Werk „Experimenta nova Magdeburgica de vacuo spatio“ von 1672. Guericke beschreibt unter anderem seine Vakuumversuche sowie Versuche zur Wägbarkeit der Luft und zur Änderung des Luftdruckes. Auch sein berühmter Versuch mit den Magdeburger Halbkugeln ist hier dargestellt.

Band 99
R. CLAUSIUS
Über die bewegende Kraft der Wärme
und die Gesetze, welche sich daraus für die Wärmelehre selbst ableiten lassen
Hrsg.: M. Planck
55 Seiten, kt., ISBN 3-8171-3099-6

Clausius Aufsatz ist einer der Klassiker der Thermodynamik. Zum ersten Mal wurden hier das Mayer-Carnotsche Prinzip der gegenseitigen Umwandelbarkeit von Wärme und Arbeit (1. Hauptsatz der Wärmetheorie) und das Carnotsche Prinzip des Wärmeübergangs von höherer zu tieferer Temperatur (2. Hauptsatz der Wärmetheorie) in einen logischen Zusammenhang gebracht.

Band 180
R. MAYER
Die Mechanik der Wärme
Zwei Abhandlungen
Hrsg.: A. J. v. Oettingen
90 Seiten, kt., ISBN 3-8171-3180-1

Die in diesem Buch enthaltene Arbeit „Bemerkungen über die Kräfte der unbelebten Natur“ aus dem Jahre 1842 zählt zu jenen Veröffentlichungen, die als Eckpfeiler in der Entdeckungsgeschichte des Energieerhaltungssatzes gelten können. Die Publikation Mayers zur Problematik des Energiesatzes stellt in umfassender Weise die beiden Aspekte dieses Naturgesetzes heraus: Die Erhaltung der „Kraft“ in ihrer Quantität und die gegenseitige Umwandelbarkeit ihrer qualitativ verschiedenen Formen untereinander. Vor allem die klare Einsicht in die Äquivalenz aller Energieformen ist es, deretwegen Robert Mayer heute mit Recht als der Entdecker des Energieprinzips gilt.

Band 199
A. EINSTEIN · M. VON SMOLUCHOWSKI
Untersuchungen über die Theorie der Brownschen Bewegung* / Abhandlung über die Brownsche Bewegung und verwandte Erscheinungen
*Hrsg. und Anm.: R. Fürth
252 Seiten, kt., ISBN 3-8171-3207-7

Die hier veröffentlichten Arbeiten von A. Einstein und M. v. Smoluchowski behandeln das durch den englischen Botaniker R. Brown entdeckte Phänomen der nach ihm benannten Brownschen Bewegung. Brown hatte die ständige Bewegung kleiner, in einer Flüssigkeit schwimmender Teilchen zuerst unter dem Mikroskop beobachtet. Als er sie auch in organischen Zellen wahrnahm, vermutete er, eine spezifische Lebenserscheinung („Urmoleküle“) gefunden zu haben.
Fast zeitgleich beschäftigten sich Einstein (1905) und v. Smoluchowski (1906) mit Browns Beobachtungen und fanden ähnliche physikalische Erklärungen für die Erscheinung. Die hier zusammengestellten Arbeiten können somit als Grundlage gesehen werden, uns die Atome sichtbar zu machen.

Band 206
M. PLANCK
Die Ableitung der Strahlungsgesetze
Sieben Abhandlungen aus dem Gebiete der elektromagnetischen Strahlungstheorie
Anm.: F. Reiche
95 Seiten, kt., ISBN 3-8171-3206-9

Beeinflußt durch die Arbeiten von Clausius befaßte sich Planck mit den Gesetzen der Wärmestrahlung. Er entwickelte die Ableitung des Gesetzes der schwarzen Strahlung und entdeckte dabei, daß sowohl die Emission als auch die Absorption von Strahlung sprunghaft, in winzigen Energiequanten erfolgt. Diese Entdeckung führte zur Entwicklung der Quantentheorie und zur Revolutionierung des physikalischen Denkens. Die wichtigsten Abhandlungen auf dem Wege zu dieser Entdeckung sind hier mit einem Vorwort und Anmerkungen abgedruckt.

Band 286
L. BOLTZMANN
Entropie und Wahrscheinlichkeit
Bearb.: D. Flamm
300 Seiten, kt., ISBN 3-8171-3286-7

D. Flamm, ein Enkel Boltzmanns, hat in diesem Band die wichtigsten Arbeiten Boltzmanns zusammengestellt und eingeleitet. Die wesentlichen Themen des Werkes von Boltzmann werden abgehandelt: Die Boltzmanngleichung und das H-Theorem; Loschmidts Umkehreinwand mit Boltzmanns Erwiderung; das Boltzmannsche Prinzip; die Ableitung des Stefan-Boltzmannschen Gesetzes; Ergodentheorie und statistische Ensemble; Boltzmanns Erwiderung auf Zermelos Umkehreinwand; Boltzmanns Empfehlung an Planck, wie er zur Strahlenformel gelangen solle; Boltzmanns evolutionäre Erkenntnis- und Wissenschaftstheorie, die viel von K. Lorenz und K. Popper vorwegnimmt.